今日から使える物理数学　普及版

難解な概念を便利な道具にする

岸野正剛　著

ブルーバックス

装幀／芦澤泰偉・児崎雅淑
カバーイラスト／中村純司
本文デザイン／齋藤ひさの（STUDIO BEAT）
本文図版／さくら工芸社

ま え が き

耳寄りな話があります。「物理数学」の本を買いたいと考えているが，財布の中が少し寂しくて躊躇している学生諸君や，若者に，そしてその他の人にも伝えたい情報です。実は，この本は**「物理数学」の廉価版**なのです。

物理数学と聞くと「何だか難しそう？」と思える響きがある。しかし，実際はそうではない。物理数学は面白くて興味の尽きないもの，そう，汲めども尽きない泉のような，あるいは金銀の詰まった宝のようなものである。こんな愉快で貴重なものが，これまで難しい学問とされてきたのには理由がある。最近は少し改まってきてはいるが，「学問は少々難しいくらいに述べた方が，高級で有難がられるものだ」と変に気取った風潮があったからである。そして，思い過ごしだろうけれど，わざと難解を装って執筆されたな，と愚痴りたいような，おびただしい数の難しい書物のお陰でもある。

物理数学とは，物理の世界の——つまり，私たちの生きている現実世界の——さまざまな謎を解くための，便利な数学テクニックを集めたものである。もしも，「数学みたいに退屈なものが，『面白くて興味が尽きない』だなんて，嘘に決まっている！」と思う方がおられたら，ぜひ，この本を読んでみてください。この本では，偉人の逸話なども挿入して面白い話題から入るので，一見難解な数式も，興味をもって楽しく学べるのである。例えば，

・「飛行機からいきなり空中に飛び出して，そのまま地面へ落下する！」という，考えただけでも足のすくむようなスカイダイビングが，なぜ安全に楽しめるの？

・あのトンチの一休さんが，お寺の巨大な釣り鐘を指一本で揺らしたという逸話。どうして，そんな重い物体を揺らすことができたの？

・フーリエ級数で有名なフーリエは，貧乏な孤児だったそうだが，当時貴族の趣味であった数学が，なぜ得意になれたの？

などなどの謎が，この本を読み進むうちに，おのずと愉快に氷解するのだから……。

こうして，謎解きを楽しんだ結果，目から鱗，が落ちる

ように物理数学がわかるようになり，その日から物理数学が使えるようになるのだから不思議である。

昔の偉い人が言っている。

　　これを知る者は，これを好む者に如かず。

　　これを好む者は，これを楽しむ者に如かず。

と（孔子『論語』）。

古人は知ることから始めているが，私たちはこの逆を行って，物理数学を楽しむことから始めようではないか。そうすれば，好む人よりも，知る人よりも，優位に立てるからである。いや，さらに言えば，優位に立たなくてもよい。読んで楽しければ，それでよいではないか。楽しければ，熱が入る。熱が入れば，身に付く。身に付けば，すなわち使える，というふうに，すべてがうまく回るのである。本書の狙いは，今日から楽しみながら物理数学を身に付けるところにある。物理数学を楽しむこと，これに尽きるのである。

本書の刊行に於いては，講談社ブルーバックス編集チームの鈴木隆介氏のご尽力を頂いた。ここに記して感謝を表したいと思う。

平成30年12月　岸野正剛

『今日から使える物理数学　普及版』
・
もくじ

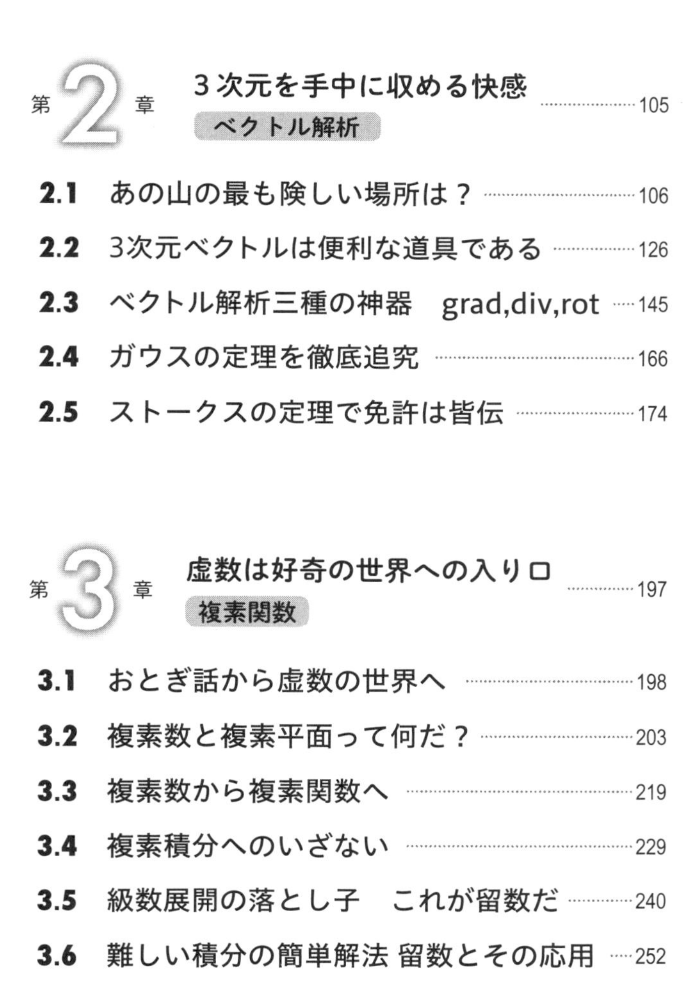

第 1 章

謎を解く驚異のデバイス

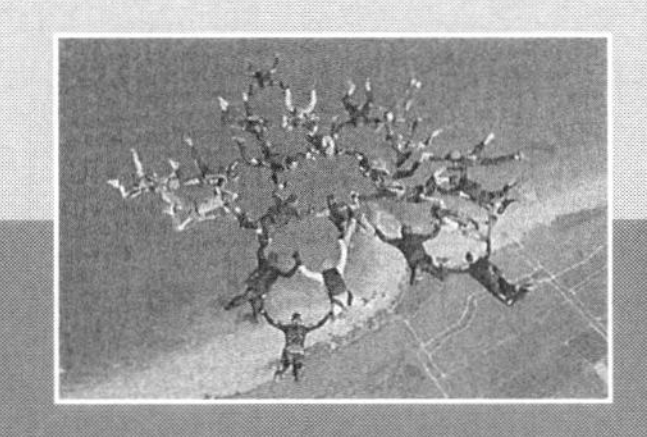

スカイダイビングは，翼を持たない人間が空を飛ぶ方法のひとつ。見た目にも格好いいし，実際に飛ぶのはもっと爽快（そうかい）だ。

微分方程式

1.1
微分方程式で解く
空飛ぶスカイダイビングの秘密

◆空は飛びたし，命は惜しし

> できるかな？　アトムのように空を飛ぶ
> やっているんだスカイダイビング

鳥が空を飛んでいる。気持ちよさそうに。限りなく青く，そして，広いこの大空を。僕も，あの鳥のように飛べたらなあ……。私は子供の頃，よくそう思った。

誰でも一度は空を飛びたいと思うらしい。ライト兄弟もそうだった。その思いが，人類最初の飛行機として結実したのだ。しかし，私が子供の頃考えたことはライト兄弟とは違った。鉄腕アトムのように，飛行機に乗らないで空を飛びたい，と思ったのだ。そんな無茶な，と誰もが思うだろう。ところが驚くなかれ，世の中にはこの魂消（たまげ）たことを実際にやっている人たちがいるのだ。嘘ではないんですよ。思い出してください。そう，スカイダイビングの愛好者たちです（前ページの写真）。

スカイダイバーは，飛行機から空中に飛び出た瞬間にパラシュートを開くようなことはしないで，いきなり大空へ飛び出すのだ。そして，およそ1分以上という，けっこう長い時間にわたって，大空を体（からだ）ひとつで飛ぶのである！

その空を飛んでいると言うか，空から落ちている間に，体操のような様々な芸を披露(ひろう)したりする。何人かの仲間と一緒にお互いの頭を寄せ合って輪を作り，そのままゆうゆうと空中落下を楽しむ映像を，読者の皆さんも見たことがあるに違いない（このように集団で行うスカイダイビングを「フォーメーションスカイダイビング」という）。ダイバーがパラシュートを開くのは，その華麗な芸の披露が終わったあとなのだ。

しかし，考えてみれば命がけだよね。あの人たちは凄(すさ)まじい速度で落下して，地面に激突するのではないかしら？　と意気地(いくじ)なしの私は思ってしまう。何言ってんだい，そのためのパラシュートじゃないか……と読者は思うかもしれないが，まあ考えてもみてください。

ガリレオ・ガリレイ（1564-1642）によれば，上空から落下する物体の速度は，不思議なことに物の質量にはよらず，地球の重力による加速度 g にのみ依存するという。ガリレイは，２つの重さの違う金属球をピサの斜塔から落として，そのことを証明してみせたのだ。

ガリレイ

ガリレイのこの発見は，次の２つの公式にまとめられる。有名な公式なので，皆さんも高校の物理の授業で暗記させられたかもしれない。

$$v=gt \tag{1.1}$$

$$x=\frac{1}{2}gt^2 \tag{1.2}$$

式（1.1）いわく，「物体の落下速度 v は，落ち始めてから経過した時間 t に比例する」。式（1.2）いわく，「その結果，t 秒たった時点で物体が落下している垂直距離は，t の2乗に比例する」。

加速度 g は一定だから，空から落下する物体は等加速度運動をする。つまり，上空から落ちる間に，落下速度は一定の割合でどんどん加速されて大きくなるわけだ。……だったら大変ではないか？　もしそうなら，スカイダイバーは飛行機を飛び出したあと，ものの数秒で地面に叩きつけられてしまいそうではないか？　華麗なパフォーマンスを見せるひまなど，あるわけがない？

◆実際のスカイダイビング

それでは，実際にスカイダイビングをやっている人は，どんな条件で空から落ちているのだろうか？　実は，競技団体が正式に定めている「フォーメーションスカイダイビング日本選手権」のルールによると，

> 8人1組のダイバーが，高度1万2500フィート（約3800 m）からジャンプし，50秒間のパフォーマンスを演じたあと，高度3000フィート（約910 m）でパラシュートを開く

ということになっている（1フィートは30.48 cm）。はたして，この状況でスカイダイバーは無事でいられるのか，どうか？

実例で考えましょう 1-1

高度 3800 m 上空を飛ぶ飛行機から，スカイダイバーが初速ゼロで自由落下すると仮定すれば，地面（$x=3800$ m）にぶつかるまでにかかる時間は何秒か？ また，そのときのダイバーの速さはいかほどか？ 式（1.1），（1.2）を使って計算してみよう。重力加速度を $g=9.8\ \mathrm{m/s^2}$ とする。

[答え]　まず注意しておくと，**自由落下**というのは，重力の働きだけで物が落下する現象です。したがって，さしあたってこの問題では（現実とは違うが），空気抵抗などは一切考えないことにする。

式（1.2）を時間 t について解くと，

$$t=\sqrt{\frac{2x}{g}}$$

となる。これに $x=3800$ m，$g=9.8\ \mathrm{m/s^2}$ を代入すれば，ダイバーが地面にぶつかるまでの時間は

$t=\sqrt{2\times3800/9.8}\fallingdotseq28$ 秒　と出る。そのときの落下速度 v は，式（1.1）を使えば，次のようになる。

$$v=gt=9.8\times28\fallingdotseq270\ \mathrm{m/s}$$

270 m/s を時速に直すと，約 980 km/h。これはもの凄（すご）いスピードだ。

こうして，スカイダイバーが地表に達するまでの時間がたったの 28 秒で，その落下スピードは時速 980 km になることがわかった。

……これは大変だ。ものの数秒とはちょっと言いすぎだったが，この答えが本当ならば，スカイダイバーたちは50秒間のパフォーマンスを半分ほど終えたところで，パラシュートを開く間もなく地面に激突して死んでしまうことになる！なのに，なぜ，スカイダイバーたちはあんなに優雅に空を飛んでいられるのだろう？

◆空気抵抗を考えたい

この秘密を解くカギは，賢明な読者の皆さんにはすでにお察しのことだろうが，（上の問題では省略した）**空気抵抗**にある。

空から落ちてくるものの身近な例には雨があるが，この雨だって，とても高い所から落ちてくる割には，そんなに猛烈なスピードで落下しているわけではない。だから裸で夕立に打たれて大ケガをしたとか，雨が凍った雹（ひょう）が降ってきて，全身に蜂の巣のように穴が開いて死んだ，などという人の話はついぞ聞いたことがない。

どうやら，高いところから落ちてくるものでも，それには大きな空気抵抗が働くために，落下速度はかなり緩（ゆる）やかになっているらしいのである。ダイバーがおよそ1分以上もゆうゆうと空を舞っていられるのは，落下速度が相当に緩やかになっているために違いない。

緩やかとは言っても，もちろん，そのまま人間が地面に激突すれば死ぬくらいのスピードです。落下速度をさらに緩めてやるためには，落下中にパラシュートを開く必要があります。空気抵抗をもっと大きくして，地上に落下した際に，人間が死

なない程度にまで減速する必要があります。

というわけで，ダイバーの落下速度が空気抵抗によって緩やかになる様子を，読者と一緒に実際に調べてみよう。物理数学とは便利なもので，その中の**微分方程式**という道具を使って，このような問題にも難なく答えることができる。微分方程式というと何だか難しく聞こえるかもしれないが，やってみればどうということはない。手始めに微分方程式とは何かについて，まずはざっと説明しておこう。

◆微分方程式とはこんなもの

中学校から数学を学んできた皆さんには馬鹿馬鹿しいことかもしれないが，しばらくお付き合いください。普通「方程式を解く」といえば，例えば，

$x+4=7$ を満たすような未知数 x を求めなさい。

というような問題に答えることだった（答えは，もちろん，3)。このように，未知数 x を含んだ式を**方程式**といい，方程式を満たすような特別の x の値を，その方程式の**解**という。したがって，

方程式「$x+4=7$」の解は，「$x=3$」である

ということになる。「微分方程式を解く」というのも何のことはなく，普通の方程式と同じように，

$\dfrac{dx(t)}{dt}=gt$ を満たすような未知関数 $x(t)$ を求めなさい（g は定数）。

という問いに答えるだけの話なのです。普通の方程式と微分方程式の違う点は，以下の2つだけです。

① 微分方程式に含まれるのは，未知の数ではなく未知の関数です。

② 微分方程式には，未知関数 $x(t)$ を微分したもの $dx(t)/dt$ が含まれています（微分方程式という名前はこのためです）。解答者の目的は，「未知関数 $x(t)$ はどんな形になるか」を答えることです。これを微分方程式の**解**といいます。

好き嫌いは別として，微分自体は高校のときからすでにお馴染（なじ）みのはず。上の微分方程式は，「距離を表す未知関数 $x(t)$ を，時間 t について微分した $dx(t)/dt$ が，速度 gt になりますよ」と言っている。そこで，微分する前のもとの $x(t)$ の形を知るためには，**微分の逆演算である積分を行えばよい。**

というわけで，与えられた式，

$$\frac{dx(t)}{dt}=gt$$

の両辺を t で積分してみよう。形式的には，両辺を「$\int$」と「dt」で挟んでやる。すると，

$$(\text{左辺})=\int\frac{\mathrm{d}x(t)}{\mathrm{d}t}\mathrm{d}t=\int\mathrm{d}x(t)=x(t)$$

$$(\text{右辺})=\int gt\mathrm{d}t=\frac{1}{2}gt^2$$

$$\therefore\quad x(t)=\frac{1}{2}gt^2+C\qquad(C\text{ は積分定数})$$

と，簡単に答えが出る。この計算は，高校で微積分を少しでもかじった人には朝飯前だろう。したがって，**微分方程式「$\mathrm{d}x(t)/\mathrm{d}t=gt$」の解は，「$x(t)=(1/2)gt^2+C$」である**ということになります。

何のことはない，読者の皆さんはすでに高校生の頃から，微分方程式を知っていたのです！

大学へ進むと，高校よりももっと便利な数学の仕掛けを次々と使うことができるようになる。その便利な仕掛けにも少しずつ触れながら，スカイダイビングの謎を解いていくことにしよう。

◆運動方程式？　運動微分方程式？

いま，体重（質量）が m のスカイダイバーが飛行機から空中へ飛び出して，自由落下を始めたとしよう。つまり，高校時代に読者の皆さんが習ったように，とりあえず，空気抵抗が無視できるものとするわけです。

先ほど，ガリレイの公式（1.1），（1.2）として

$$v=gt,\quad x=\frac{1}{2}gt^2\qquad(1.1),\ (1.2)$$

という有名な式を天下(あまくだ)り的に使った。これらが実は，微分方程式を解いた結果として得られる式，つまり解なのだ，ということをここで示しておこう。

さて，かのサー・アイザック・ニュートン（1642-1727）は，自然界の万物が運動する法則を，たったの一言に要約した。いわく，「重いものは動かすのが大変だ」と。

ニュートン

この事実は，**ニュートンの第2法則**と呼ばれている。より正確に表現すれば，

「質量 m の物体に力 F を加えれば，そのとき生じる加速度は a である。そして，質量 m が大きいほど，加速度 a は小さい」

と言うことができる。このニュートンの第2法則を数式で表したものが，かの有名な**運動方程式**だ。

$$ma=F$$

高校では上のように，できるだけ微分記号は書かずに済ませてきたことと思うが，何を隠そう，この式こそ微分方程式に他ならない。

理由は簡単，加速度 a というのは，速度 v を時間 t で微分したものだから。したがって，運動方程式は，本来ならば次のように書くべきでしょう。

$$m\frac{\mathrm{d}v}{\mathrm{d}t}=F \tag{1.3}$$

式 (1.3) のように表すと，未知関数 $v(t)$ を t で微分した形のものが含まれていることがわかる。ニュートンの運動方程式は，ただの方程式ではなく，微分方程式である。

だから，本当は式 (1.3) は「運動微分方程式」とでも呼ぶべきですが，そんな呼び方はめったにしません。微分方程式であることが文脈上明らかな場合は，「微分」という言葉は省略され，単に方程式と呼ばれます。物理数学で方程式という単語が出てきたら，たいていは微分方程式のことです。

さて，微分方程式 (1.3) を解くとは，式 (1.3) を満たすような未知関数 $v(t)$ を探すことだった。そして，未知関数 $v(t)$ を求めるには，何としても力 F の具体的な形がわからねばならない。

図 1-1　自由落下

幸いなことに，いま考えている自由落下するスカイダイバーの場合ならば，力 F の形が簡単に得られる。すなわち，飛行機から自由落下するダイバーには，地球の重力以外には何も働かないわけだ (図 1-1)。だから，今の場合の力 F とは，質量 m の人間に働く地球の重力だけである。

$$F=mg \tag{1.4}$$

よく勘違いされるので注意しておきたいのですが，式（1.4）は「地球上で質量 m の物体にどれだけの重力が働くか？」を表す式であって，運動方程式ではありません。なぜなら，g は地球の重力による加速度を表す定数であって，決して関数を微分したものではないからです。式(1.4)は，運動方程式(1.3)の右辺を具体的な形に書き直すための，補助的な条件式と考えるべきでしょう。

運動方程式（1.3）の右辺に，条件式（1.4）を代入すると，次の式

$$m\frac{\mathrm{d}v}{\mathrm{d}t}=mg \tag{1.5}$$

が得られる。こうして得られた式（1.5）が，未知関数 $v(t)$ についての微分方程式である。

「$v(t)$ についての微分方程式を立てる」とは，このように，求めるべき1つの未知関数 $v(t)$ 以外には未知の要素を含まない式を作ることである。そうしないと，解が定まらないのだ。

さて，方程式（1.5）が立てられたので，さっそくこの微分方程式の解を求めてみよう。

◆小手調べ，高校生でも解ける微分方程式！

まずは高校数学の復習から。賢明な読者の皆さんには退屈でしょうが，微分方程式の最もわかりやすい例なので，どうか少しばかりお付き合い願いたい。

「微分方程式 $m\mathrm{d}v/\mathrm{d}t=mg$ (1.5) を解け」という問題に答えるのはごくごく簡単である。式の両辺を m で割って t で積分すれば（「∫」と「dt」で挟んでやれば）よい。すると，

$$\int\frac{\mathrm{d}v}{\mathrm{d}t}\mathrm{d}t=\int g\mathrm{d}t$$

$$\text{すなわち}\int\mathrm{d}v=\int g\mathrm{d}t$$

$$\therefore \quad v=gt+C \qquad (C\text{は積分定数}) \tag{1.6}$$

と，関数 $v(t)$ の具体的な形が得られる。よって，問題の微分方程式の解は，$v(t)=gt+C$ である。このように積分定数 C が残ったままの解を**一般解**という。

積分定数 C は，**初期条件**（初めの，つまりダイバーの出発点での条件）がわかっていれば決めることができる。今の場合，スカイダイバーが飛行機から離れたときには，単に落ちたのであるから，最初の速度は0である。したがって，$t=0$ のとき $v=0$ という初期条件を式（1.6）に入れると，$C=0$ となる。結局，問題の微分方程式（1.5）の解は

$$v=gt \tag{1.7}$$

と求まる。これが，高校物理で学んだ落下速度の式 $v=gt$ というわけだ（このように，初期条件を代入して積分定数 C を取り除いた解を，一般解に対して**特解**または**特殊解**と呼ぶ)。

では，ここで得た知識を踏まえて，スカイダイバーの位置 x を求めるにはどうすればよいか。

実例で考えましょう　1-2

スカイダイバーが飛行機から飛び出して自由落下するとき，機体から遠ざかった（下向きの）距離を x としよう。この x に関する微分方程式を立てて，これを解いてみよう。式 (1.7) を使うこと。

［答え］　距離 x を時間 t で微分すると速度 v が得られる。これは読者の皆さんもよくご存知でしょう。このことを式で書くと，$v=\mathrm{d}x/\mathrm{d}t$ となる。

一方，式 (1.7) により，v の形は $v=gt$ と判明している。したがって，x に関する微分方程式は，これら 2 つの式を合わせて，次のようになる。

$$\frac{\mathrm{d}x}{\mathrm{d}t}=gt \tag{1.8}$$

先ほどと同様に，両辺に $\mathrm{d}t$ を掛けて t について積分すると，次の式が得られる。

$$\int \mathrm{d}x=\int gt\,\mathrm{d}t=g\int t\,\mathrm{d}t$$

$$\therefore\quad x=\frac{1}{2}gt^2+C \qquad (C\text{ は積分定数}) \tag{1.8$'$}$$

ダイバーは飛行機を飛び出すちょうどその瞬間 ($t=0$) には，まだ飛行機にいたと思ってよいので，$x=0$ である。この初期条件を式 (1.8′) に代入すると，$C=0$ となる。結局，問題の微分方程式 (1.8) の解は

$$x=\frac{1}{2}gt^2 \tag{1.9}$$

と求まる。これは，高校物理で習った落下距離の式である。

以上で，高校物理でお馴染みの，ガリレイの落体の公式

$$v=gt,\quad x=\frac{1}{2}gt^2$$

が，微分方程式の解として与えられることがわかった……しかし，それだけでは，読者の皆さんに「高校で習って憶(おぼ)えたことを，ここでわざわざややこしい方法でやり直しただけ？」と思われかねない。

しかし，思い出してほしい。式（1.7）や（1.9）を使って素直に計算すると，スカイダイバーは飛行機を飛び出してわずか28秒後には，秒速270 m，すなわち，時速980 kmで地表に激突してしまうのだ。実際には，スカイダイバーは空中でのんびりと50秒間ものパフォーマンスを演じているのだから，計算どおりのことが起こっているはずがない！　だから，これではまだ答えは出ていないのです。

◆空気抵抗を式に入れる

スカイダイビングのこの謎を解くためには，現実に即して，何としても重力だけでなく，面倒でも空気抵抗も考慮して計算しなくてはいけないようだ。そして，ここからが，いよいよ大学の物理数学の出番なのだ！

スカイダイバーがわずか28秒で地面に激突してしまう原因は，繰り返しになって恐縮だが，そもそも空気抵抗を無視してしまっていたからのようだ。もしそうなら，運動方程式の中に，改めて空気抵抗を入れて式を立てればよいはずだ。では，それをやってみよう。

空気抵抗がある実際の場合には，スカイダイバーに働く力Fを表すのは式(1.4)，つまり$F=mg$ではなく，それを書き直した次の式

$$F=mg-(\text{空気抵抗}) \quad (1.10)$$

である。空気抵抗の力の前にマイナスの符号を付けたのは，空気抵抗は，落下するダイバーにかかる重力を減らす方向に働くからだ。

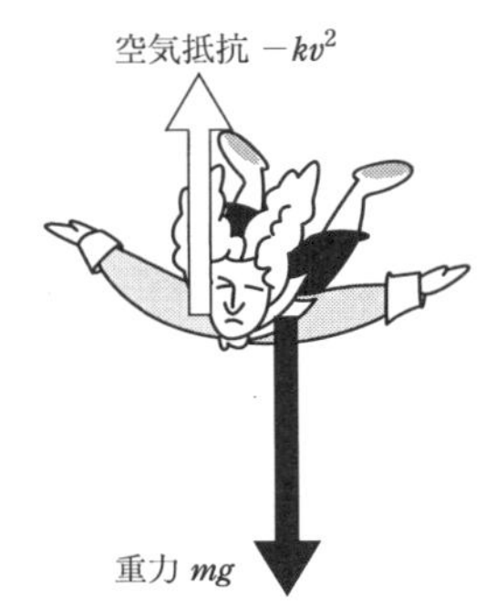

図1-2　空気抵抗のある落下

では，空気抵抗は，どのような式で表したらよいのだろうか？

実は，流体力学の理論によって，スカイダイビングの場合は**空気抵抗の大きさは物体の速度vの2乗に比例すること**が古くから知られている。空気中で動く物体のスピードが大きければ大きいほど抵抗は増すというのだから，これは感覚的にも納得できそうではないか。

つまり，とりあえず比例定数をkとおけば，空気抵抗の力の大きさは

$$(\text{空気抵抗})=kv^2$$

ということになる（図1-2）。

COLUMN　空気抵抗は v か v^2 か？

空気抵抗を表す式として，「(空気抵抗)$=\mu v$」というような式に馴染みがある読者の方もいるかもしれません。すなわち，空気抵抗の大きさが v^2 でなく v に比例するというものです（本文との混同を避けるため，比例定数は μ（ミュー）としました）。

空気抵抗が比例するのは，v^2 と v のどちらが正しいのでしょうか？　実は，物理的状況によって，どちらが正しいのかは違ってくるのです。

スカイダイビングのように，人間程度の大きさの物体が，時速 200 km くらいというかなりのスピードで落下する高速の場合は，空気抵抗は v^2 に比例するとみなすほうがよく合います。空気中で人間程度の大きさの球体が運動するとき，本文でいう空気抵抗の比例定数 k は，だいたい 0.25 kg/m になるようです。逆に，

運動物体の大きさがごく小さく，速度がごく遅く，流体の粘性がごく高い

という理想的な条件のもとでは，空気抵抗は v^2 ではなく，v に比例すると見るのが適切です。当然，v^2 ではなく v に比例する抵抗のほうが数学的に単純なので，実験などでは装置をいろいろと工夫して，抵抗が v に比例するようにうまく条件を整えることがよく行われます。

あとで出てくる抵抗器付きの振動や電流は，抵抗の作用が単純に速度 v や電流 I に比例するように，実験装置をうまく作ったものと考えてよいようです。

このkv²が，抵抗力として式（1.10）に入ってくれれば，実際にスカイダイバーに働く正味の力は

$$F=mg-kv^2 \tag{1.11}$$

となる。この正味の力を，運動方程式

$$m\frac{\mathrm{d}v}{\mathrm{d}t}=F \tag{1.3}$$

に当てはめれば，スカイダイバーの速度vに対する，現実的な微分方程式を立てることができる。それが，次の式（1.12）である。

$$m\frac{\mathrm{d}v}{\mathrm{d}t}=mg-kv^2 \tag{1.12}$$

さて，微分方程式（1.12）を解くには，どうすればいいのだろう？

高校までにしてきたように，式（1.12）の両辺をmで割ったあと，両辺をtで積分してみてはどうだろうか？　式（1.12）の両辺をmで割って，$\int$と$\mathrm{d}t$で挟んでやると……？

$$(\text{左辺})=\int\frac{\mathrm{d}v}{\mathrm{d}t}\mathrm{d}t=\int\mathrm{d}v=v$$

$$(\text{右辺})=\int\left(g-\frac{k}{m}v^2\right)\mathrm{d}t$$

$$\therefore\quad v(t)=\int\left(g-\frac{k}{m}v^2\right)\mathrm{d}t \qquad (\text{？？？})$$

これでは右辺は計算できない！　なぜなら，スカイダイバーの落下速度vはまだ形のわかっていない未知関数なのに，

それが右辺の積分の中に含まれてしまっている。こんなの手のつけようがないよ！　……とまあ，高校数学の範囲で考えれば，投げ出してしまうところだ。

ところがどっこい！　ちょっとだけ方針を変えさえすれば，投げ出してしまう心配はたちまち消えてしまうのです。大学の物理数学には，微分方程式（1.12）をあれよあれよのうちに解いてしまう定石があるのです。それは，物理数学では有名な，**変数分離法**という魔術である。

◆変数分離法で空気抵抗もイチコロだ

さて，変数分離法という名前は出したが，これはいったい何ぞや？　論より証拠，さっきの微分方程式

$$m\frac{\mathrm{d}v}{\mathrm{d}t}=mg-kv^2 \tag{1.12}$$

に，チョイと魔法をかけてみよう。魔法の呪文(じゅもん)は次の２つだ。

「両辺に dt を掛ける」「両辺を（$mg-kv^2$）で割る」

式（1.12）にこの魔法をかけると，結果は次のようになる。

$$\frac{m}{mg-kv^2}\mathrm{d}v=\mathrm{d}t \tag{1.13}$$

なぜ，こんな変形をするのかって？　要するに，微分方程式を

(未知関数 v と定数のみの式)・dv＝ (変数 t と定数のみの式)・dt

という形にしたいのだ。左辺に v だけ，右辺に t だけという，このような形を，数学では**変数分離形**と呼んでいる。つまり，2つの変数を，等号の両側に分離してやるのである。そして，与えられた微分方程式を変数分離形に直して解く方法を，**変数分離法**という。

変数分離形に持ち込むことができれば，もうしめたものなのだ。右辺は t のみの関数だから，t について積分できる。そして，**左辺は v のみの関数だから，v をあたかも積分変数であるかのようにみなして，v について積分できる！**

これを実行するには，形式的には，式（1.13）の両辺に左から積分記号 $\int$ をかぶせればよい。

$$\int \frac{m}{mg-kv^2}\mathrm{d}v=\int \mathrm{d}t \qquad (1.14)$$

さて，これでめでたく積分ができるわけですが，あとの計算の都合上，新しく2つの定数 T，V を持ち出して，それらを

$$T=\sqrt{\frac{m}{gk}},\quad V=\sqrt{\frac{mg}{k}}$$

とおいておこう。こうおいておくと，文字 m，g，k はすべて定数なので，定数 T と V とを使って書き直せる。かりに，$m=100$ kg（ダイビング用具一式を含めたダイバーの質量ならこれくらいだろう），重力加速度 $g=9.8\ \mathrm{m/s^2}$，定数 $k=0.25$ kg/m という数値を入れておくと，

$$T=6.4\ 秒,\quad V=63\ \mathrm{m/s}$$

になる。

$VT=m/k$ となるから，式 (1.13) の左辺を $-m/k$，右辺を $-VT$ で割ると，結局，運動方程式 (1.13) は

$$\frac{1}{v^2-V^2}\mathrm{d}v=-\frac{1}{VT}\mathrm{d}t \tag{1.15}$$

という，かなりスッキリした形に変形できる。すると，その積分の式 (1.14) も，

$$\int\frac{1}{v^2-V^2}\mathrm{d}v=-\frac{1}{VT}\int\mathrm{d}t \tag{1.16}$$

と書き直せる。この式を解いて，v を与える式を求めればよい。

あとは，積分公式を使いつつ，計算を素直にやればよいわけですが，とりあえずは天下り的に，答えを先に示しておこう（詳しい説明はあとで，p.34 以降に述べる）。飛行機から初速ゼロで落ちるスカイダイバーの正しい速度（微分方程式 (1.12) の特解）v は，結果を先取りすると次のようになる。

$$v=V\tanh\frac{t}{T} \tag{1.17}$$

ここで双曲線関数 tanh（タンジェント・ハイパボリック）が唐突に出てきたが，皆さん，どうか驚かないでほしい。双曲線関数 sinh（サイン・ハイパボリック），cosh（コサイン・ハイパボリック），そして tanh とは，指数関数を使って単に次のように約束した関数です。

$$\sinh x = \frac{e^x - e^{-x}}{2},\quad \cosh x = \frac{e^x + e^{-x}}{2},\quad \tanh x = \frac{e^x - e^{-x}}{e^x + e^{-x}}$$

早い話が，指数関数の分数式をひとまとめに書いただけであり，「e^x や e^{-x} をいくつも書くのは面倒だ」という，単なるナマケ心にすぎないと思えばよい。

なお，中身の変数がゼロのときのそれぞれの関数値

$$\sinh 0 = 0,\quad \cosh 0 = 1,\quad \tanh 0 = 0$$

は，よく使うので憶えておいても損はないでしょう。これは三角関数の $\sin 0 = 0$, $\cos 0 = 1$, $\tan 0 = 0$ と似た性質です。

◆これって正しいの？

式（1.17）で表される $v(t) = V \tanh(t/T)$ が，空気抵抗を受けながら落下するスカイダイバーの，正しい速度なのであーる，と言うと……。

そんな馬鹿な！　と言いたいところだ。高校で学んだことが正しければ，物が空中を落下する際には等加速度運動をしなくてはならない。それが式(1.7) で表されるガリレイの公式だったはずだ。このエレガントな公式と，双曲線関数なんていう面妖(めんよう)なものが出てくる式（1.17）とは，まったく似ても似つかないものだ。

しかし安心してください。ここで導いた答えの式（1.17）は，本当に正しいのです。まずは直観的にわかるように，ひとつグラフ(図 1-3)を描いてみよう。比較のために，式(1.7) で表されるガリレイの公式 $v = gt = (V/T)t$ の直線も示してある。

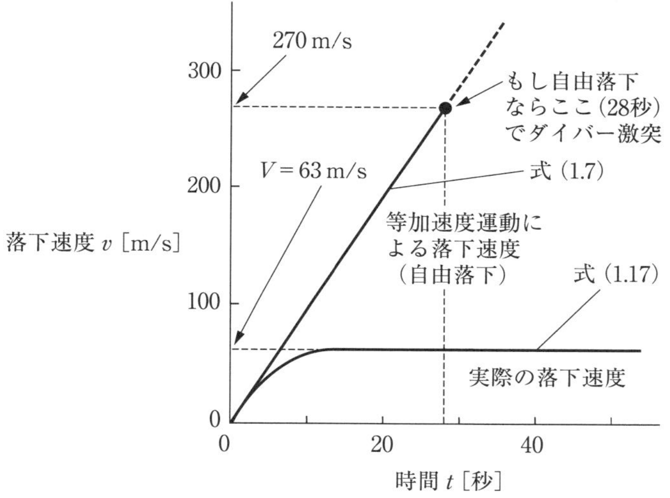

図 1-3　自由落下と実際の落下

スカイダイバーが飛行機を飛び出した直後は，式 (1.7) の直線の式も，式 (1.17) で表される曲線も，グラフの傾きはほとんど一致している。つまり，最初は両方とも等加速度運動をしていると考えてよい。しかし，しばらく時間が経過すると２つの曲線はかなり大きくずれてくる。

空気抵抗のあるスカイダイバーの落下速度に着目してほしい。飛行機を飛び出してから，時間 t が経つにつれ，空気抵抗のない直線に比べて，落下速度がずいぶん緩やかにしか増大しないことがわかる。現実には空気があり，落ちる物体に抵抗力を及ぼすのだから……考えれば当然の結果ではある。

COLUMN

空気抵抗と終端速度

ある程度の時間が経過すると，空気抵抗を受けるスカイダイバーの速度は，$V=\sqrt{mg/k}$ という一定値に限りなく近づきます。このことを数学用語では「V に漸近(ぜんきん)する」といいます。ある最高速度 V（ここでは 63 m/s，つまり時速約 230 km）以上には，ダイバーの速度は決して増さないようです。

空気抵抗のかかったダイバーの落下速度は，無限に増すわけではありません。長い時間が経つと，空気抵抗の力と重力とが同じ強さ（向きは反対）になり，等速運動に達してしまうからです。この最高速度 V は**終端速度**と呼ばれています。

つまり，高校物理で習った $v=gt$ という式は，落下の最初のごく短い数秒間にだけ通用する，近似式にすぎない！ 50 秒間のパフォーマンスをする，現実のスカイダイバーに適用できるものではなかったのだ。

実際，空気抵抗を受けるダイバーの 50 秒後の速度は，式(1.17) に $t=50$ 秒 を代入して（関数電卓を使ってみよう），

$$v(50\text{ 秒})=63\text{ m/s}\times\tanh\frac{50}{6.4}=63\text{ m/s}\times\tanh 7.81$$
$$\fallingdotseq 63\times 1\text{ m/s} \qquad (1.18)$$

となる。つまり，tanh 7.81 の値は 1 に近似できるので，速度 v はほぼ $V=63$ m/s（$=230$ km/h）と計算される。空気抵

抗を無視したときの 270 m/s よりも，ずっとずっと遅いのがわかる。これなら，スカイダイバーが空中遊泳するという 50 秒間の落下距離も，かなり縮まっていると予想される！　もしかりに，最高速度の $V=63$ m/s で 50 秒間落ち続けるとすると，

$$63\times50=3150\ \mathrm{m}$$

という落下距離が計算される。だから，3500 m 以上の高度で飛行機から飛び降りれば，数十秒間の空中遊泳は楽しめそうだ。

フォーメーションスカイダイビングの公式ルールでは，スカイダイバーが飛行機を離れたときの高度は 3800 m だった。つまり，かりに彼が初めから最高速度 V を持っていたとしても，50 秒間のパフォーマンスの途中で 3800 m 先の地面に衝突する心配は，まったくないわけだ。

ましてや，飛行機から落ち始める瞬間には，初速度はゼロだ。だから当然，スカイダイバーの 50 秒後の実際の落下距離は 3150 m よりもかなり短く，彼はもっと長時間上空にいられることになる。これなら，ダイバーは余裕をもってパラシュートを開くことができるはずだ。スカイダイバーが地面に激突して死んでしまう心配はない。めでたし，めでたしである。

以上見てきたように，微分方程式の威力のお陰で，スカイダイバーが空中でゆうゆうと華麗な舞いを楽しみながら落下してくる謎が解けた。ただ，スカイダイビングを文字どおりにゆうゆうと楽しむためには，訓練も必要である（実際，単独で飛行機から飛び降りるには免許が必要)。これからやっ

てみようとする人は，まず，インストラクターと一緒に飛び降りる訓練を重ねてから，安全なスカイダイビングを楽しんでくださいね。

1.2 知っておくと便利な基礎事項

◆頻繁に出てくる微分積分の公式

こうしてスカイダイビングの謎が解けた……とは言ったものの，上で天下り的に導入した

$$v = V \tanh \frac{t}{T} \qquad (1.17)$$

なんていう速度の式が，本当に運動方程式の正しい解なのか，どうなのか？　納得できない！　と，賢明な読者の皆さんはきっと不満を抱かれたことでしょう。ここでは，そんな声にお応えしなくてはならない。

そのために微分方程式に限らず，物理数学で頻繁に使われる数学のいろいろな道具を，ここでちょっと解説しておこう。

(1)　基本的な導関数と不定積分の公式

いきなりですが，いろいろな基本的な関数を微分すると，どういう導関数になるか，表1-1にまとめておきます。皆さんもよくご存知のものが多いはずだ（が，そうでないのもあ

るかもしれない)。

また，基本的な関数について，被積分関数とその不定積分の関係を表1-2にまとめておく。注意して見ると，微分の公式とちょうど逆の関係になっていることがわかると思う。

表1-1　導関数の公式

もとの関数 $f(x)$	導関数 $f'(x)$
a（=定数）	0
e^x	e^x
x^a	ax^{a-1}
$\ln x$（$=\log_e x$）	$1/x$
$\cos x$	$-\sin x$
$\cosh x$	$\sinh x$
$\sin x$	$\cos x$
$\sinh x$	$\cosh x$
$\tan x$	$1/\cos^2 x$
$\tanh x$	$1/\cosh^2 x$
$f(x)g(x)$（積の微分）	$f'(x)g(x)+f(x)g'(x)$
$\{f(x)\}^n$（n 乗の微分）	$n\{f(x)\}^{n-1}\cdot f'(x)$
$f(x)/g(x)$（商の積分）	$\{f'(x)g(x)-f(x)g'(x)\}/\{g(x)\}^2$
$f(g(x))$（合成関数の微分）	$f'(g(x))\cdot g'(x)$

表1-2　被積分関数と不定積分

被積分関数 $f(x)$	不定積分 $\int f(x)\,dx$	被積分関数 $f(x)$	不定積分 $\int f(x)\,dx$
x^a $(a \neq -1)$	$x^{a+1}/(a+1)$	$1/x$	$\ln\|x\|$
e^x	e^x	$\ln x$	$(x\ln x)-x$
$\cos x$	$\sin x$	$\cosh x$	$\sinh x$
$\sin x$	$-\cos x$	$\sinh x$	$\cosh x$
$\tan x$	$-\ln\|\cos x\|$	$\tanh x$	$\ln(\cosh x)$
$1/(x^2+a^2)\,(a>0)$	$\{\arctan(x/a)\}/a$	$1/(x^2-a^2)\,(a>0)$	$\{\ln\|(x-a)/(x+a)\|\}/2a$
$1/\sqrt{a^2-x^2}$ $(a>0)$	$\arcsin(x/a)$	$1/\sqrt{x^2+a}$	$\ln\|x+\sqrt{x^2+a}\|$

(2) 置換積分

微積分の公式を並べたので，次は少し高級な積分のテクニック「置換積分」を紹介したい。とりあえず一般形を書くと，次のようになる。

$$\int f(x)\mathrm{d}x=\int f(x(u))\frac{\mathrm{d}x(u)}{\mathrm{d}u}\mathrm{d}u \tag{1.19}$$

置換積分というのは，そのままでは解きにくい積分があるときに，こちらで適当な積分変数を新たにこしらえる積分テクニックのことです。ある関数 $f(x)$ を積分したいときに，**この積分変数 x を新たな変数 u の関数とおいて**，式（1.19）の右辺のように式を変形するわけです。

例　例えば，$f(x)=ax+b$ を x で積分したいとしよう。そこで，新たな変数 u を $u=ax+b$ とこしらえてやる。すると，$f(x(u))=u$。また，u を x で微分すると $\mathrm{d}u/\mathrm{d}x=a$，つまり $\mathrm{d}x/\mathrm{d}u=1/a$ となる。式（1.19）を使い，次を得る。

$$\int(ax+b)\mathrm{d}x=\int\left(\frac{1}{a}u\right)\mathrm{d}u=\frac{u^2}{2a}+C=\frac{(ax+b)^2}{2a}+C$$

（C は積分定数）

(3) 部分積分

部分積分というのも，少し高度な積分法だが，これも便利な道具です。とりあえず，一般形は

$$\int f(x)g'(x)\mathrm{d}x=f(x)g(x)-\int f'(x)g(x)\mathrm{d}x \tag{1.20}$$

のように書ける。

この積分の公式は，そのままでは解くことが難しい被積分関数を積分しやすくするのに威力を発揮する。$f(x)$ **は微分しやすい関数**，$g'(x)$ **には積分しやすい関数**を考えて，被積分関数を自分の都合に合わせて少々強引に「$f(x)g'(x)$」という積の形にしてやればよい。

例　いま，xe^x を x で積分したいとする。与えられた式のどの部分を $f(x)$ と $g'(x)$ とおくかによって勝負は決まる。$f(x)$ は微分しやすい関数，$g'(x)$ は積分しやすい関数とおく方針に従えば，$x=f(x)$，$e^x=g'(x)$ とおくのがいいことがわかる。すると，$g(x)=e^x$，$f'(x)=1$ となるので，式（1.20）に従い，次を得る。

$$\int xe^x \mathrm{d}x = xe^x - \int 1 \cdot e^x \mathrm{d}x = xe^x - e^x + C \qquad (C\text{ は積分定数})$$

◆公式を使って正しい速度を確かめる

さて，公式を少し紹介したので，さっそくこれらを使ってみよう。

先ほど，スカイダイバーの速度 v が

$$v = V \tanh \frac{t}{T} \tag{1.17}$$

と表されることを述べた。そして，とりあえず速度 v が時間 t によって推移するグラフを描いてみた。しかしこれでは，本当に式（1.17）が微分方程式の解なのか，疑っておられる

読者もきっといるはず。そもそも，どうやって式（1.17）を導出したのかを，まだ説明していませんでしたね。

では，ここでもう少し発見的に導いてみよう。式（1.17）は，もともとの微分方程式を変数分離形にした次の式，

$$\int \frac{1}{v^2 - V^2} \mathrm{d}v = -\frac{1}{VT} \int \mathrm{d}t \qquad (1.16)$$

という積分を実行すれば出てくると前に言いましたね。

ちょっとだけ 数学 1-1

式（1.16）の両辺の積分を実行してみてください。

[答え]　右辺は簡単だ（積分定数はひとまず書かない）。

$$(\text{右辺}) = -\frac{1}{VT} \int \mathrm{d}t = -\frac{t}{VT}$$

次に，左辺の積分は，積分公式の表 1-2 から，

$$(\text{左辺}) = \int \frac{1}{v^2 - V^2} \mathrm{d}v = \frac{1}{2V} \ln \left| \frac{v - V}{v + V} \right|$$

左辺と右辺が等しいのだから，両辺に $2V$ を掛けて整理し，積分定数を C とすると次の式が得られる。

$$\ln \left| \frac{v - V}{v + V} \right| = -\frac{2t}{T} + C$$

絶対値で囲まれた中身の正負は，物理的意味を考えれば次のようにわかる。いま，スカイダイバーは初速度ゼロで飛行機から降りたのだから，v は正の定数である V（$=63$ m/s）よりもつねに小さいはずだ。だから，$v - V$ は負，$v + V$ は正である。こう考えて絶対値を外すと，次のようになる。

$$\ln \left(\frac{V - v}{V + v} \right) = -\frac{2t}{T} + C$$

積分計算としてはこれでおしまいなのだが，しかし，このままでは微分方程式（1.12）が解けたことにはならない。まあ，これは，ちょっと考えれば当然のことです。「微分方程式を解く」とは，未知関数の具体的な形を「v＝何がし」というふうに求めることだ。それなのに，上の式では「対数の中にさらに未知関数 v が入っている」という，きわめて見通しの悪い形になっている。

そこで，指数関数を使って，上の式を

$$\frac{V-v}{V+v}=e^{-\frac{2t}{T}+C} \tag{1.21}$$

と書き改めてみよう。

指数関数と対数関数の関係を思い出してください。$b=\ln a$ のとき $a=e^b$，という関係があるのでした。もちろん，逆も成り立ちます。

速度 v は，結局，式（1.21）を v について書き直せば

$$v=V\frac{1-e^{-\frac{2t}{T}+C}}{1+e^{-\frac{2t}{T}+C}} \tag{1.22}$$

となる。積分定数 C があるから，この v はまだ一般解である。

この式（1.22）のように，指数関数の分数式がごちゃごちゃとしているときには，双曲線関数が役に立つ。式（1.22）の場合は，分子と分母が似た形をしていることに気づけば

$$\tanh x=\frac{e^x-e^{-x}}{e^x+e^{-x}}=\frac{1-e^{-2x}}{1+e^{-2x}}$$

をそのまま使えることがわかる。そこで，積分定数を改めて $C/2=C'$ とおいて

$$v=V\frac{1-e^{-2(t/T+C/2)}}{1+e^{-2(t/T+C/2)}}=V\tanh\left(\frac{t}{T}+C'\right) \quad (1.22')$$

のように表現すると，いくぶん見通しがよい。

◆スカイダイバーの生死はいかに

ただし，積分定数が入っているのは一般解だ。この式では「スカイダイバーが飛行機から初速度ゼロで落ちる」という，ここでの物理的な初期条件がまだ考慮されていない。そこで，この初期条件を使って C' を具体的に求めておこう。いま $t=0$ の時点で $v=0$ だったから，式（1.22′）に代入して $0=V\tanh(0+C')$ が得られる。つまり，$C'=0$。よって，

$$v=V\tanh\frac{t}{T} \quad (1.17)$$

と v が求まる。この式は最初に予告した式になっており，これが求める微分方程式の解（特解）というわけです。

これで，何度も登場した速度の式（1.17）は，運動方程式

$$m\frac{\mathrm{d}v}{\mathrm{d}t}=mg-kv^2 \quad (1.12)$$

の正しい解であるということが，文句なくおわかりいただけたと思う。さらに，数学的な道具立ても揃い，読者の皆さんはかなり複雑な関数を積分できるようになったはずだ。

振り返って，スカイダイビングである。話を途中から曖昧

にしてあるから，ここで始末をつけておこう。実際のダイビングでは，ダイバーは 3800 m 上空からジャンプするのだった。50 秒間のパフォーマンスを演じたあと，彼らは地面に激突せずにいられるのだろうか？

実例で考えましょう　1-3

飛行機から初速ゼロで落下するスカイダイバーの速度は，$v=V\tanh(t/T)$ に従って変化する。50 秒経った時点でのダイバーの落下した距離 x を，積分

$$x=\int V\tanh\left(\frac{t}{T}\right)\mathrm{d}t$$

から求めてみよう。定数はp.28 に示したように $T=6.4$ 秒，$V=63$ m/s。公式ルールの高さ 3800 m と比べてみて，x の値は充分大きいのだろうか，どうだろうか？

［答え］　ここでは $t/T=u$（つまり $t(u)=Tu$）という新たな変数 u と関数 $t(u)$ をこしらえて，置換積分をやってみよう。速度 v の積分を式（1.19）に似せて書けば，

$$\int v(t)\mathrm{d}t=\int v(t(u))\frac{\mathrm{d}t(u)}{\mathrm{d}u}\mathrm{d}u$$

となる。問題の式の被積分関数と見比べると，

$$v(t(u))=V\tanh u,\quad \frac{\mathrm{d}t(u)}{\mathrm{d}u}=\frac{\mathrm{d}}{\mathrm{d}u}(Tu)=T$$

となるから，次の式が得られる。

$$\int v(t)\mathrm{d}t=\int v(t(u))\frac{\mathrm{d}t(u)}{\mathrm{d}u}\mathrm{d}u=\int V\tanh u\cdot T\mathrm{d}u$$

$$=VT\int\tanh u\,\mathrm{d}u$$

ここで $\tanh x$ の積分公式を使うと，不定積分は

$$\int v(t)\mathrm{d}t = VT\int \tanh u\,\mathrm{d}u = VT\ln(\cosh u) + C$$
$$= VT\ln\left(\cosh\frac{t}{T}\right) + C$$

と求められる（C は積分定数）。最後にはもとの変数 t に戻した。

50 秒後のダイバーの位置という数値的な答えを得るには，定積分をすればいい。そうすると数値を代入して，次のように計算できる。

$$x(50\,秒) = VT\left[\ln\left(\cosh\frac{t}{T}\right)\right]_{0\,秒}^{50\,秒}$$
$$= VT[\ln\{\cosh(50/6.4)\} - \ln(\cosh 0)]$$
$$= 63\times 6.4\times \ln\{\cosh(50/6.4)\} = 2900\ \mathrm{m}$$

つまり，50 秒後には，スカイダイバーは 2900 m の距離だけ落下していることがわかる。ここで，$\cosh 0 = 1$ だから，$\ln(\cosh 0) = 0$

いまの場合，スカイダイバーが飛行機を離れたときの高度は 3800 m だったから，2900 m 落下しながら 50 秒間のパフォーマンスを終えたダイバーは，まだ地上から 900 m 程度上空にいることになる。これで，ダイバーが地面にぶつかる心配は，やはりないことが確認できた。

思い出してほしいが，競技団体が定めているルールによれば，ダイバーは「50 秒後に高度 910 m でパラシュートを開く」のだった。積分計算で得られた上の 900 m という結果は，スカイダイビングの公式ルールと非常によく一致している。めでたし，めでたし！

◆テイラー展開登場

ここで，スカイダイビングのところで言いすぎたことをちょっと修正しておきたい。というのは，落下速度 v について次の2つの式

$$v=gt, \quad v=V\tanh\frac{t}{T} \qquad (1.7),\ (1.17)$$

を示して，高校で学んだ式（1.7）は，空気抵抗を考えない全くの近似式だと述べた。

しかし，もしそうならば，ガリレイは実験に失敗して赤恥をかいた可能性もあったのではないか？　と，賢明な読者の皆さんは，疑問を抱かざるをえなかったのではないかと思う。だって，有名な斜塔の立っているイタリアのピサにも空気抵抗は当然あるんだから！　……この疑問にお答えするのが，かの高名な「テイラー展開」である。

ピサの斜塔

物理数学で出現する大抵（たいてい）の関数 $f(x)$ は，次のような

$$f(x)=f(a)+\frac{f'(a)}{1!}(x-a)+\frac{f''(a)}{2!}(x-a)^2$$

$$+\frac{f'''(a)}{3!}(x-a)^3+$$

$$\cdots+\frac{f^{(n)}(a)}{n!}(x-a)^n+\cdots \tag{1.23}$$

という級数（数列の和）で表すことができる。$f(a)$，$f'(a)$ および $f^{(n)}(a)$ は微分係数，つまり関数 $f(x)$，1 階導関数 $f'(x)$，n 階導関数 $f^{(n)}(x)$ に $x=a$ を代入したものを表している。$n!$ は n の階乗である。

微分を 1 回行うことを「1 階」，2 回行うことを「2 階」，と呼びます。「n 階導関数」とはいいますが，「n 回導関数」とは決していいません。

この式は英国のブルック・テイラーさん（1685-1731）が発見したもので，関数 $f(x)$ の**テイラー展開**と呼ばれる。関数 $f(x)$ を式（1.23）のように書き表すことを，「$f(x)$ を $x=a$ のまわりでテイラー展開する」という。

なお，賢明な読者の皆さんにとっては蛇足かもしれないが，あえて上の式で $a=0$ の場合を書き下すと，いくぶんスッキリした形になる。

$$f(x)=f(0)+\frac{f'(0)}{1!}x+\frac{f''(0)}{2!}x^2+\frac{f'''(0)}{3!}x^3+\cdots$$

$$+\frac{f^{(n)}(0)}{n!}x^n+\cdots \tag{1.24}$$

式（1.24）の形は，スコットランドのコリン・マクローリンさん（1698-1746）が独立に発見したので，**マクローリン展開**ともいう。

テイラー展開を導入したところで，さて，ガリレイが実験に成功し，赤恥をかかずにすんだ理由とは何だったのか？謎解きに入ろう。ダイバーの速度の式 $v=V\tanh(t/T)$ を，$t=0$ のまわりでテイラー展開（マクローリン展開）してみる。

ちょっとだけ 数学 1-2

マクローリン展開の式（1.24）を，$x\to t$，$f(x)\to v(t)$ と書き直すと

$$v(t)=v(0)+\frac{\dot{v}(0)}{1!}t+\frac{\ddot{v}(0)}{2!}t^2+\frac{\dddot{v}(0)}{3!}t^3+\cdots \qquad (1.24')$$

となります（導関数には，変数 x で微分するときには右肩にプライム「′」を，変数 t で微分するときには真上にドット「・」を付けるのが物理数学流）。

$v(t)=V\tanh(t/T)$ として，速度 $v(t)$ の $t=0$ での１階微分係数，２階微分係数，３階微分係数を求めてください。

［答え］ $\dot{v}(t)=\mathrm{d}v/\mathrm{d}t$ には，p.35 の公式を使ってほしい。

$$\dot{v}(t)=\frac{\mathrm{d}v}{\mathrm{d}t}=\frac{\mathrm{d}u}{\mathrm{d}t}\frac{\mathrm{d}v}{\mathrm{d}u}=\frac{1}{T}\frac{\mathrm{d}}{\mathrm{d}u}(V\tanh u)$$

$$=\frac{V}{T}\frac{\mathrm{d}(\tanh u)}{\mathrm{d}u}$$

$$=\frac{V}{T}\frac{1}{\cosh^2 u}$$

$$=\frac{V}{T}\frac{1}{\cosh^2(t/T)}$$

２階微分・３階微分も，同様に計算するだけだ。ご面

倒でも，積の微分公式，商の微分公式，n 乗の微分公式を丁寧(ていねい)に使ってほしい。

$$\ddot{v}(t)=\frac{\mathrm{d}}{\mathrm{d}t}\dot{v}=\frac{\mathrm{d}u}{\mathrm{d}t}\frac{\mathrm{d}\dot{v}}{\mathrm{d}u}=\frac{1}{T}\frac{\mathrm{d}}{\mathrm{d}u}\left(\frac{V}{T}\frac{1}{\cosh^2 u}\right)$$

$$=\cdots=-2\frac{V}{T^2}\frac{\sinh(t/T)}{\cosh^3(t/T)}$$

$$\dddot{v}(t)=\frac{\mathrm{d}}{\mathrm{d}t}\ddot{v}=\frac{\mathrm{d}u}{\mathrm{d}t}\frac{\mathrm{d}\ddot{v}}{\mathrm{d}u}\frac{1}{T}\frac{\mathrm{d}}{\mathrm{d}u}\left\{-2\frac{V}{T^2}\frac{\sinh(t/T)}{\cosh^3(t/T)}\right\}$$

$$=\cdots=\frac{V}{T^3}\frac{4\sinh^2(t/T)-2}{\cosh^4(t/T)}$$

いまテイラー展開に必要なのは，$\dot{v}(0)$ などのように $t=0$ を代入したものだ。そこで，$t=0$，$\sinh 0=0$，$\cosh 0=1$ を代入すれば

$$\dot{v}(0)=\frac{V}{T},\quad \ddot{v}(0)=0,\quad \dddot{v}(0)=-2\frac{V}{T^3}$$

式（1.24′）に，微分係数 $\dot{v}(0)$，$\ddot{v}(0)$，…を入れると，ダイバーの速度 v の，$t=0$ のまわりのテイラー展開は次のように求められる。

$$v(t)=\frac{V}{T}t-\frac{1}{3}\frac{V}{T^3}t^3+\cdots \qquad (1.25)$$

さらに，定数 T，V に $T=\sqrt{m/gk}$，$V=\sqrt{mg/k}$ を代入して，本来の定数 m，g，k を戻してみよう。すると，v の展開式は

$$v(t) \fallingdotseq gt - \frac{g^2}{3}\frac{k}{m}t^3 \tag{1.26}$$

というふうになる。

COLUMN

近似という名の魔術

式 (1.26) で，あとにずっと続くという意味の「…」を消し，イコールの代わりに近似の「≒」を書いた。本来は，式 (1.26) をきちんと書けば

$$v(t) = gt - \frac{g^2}{3}\frac{k}{m}t^3 + \frac{2g^3}{15}\frac{k^2}{m^2}t^5 - \frac{17g^4}{315}\frac{k^3}{m^3}t^7 + \cdots \tag{1.26'}$$

となるはずだ（問題では微分計算が煩雑になりすぎるので省きましたが，t^5 以降の項も示しておきました)。これは，近似によって第3項以降を無視したためです。

物理では，頻繁に近似という考え方を使います。その中でも

「小さな量を2乗すると，ものすごく小さな量になるから無視できる」

という考え方は，特に重要です。つまり，もしも k/m の値が非常に小さければ，$(k/m)^2$ 以降の項はものすごく小さな値になるので，省略してもかまわない。この議論に従うと，(1.26′) 式が次のように近似できるわけです。

$$v(t) \fallingdotseq gt - \frac{g^2}{3}\frac{k}{m}t^3 \tag{1.26}$$

さて，驚くなかれ，式 (1.26) は，ガリレイの式 $v=gt$ に，

$$-\frac{g^2}{3}\frac{k}{m}t^3$$

という補正項を付け足しただけの形をしている。ということは，たとえ空気抵抗があったとしても，抵抗係数 k を質量 m で割った値さえ小さく保てれば，$v=gt$ という式は非常によく成り立つ。ガリレイの式は抵抗を全く無視している，というのは，ある意味では言いすぎなのだ。

天才ガリレイは，多分このことを知っていたのであろう。だから，彼は落下実験に k/m の値が小さくなる金属球を使った。k が小さく，m の大きい材料を使うというふうに，彼は実験の条件をうまく工夫したのだ。ガリレイが赤恥などかくはずはなかったのだ！

1.3 変数分離はキホンのキ

◆微分方程式の姓名判断

置換積分と部分積分に，テイラー展開……と，数学の道具立ての話が長くなってしまったが，微分方程式という本題に戻ろう。

すでに出てきた，空気抵抗のある場合の落下物体に対する運動方程式

$$m\frac{\mathrm{d}v}{\mathrm{d}t}=mg-kv^2 \tag{1.12}$$

は，未知関数 $v(t)$ についての微分方程式である。なんとなれば，式に $\mathrm{d}v/\mathrm{d}t$（v を微分したもの）が含まれているから。繰り返しになるが，微分の含まれた方程式だから，微分方程式と呼ばれているわけです。

ところで思い出してほしいのですが，速度 v はまた，位置 x を時間 t で微分したものでもあった。つまり $v=\mathrm{d}x/\mathrm{d}t$ が成り立つ。それならば，上の式（1.12）は，この関係を使って

$$m\frac{\mathrm{d}^2x}{\mathrm{d}t^2}=mg-k\left(\frac{\mathrm{d}x}{\mathrm{d}t}\right)^2 \tag{1.27}$$

と書いたって構わないはずである。

式（1.12）は，1階導関数 $\mathrm{d}v/\mathrm{d}t$ だけしか含まなかった。だが，式（1.27）は1階導関数 $\mathrm{d}x/\mathrm{d}t$ に加え，2階導関数 $\mathrm{d}^2x/\mathrm{d}t^2$ も含んでいる。同じ落下現象を表す式とはいえ，2つの式は，数学的にはかなり違った構造をしているようだ。

こうなると，いろいろな微分方程式を分類する呼び名が必要になってくる。分類するポイントは，式に含まれる導関数の階数です。

微分方程式の命名法は，方程式に含まれる導関数の最高微分回数（これを階数という）に依（よ）っている。導関数には微分を1回施したもの $\mathrm{d}x/\mathrm{d}t$，2回やったもの $\mathrm{d}^2x/\mathrm{d}t^2$，場合によっては3回や4回したものが含まれるだろうが，命名ではその中で一番回数の多いものに着目するわけです。したがっ

て，

$$m\frac{\mathrm{d}v}{\mathrm{d}t}=mg-kv^2 \text{ は，} v \text{ についての 1 階微分方程式}$$

$$m\frac{\mathrm{d}^2x}{\mathrm{d}t^2}=mg-k\left(\frac{\mathrm{d}x}{\mathrm{d}t}\right)^2 \text{ は，} x \text{ についての 2 階微分方程式}$$

と呼ばれることになる。

数学らしく格好をつけて，一般的にも書いておこう。未知関数 y を変数 x についての関数とおき，$y(x)$ と表記する（ここでは変数を x とおくが，x は未知数の一般形であって，これはもちろん空間座標の x という意味には限らない。時間変数 t や，その他どんな変数にも使われる）。変数 x，未知関数 y，およびそのたかだか n 階の導関数 $\mathrm{d}y/\mathrm{d}x$，$\mathrm{d}^2y/\mathrm{d}x^2$，…，$\mathrm{d}^ny/\mathrm{d}x^n$ を含む方程式

$$f\left(x, y, \frac{\mathrm{d}y}{\mathrm{d}x}, \frac{\mathrm{d}^2y}{\mathrm{d}x^2}, \cdots, \frac{\mathrm{d}^ny}{\mathrm{d}x^n}\right)=0 \tag{1.28}$$

を，一般に **n 階微分方程式**と呼ぶ。

なお，このように，変数がただ 1 個 x だけの微分方程式は，変数が複数ある偏微分方程式と区別して**常微分方程式**とも呼ばれる。

実例で考えましょう 1-4

念のためですが，次の式は何階微分方程式でしょうか？

$$\frac{1}{2}m\left(\frac{\mathrm{d}x}{\mathrm{d}t}\right)^2+V(x)=E$$

［答え］ x に関する1階微分方程式である。$(\mathrm{d}x/\mathrm{d}t)^2$ というのは，ただ1階導関数 $\mathrm{d}x/\mathrm{d}t$ が2乗されているだけなので，1階であることに変わりはない。なお蛇足ながら，この式の第1項は運動エネルギー，第2項 $V(x)$ は位置エネルギーで，その和が一定の全エネルギー E になるということを表している。

◆今日から解ける1階微分方程式

微分方程式も，導関数 $\mathrm{d}^n y/\mathrm{d}x^n$ の階数があまりに高くなったり，それが幾乗もされていたりすると，とたんに解くのが難しくなる。さっきのスカイダイビングもそうだが，まずは1階導関数 $\mathrm{d}y/\mathrm{d}x$ だけが含まれた簡単なものから取りかかるのが常道だ。

そこで役に立つのが，スカイダイビングでも大活躍した変数分離法。最も ポピュラーな技であって，柔道で言えば背負い投げというところか。

(1)　変数分離法

とりあえず一般形を書いておこう。いま，微分方程式

$$\frac{\mathrm{d}y}{\mathrm{d}x}=f(x,\ y)$$

を解く場合に，関数 $f(x,\ y)$ が変数ごとに2つに分離できて，

$$\frac{\mathrm{d}y}{\mathrm{d}x}=M(x)N(y) \tag{1.29}$$

という積の形に書くことができ，さらに，$M(x)$がxのみ，また$N(y)$がyのみの関数であれば，上の方程式は変数分離形と呼ばれる。式（1.29）の形から両辺に$\mathrm{d}x/N(y)$を掛ければ，次の式

$$\frac{1}{N(y)}\mathrm{d}y=M(x)\mathrm{d}x \tag{1.30}$$

へ変形できるので，両辺をそれぞれyおよびxで積分すると

$$\int\frac{1}{N(y)}\mathrm{d}y=\int M(x)\mathrm{d}x+C \tag{1.31}$$

を得る（Cは積分定数）。$N(y)$も$M(x)$も具体的な式が与えられていないので，まだ積分記号が残ったままであるが，一応この段階で微分方程式の解は得られたものと考えてよい。このようにして微分方程式を解く方法を，**変数分離法**と呼ぶ。

ちょっとだけ 数学 1-3

次の微分方程式を解いてください。

$$\frac{\mathrm{d}y}{\mathrm{d}x}=xy$$

［答え］ 問題の式は式（1.29）から判断して，一目で変数分離形とわかる（$M(x)=x$，$N(y)=y$）。与えられた式の両辺に$(1/y)\mathrm{d}x$を掛けると

$$\frac{1}{y}\mathrm{d}y=x\mathrm{d}x$$

左辺を y, 右辺を x でそれぞれ積分すると, $y>0$ ならば,

$$\ln y=\frac{1}{2}x^2+C' \quad (C' \text{は積分定数})$$

となる（公式 $\int(1/y)\mathrm{d}y=\ln|y|$ を使った）。一般解は, y を指数関数で表して

$$y=e^{x^2/2+C'}=Ce^{x^2/2} \quad (C=e^{C'} \text{と積分定数を改める})$$

それでは, この変数分離法を使って, はたして具体的にはどのような問題が解けるのだろうか？　図1-4にはコイル L と抵抗 R と電池 E を含む簡単な電気回路が描かれている。この回路のスイッチSを閉じた（onにした）ときに, 電流 I はどのような流れ方をするか？　というような問題には, 変数分離法の出番だ。L はコイルの自己インダクタンス（自己誘導係数）を表す定数とする。このコイルを電流 I が流れると, I の変化によって逆起電力（マイナスの起電力）が誘導され, それによってコイルに電圧降下

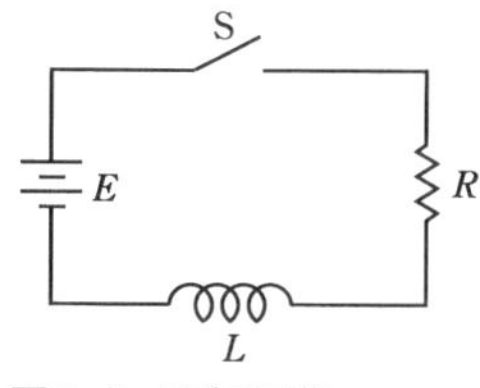

図1-4　電気回路

$$L\frac{\mathrm{d}I}{\mathrm{d}t}$$

が発生する。そして, この電圧降下と抵抗 R を流れる電流 I

によって生じる電圧降下 RI との和が，電池の起電力 E とつり合う。

このことを式で書くと，次の微分方程式が得られる。もちろん，左辺の L，R と右辺の E は定数である。

$$L\frac{\mathrm{d}I}{\mathrm{d}t}+RI=E \tag{1.32}$$

実例で考えましょう 1-5

回路を流れる電流 I についての微分方程式 (1.32) は，

$$\frac{\mathrm{d}I}{\mathrm{d}t}=\frac{E}{L}-\frac{R}{L}I \tag{1.32'}$$

と変形できる。では，この微分方程式を解き，電流 I を求めてみてください。積分定数を含んだ一般解とともに，「スイッチSを入れる瞬間 ($t=0$) までは電流は流れていない」という条件を加味した特解も求めてみよう。

[答え] 問題の式は一見，変数分離形には見えないが，勘のいい読者の皆さんはもうお気づきだろう。上の式は，式 (1.29) を参考にして $M(t)=1/L$ (定数)，$N(I)=E-RI$ と置いてやれば，変数分離形にすることができる。

$$\frac{1}{E-RI}\mathrm{d}I=\frac{1}{L}\mathrm{d}t$$

左辺を I，右辺を t でそれぞれ積分すれば，

$$-\frac{1}{R}\ln(E-RI)=\frac{1}{L}t+C' \qquad (C' \text{は積分定数})$$

この式の両辺に $-R$ を掛け，$E-RI$ を指数関数で表すと，

$$E-RI=Ce^{-\frac{R}{L}t}$$ （積分定数を $C=e^{-RC'}$ と改める）

(1.33)

この回路には，スイッチSを入れるまでは電流は流れていないのだから，スイッチを入れた瞬間（$t=0$）では，電流はゼロ（$I=0$）のはずである。この初期条件を式(1.33)に代入して定数 C を決めると，$C=E$ と簡単に求まる。したがって，スイッチを入れたあとでは，回路を流れる電流 I は次のようになる。

$$I=\frac{E}{R}(1-e^{-\frac{R}{L}t})$$

得られた電流 I を，縦軸に I，横軸に時間 t をとってグラフにすると，図1-5に示すようになる。グラフからわかるように，この電気回路にはスイッチSを入れると電流が流れ始めるが，ただちに一定の電流が流れるわけではない。電流値 I は最初は小さく，時間が経つにつれて増大する。この時間 t に依存する電流は過渡電流と呼ばれる。

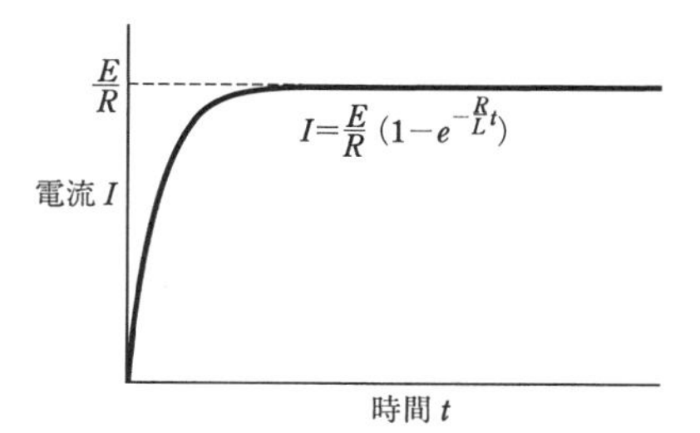

図1-5　電流の時間変化

もちろん，一定の時間が経つと電流値は，オームの法則ど

おり E/R の一定値に落ち着く（数学的に言えば，I は E/R に漸近（ぜんきん）する）。E/R は，この回路を流れる定常電流を表している。空気抵抗を受けて落下する物体の終端速度のようなものである。

(2) 変数分離法の応用：同次形

応用として，少し特殊な形の方程式を解いてみよう。微分方程式が

$$M(x, y)\mathrm{d}x + N(x, y)\mathrm{d}y = 0$$

の形に書けて，M，N が同じ次数のときには，この微分方程式は**同次形**と呼ばれる。同次形の微分方程式は，つねに次のような形に書き直せる。

$$\frac{\mathrm{d}y}{\mathrm{d}x} = f\left(\frac{y}{x}\right)$$

ただ，このままではどうしても解けそうにないが，変数分離形に持ち込むための定石がある。それには，新しい記号 u を導入して，$u = y/x$ とおいてやることだ。こうおくと，$y = ux$ となることはわかる。

この両辺を x で微分してみよう。u が x の関数であることに注意して，積の微分公式 $(fg)' = f'g + fg'$ を使うと

$$\frac{\mathrm{d}y}{\mathrm{d}x} = u + x\frac{\mathrm{d}u}{\mathrm{d}x}$$

となる。これを代入すると，与えられた式 $\mathrm{d}y/\mathrm{d}x = f(y/x)$ は

$$u+x\frac{\mathrm{d}u}{\mathrm{d}x}=f(u) \quad \Rightarrow \quad x\mathrm{d}u=\{f(u)-u\}\mathrm{d}x$$

と変形できる。すると，次のような変数分離形に持ち込むことができる。

$$\frac{1}{f(u)-u}\mathrm{d}u=\frac{1}{x}\mathrm{d}x$$

両辺をそれぞれ u および x で積分すると，$x>0$ と仮定すれば

$$\int\frac{1}{f(u)-u}\mathrm{d}u=\ln x+C \tag{1.34}$$

を得る（C は積分定数）。式（1.34）の左辺に積分記号が残ったままなのは，$f(u)$ に具体的な式が与えられていないからにすぎない。$f(u)$ の形がわかれば積分可能だから，この段階で微分方程式の解は得られたと考えてほしい。

要するに，同次形というのは，変数分離形の特別な場合なのだ。変数分離形が，微分方程式を解く方法の基本と言われ，耳にたこができるほど教えられる理由がこれでわかるように思う。

実例で考えましょう 1-6

電気容量 C のコンデンサと抵抗 R だけをつないだ，お馴染みの回路があるとしよう（図 1-6）。時刻 t のときに，コンデンサに電気量 Q がたまっており，抵抗に電流 I が流れるとすると，次の式が成り立ちます。

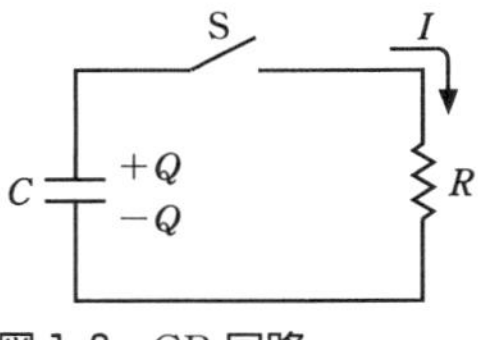

図 1-6　CR 回路

$$\frac{Q(t)}{C}+I(t)R=0$$

いつもは C と R は定数として扱うが，ここでは試しに R は可変抵抗とし，時間が経つと一定の割合 S で増えていくものとしてみよう。すると，

$$R=R(t)=St \quad (S\text{ は定数})，すなわち$$

$$\frac{Q(t)}{C}+I(t)St=0$$

上式の両辺を t で微分してみると，I に関する微分方程式が作れる。すなわち（C，S が定数であることに注意），

$$\frac{1}{C}\frac{\mathrm{d}}{\mathrm{d}t}Q(t)+S\frac{\mathrm{d}}{\mathrm{d}t}\{I(t)t\}=0$$

積の微分公式 $(fg)'=f'g+fg'$ を使ってこれを書き直すと，次のようになる（電流値 I とは，電気量 Q の時間微分 $I=\mathrm{d}Q/\mathrm{d}t$ になるので）。

$$\frac{I}{C}+SI+St\frac{\mathrm{d}I}{\mathrm{d}t}=0$$

では，上の微分方程式を解いて，I を求めてみてください。

［答え］　両辺を S で割り，$A=1/SC+1$ とおいて両辺を t で割って整理すると，次の同次形の式が得られる。

$$\frac{\mathrm{d}I}{\mathrm{d}t}=-A\frac{I}{t}$$

ここで $u=I/t$ とおき，同次形の解法を使おう。$\mathrm{d}I/\mathrm{d}t=u+t\mathrm{d}u/\mathrm{d}t$ なので，この式は

$$u+t\frac{\mathrm{d}u}{\mathrm{d}t}=-Au \qquad \therefore \quad \frac{1}{u}\mathrm{d}u=-(A+1)\frac{1}{t}\mathrm{d}t$$

と変数分離形にできる。u と t で辺々積分すれば，次のようになる。

$$\ln u=-(A+1)\ln t+K'$$

$$\therefore \quad ut^{A+1}=K \quad （積分定数を改めて\ K=e^{K'}\ とする）$$

$A=1/SC+1$，$u=I/t$ なので，もとの量に戻しておくと，次の式が得られる。

$$I=Kt^{-1-1/SC}$$

t の右肩が負の数なので，I は時間とともに減衰する電流を表している。

1.4
1階線形微分方程式に挑戦

◆線形ならばもっけの幸い

ガウス

「数学は諸科学の女王である」と言ったのは，かの数理物理学者カール・フリードリッヒ・ガウス（1777-1855）だそうです。確かにガウスの言うとおり，数学は美しい(ただしそれを実感できる人は少ない？)。また数多くの応用分野に多大な献身をなしているところは，まことに女王とか慈母と呼ぶにふさわしく慈愛に満ちていると言えるだろう。とりわけ微分方程式は，数学が世にもたらしたものの中でも，科学に役立つ道具としては右に出るものがないと言われている。

しかし，微分方程式の中でも，私たちが数式に演算を施して，きれいに解けるのは，いわゆる「線形」の微分方程式であることが多い。

線形微分方程式というのは，未知関数 y と，それを微分した導関数 $\mathrm{d}y/\mathrm{d}x$ が，お互いに掛けたり割ったりされているわけでも，2乗されているわけでも，またルートがかかっているわけでもなく，それぞれ1次の関係であるような微分方程式だ。1次方程式の概念を拡張したようなものである。

すなわち，線形微分方程式は，次のような一般形で書くことができる。

$$\frac{\mathrm{d}y}{\mathrm{d}x}+A(x)y=R(x) \tag{1.35}$$

用語を解説しておこう。$R(x)=0$ のとき，すなわち

$$\frac{\mathrm{d}y}{\mathrm{d}x}+A(x)y=0 \tag{1.35′}$$

というような式を，**同次微分方程式（同次方程式）**という。また，もし $R(x)\neq 0$ ならば，式 (1.35) を**非同次微分方程式（非同次方程式）**という。

ここでいう同次方程式や非同次方程式という用語は，$\mathrm{d}y/\mathrm{d}x=f(y/x)$ の形を指す「同次形」とは全く関係ありません。ここは少しややこしいですね。

いずれ読者も，力学，量子力学，電磁気学など，物理学の基本的な方程式には線形の微分方程式が多いことに気づかれると思う。まずは単純明快な線形性から理解していくのがよいでしょう。

◆線形方程式の解き方やいかに？

同次方程式 (1.35′) なら，もう皆さんは解き方がおわかりになっているはずですね。そう，お馴染みの変数分離法を使えばいいのです。

$$\frac{1}{y}\mathrm{d}y = -A(x)\mathrm{d}x$$

非同次方程式の場合，変数分離形になってくれるのは，$A(x)$ と $R(x)$ がともに定数という特殊な場合に限られる。しかし，例が少ないわけではない。例えば，コイルと抵抗と直流電源からなる回路の方程式 $L\mathrm{d}I/\mathrm{d}t + RI = E$ がそうだし，他には，v に比例する空気抵抗を受ける落下の運動方程式 $m\mathrm{d}v/\mathrm{d}t = mg - \mu v$ もそうです。

しかし，式 (1.35) のように $R(x)$ が残った非同次方程式になると，変数分離形になってくれないから，解は簡単には求まらない。例えば，もしコイルと抵抗につながれているのが直流電池ではなく，電圧が $E(t) = E_0 \cos \omega t$ で表されるような交流電源であれば（図 1-7），

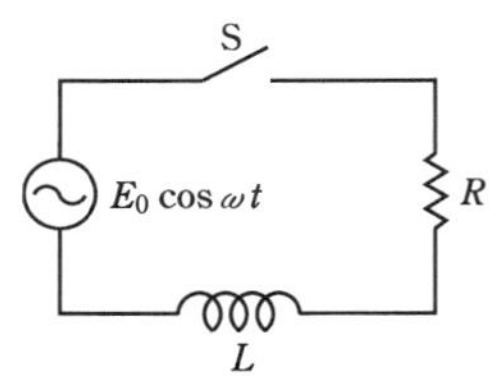

図 1-7　交流回路

$$L\frac{\mathrm{d}I}{\mathrm{d}t} + RI = E_0 \cos \omega t$$

という式が成り立つことになる。ところが，これは式 (1.35) の形に他ならず，変数分離法では手に負えない！　さあ，どうしたものか？

ただし，やっかいな非同次方程式 (1.35) の場合にも，定石というものはある。手順は 3 つだ。

手順 1

ひとまず式 (1.35) で $R(x) = 0$ とおくと，同次方程式

(1.35′) になる。

$$\frac{\mathrm{d}y}{\mathrm{d}x}+A(x)y=0 \qquad (1.35')$$

この同次方程式 (1.35′) の一般解 y_g をまず求める (変数分離法)。

手順2

次に，先ほど0とおいた $R(x)(\neq 0)$ をもとに戻して，もとの非同次方程式 (1.35) を考える。

$$\frac{\mathrm{d}y}{\mathrm{d}x}+A(x)y=R(x) \qquad (1.35)$$

これをぐいと睨(にら)みながら勘を働かせ，思いついた関数を代入したりして等式が成り立つかどうか試行錯誤する。そうして，たまたま式 (1.35) が成り立つような個別の解 y_s を見つけ出すことができたとする。これを非同次方程式の特解という。

手順3

そして，同次方程式の一般解と特解とを足し合わせた y_g+y_s が，非同次方程式の一般解になっている。

本当だろうか？

y_g+y_s が，本当に非同次方程式 (1.35) の一般解となっているのか？　確かめてみよう。解 y_g+y_s を式 (1.35) に代入し，少し変形すると，

$$\frac{\mathrm{d}y_g}{\mathrm{d}x}+A(x)y_g+\frac{\mathrm{d}y_s}{\mathrm{d}x}+A(x)y_s=R(x)$$

となる。前の2つの項はy_gが同次方程式（1.35′）の解なので，足し合わせれば当然0である。残りの2項と右辺は，y_sが非同次方程式（1.35）の特解なので，当然成立することがわかる。めでたし，めでたし。

ちょっとだけ 数学 1-4

微分方程式

$$\frac{\mathrm{d}y}{\mathrm{d}x}+ay=b\cos x$$

の一般解を求めてください（ちなみに，上の式で $x\to\omega t$，$y\to I$，$a\to R/\omega L$，$b\to E_0/\omega L$ とおけば，前に述べたように，交流の場合の電流Iを求める方程式になる）。

［答え］ まず 手順1 どおり，右辺を0とおいて同次方程式 $\mathrm{d}y/\mathrm{d}x+ay=0$ の一般解y_gを求めよう。これは変数分離法で簡単に得られて

$$y_g=Ce^{-ax} \qquad (C\text{は積分定数})$$

次に 手順2 の特解だが，これは少々やっかいだ。少しばかり勘を働かす必要もある。問題の式の右辺は三角関数の$\cos x$なので，特解y_sを（よくある形として）次のようにおいてみる。

$$y_s=c_1\cos x+c_2\sin x$$

ここで，c_1とc_2は未知の定数とする（積分定数ではない）。だからc_1とc_2を決めなければ特解にはなってくれない。そこで，この未知の定数の入った特解を問題の式に代入する。すると，

$$-c_1\sin x+c_2\cos x+ac_1\cos x+ac_2\sin x=b\cos x$$

となるので，整理して（左辺）＝（右辺）の関係から

$$(-c_1+ac_2)\sin x=0,\ (c_2+ac_1-b)\cos x=0$$

したがって，$-c_1+ac_2=0$，$c_2+ac_1-b=0$ より，$c_1=ab/(1+a^2)$，$c_2=b/(1+a^2)$ と求まるので，特解 y_s は次のようになる。

$$y_s=\frac{b}{1+a^2}(a\cos x+\sin x)$$

最後に 手順3 のとおり，$y=y_g+y_s$ を求める。

$$y=y_g+y_s=Ce^{-ax}+\frac{b}{1+a^2}(a\cos x+\sin x)$$

このように，未知の定数 c_1 と c_2 をひとまず仮定しておいて，これらの係数をあとで決める方法を，**未定係数法**という。

1.5
2階線形微分方程式の入り口

◆ 2階線形微分方程式は利用価値が高い

1階線形微分方程式の次は，2階線形微分方程式を紹介するのが自然な成り行きだ。一般には，n 階線形微分方程式は，

$$\frac{d^n y}{dx^n}+P_1(x)\frac{d^{n-1}y}{dx^{n-1}}+P_2(x)\frac{d^{n-2}y}{dx^{n-2}}+\cdots+P_{n-1}(x)\frac{dy}{dx}+P_n(x)y=R(x) \quad (1.36)$$

の形で表される。1階でなく2階であれば，微分回数がたかだか2回ということだから，式（1.36）で1階微分と2階微分の項だけを残して，2階線形微分方程式は，一般に次のように書かれる。

$$\frac{\mathrm{d}^2 y}{\mathrm{d}x^2}+P_1(x)\frac{\mathrm{d}y}{\mathrm{d}x}+P_2(x)y=R(x) \tag{1.37}$$

こういう定義的な部分は，一般の n について議論されていないと不安だという読者のために書いたものなので，嫌いな人は適当に読み流してください。

ここでは，最もシンプルで利用価値の高い例として，$P_{n-1}(x)$ や $P_n(x)$ が定数であるもの，すなわち**定係数の2階線形微分方程式**を取り上げてみよう。この微分方程式は

$$\frac{\mathrm{d}^2 y}{\mathrm{d}x^2}+A\frac{\mathrm{d}y}{\mathrm{d}x}+By=R(x) \tag{1.38}$$

と書ける。A，B はもちろん定数だ。この場合も1階線形微分方程式のときと同じように，$R(x)=0$ ならば同次方程式，$R(x)\neq 0$ ならば非同次方程式である。

さて，物理数学で微分方程式が出てくると，決まってこの2階線形微分方程式が主役として祭り上げられるのはなぜだろうか？　その理由は，物理の古典力学で最も重要な式である，ニュートンの運動方程式が

$$m\frac{\mathrm{d}^2x}{\mathrm{d}t^2}=F$$

と，位置 x の時間 t による2階微分（つまり加速度）を含んでいるからに他ならない。何しろ，具体的な物体が飛んだり跳ねたりするのを扱うのだから，これを例として使わない手はないというわけのようだ。

例えば，身近な例としては，**単振動**が定係数の2階線形微分方程式で表される。図1-8に示すバネをつけた台車の運動方程式が，よく知られた単振動の運動方程式になっている。

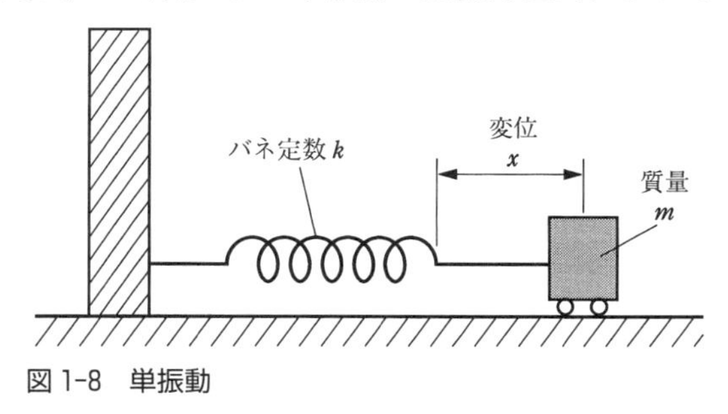

図1-8　単振動

図1-8において，バネに質量 m の台車を付けて引っ張り，バネの長さが x だけ伸びたとすると，この物体には復元力 $-kx$ が働く（バネ定数を k とした。マイナス符号は，もとへ戻そうとする方向を表す）。つまり，台車の運動に対して，次の微分方程式

$$m\frac{\mathrm{d}^2x}{\mathrm{d}t^2}=-kx$$

が成立する。ただし，台車を置いた床とコロとの摩擦，台車

が動くことによる空気抵抗などなども，一切合切存在しないと仮定した（そうでないと単振動にならない）。

この式の右辺の $-kx$ を左辺に移すと

$$m\frac{d^2x}{dt^2}+kx=0 \tag{1.39}$$

となる。これは式（1.38）において $A=0, B=k/m, R(x)=0$ とおいた場合の定係数2階線形微分方程式

$$\frac{d^2y}{dx^2}+By=0 \tag{1.39$'$}$$

であって，$R(x)=0$ だから，同次方程式ということになる。

◆この世はすべて単振動だらけ

物理の基本的現象には，単振動にまつわる問題が実に多い。「またかいな，いいかげんにしてくれ！」と言いたくなるほど，私たちは単振動に遭遇する。

大抵の物体には，「力を加えれば，いったんは凹むが，その後こちらへ跳ね戻ってこようとする」性質——すなわち，弾力がある。この跳ね戻る性質，日常生活では弾力と呼ばれるものを，物理では**弾性**と呼ぶ。

弾性のある物体をその場に固定しておき，それを押すと，その物体はただ一度だけ跳ね返ってくるだけではなしに，往復運動を始める。輪ゴムにつけたおもりを手で引っ張って離すと，おもりは上下に揺れるが，これは単振動の例である。

非常に長い時間放っておくと，この振動はもろもろの摩擦や抵抗で，やがては止まる。しかし，摩擦や抵抗を最初から

ひっくるめて考えようとすると，どこから手をつけていいかわからなくなる。そこで，まずは，「振動を邪魔しようとする作用が何もない！」と仮定するところから始めることにしたい。これが単振動といわれる現象になる。

単振動のことは，また**調和振動**ともいいます。意味は全く同じで，例えば物理でよく出てくる「調和振動子」というのは，早い話が，単振動をする物体のことです。高校までは「単振動」のほうが主流で，大学以上では「調和振動」を使う人がなぜか多いようです。

COLUMN

単振動がいっぱい！

自然界の多くの物体は（自然に限らず人工物の多くも），このように押されれば振動を始める性質をもっている。私たちが頻繁に単振動に遭遇するのもむべなるかな，である。

例えば，身の回りの数多くの品物は金属でできているが，読者の皆さんもよくご存知のとおり，金属はたくさんの原子で構成されている。ミクロに見ると，その多くの原子が，立体的に規則正しい格子を組んで並んでいる。これが，いわゆる「金属は結晶構造をしている」という状態である。その他，セラミックス材料なども，内部をミクロに見れば規則正しく格子状に配列された原子でできている。そして，いろいろな固体の完全な結晶構造というものは，理論的にはわかっている。

実は，固体の内部で格子を組んでいる多くの原子は，その場にじっと静止しているわけではなく，その原子の存在する格子点という位置を中心に振動している。これは格子振動と呼ばれている。格子振動は原子の単振動なのだが，無数の原子が協調した結合状態で単振動をしているのだ。この現象を「結合した調和振動」と呼ぶ（調和振動は単振動と同義語）。

話が難しくなるので，これ以上深入りするのは避けるが，ともかく，私たちの回りには「単振動がいっぱい！」なのだ。

単振動は物理の基本現象の１つである。単振動を知らなければ，物理を知っているとは言えないことになる。

◆思い出してほしい単振動の性質

運動方程式（1.39）で表されるような，バネをつけた台車の運動が，いわゆる単振動になることはよく知られている。高校でも

$$x = A\sin(\omega_0 t + \delta) \tag{1.40}$$

というような式を習ったと思う。**固有角振動数** ω_0 は，台車の質量 m とバネの固さ（バネ定数 k）とが与えられれば，自動的に次のように決まってしまう。これはよく知られた関係だから，高校ですでに習ったかもしれないが，示しておくと

$$\omega_0 = \sqrt{\frac{k}{m}}$$

また振り子の周期 T は，固有角振動数 ω_0 と次のような関係にある。三角関数がひとまわりする時間（2π ラジアンを

動く時間）を周期というのだから，当然といえば当然だ。

$$T=\frac{2\pi}{\omega_0}=2\pi\sqrt{\frac{m}{k}} \tag{1.41}$$

実際，この式は無重力の宇宙ステーションで宇宙飛行士の体重を測るのに応用されています。バネ定数 k のわかっているバネに飛行士を固定し，振動させます。振動の周期 T を測定すれば，体重 m がわかるわけです。

しかし，天下り的にこれらの結果を認めるのは問題である。どうにかして，物理数学の道具を用いて導き出したいものだ。

◆微分方程式は解けるか？

振り返って，バネ付き台車の考察から出てきた微分方程式

$$\frac{\mathrm{d}^2y}{\mathrm{d}x^2}+By=0 \tag{1.39$'$}$$

に戻ってみよう。この方程式を直接解いて，上に示した三角関数で表した単振動の式

$$x=A\sin(\omega_0 t+\delta) \tag{1.40}$$

を導き出すことはできないものだろうか？

一見すると，無理なようである。2階導関数なので変数分離形にもできないし，どこから積分して x を求めていいのかわからない。同次方程式の解なら比較的簡単に得られた1階微分方程式の場合と違って，このままでは手のつけようがない。

ここでは，計算というより，関数 $y(x)$ の性質をヒントにして考える必要がある。式（1.39′）を書き直すと，

$$\frac{\mathrm{d}^2 y}{\mathrm{d}x^2} = -By \tag{1.39″}$$

となる。つまり，$y(x)$ **という関数は，2回微分してもその基本的な形が変わらず，定数倍されただけの関数になる**，という性質を持っていることがわかるではないか！

そこで勘を働かせ，新しい定数 λ（ラムダ）を持ち込んで，式（1.39″）の解を

$$y = e^{\lambda x}$$

という指数関数であると仮定してみる。この指数関数は，微分すると

$$\frac{\mathrm{d}y}{\mathrm{d}x} = \lambda e^{\lambda x}, \quad \frac{\mathrm{d}^2 y}{\mathrm{d}x^2} = \lambda^2 e^{\lambda x}$$

というふうに，関数の基本的な形が変わらず，定数を前に掛けた形になるという性質があるからだ。そして，これをもとの式（1.39′）に代入したときに，等式がちゃんと成り立つような定数 λ の値を求めてやればよさそうだ。したがって，λ の値は

$$\lambda^2 e^{\lambda x} = -Be^{\lambda x} \qquad \therefore \quad \lambda = \pm\sqrt{-B}$$

と求めることができる。

「求めることができる」とは言ったものの，答えにはルートの中にマイナスが入っている。これは少々困った事態だ。な

ぜなら，

● ここでは $B=k/m$ となり，B は正の値だから，ルートの中身が負になってしまう。おかしいじゃないですか？

● 解に指数関数を仮定したのでは，$x=A\sin\omega_0 t$ のような三角関数の形の解は出ないんじゃないですか？

という，読者の皆さんからの厳しい質問を受けそうである。これは，さらなる道具立てをしておく必要がありそうですね。

◆虚数 i は便利な道具

(1) 虚数と複素数

虚数というのは，数学者の考えた奇妙な，しかし，とても便利な道具である。まず，虚数単位は i と書かれるが，i は次の式

$$i^2=-1 \tag{1.42}$$

で定義される奇妙な数である。i は実に

$$i=\sqrt{-1} \tag{1.43}$$

となるが，これは実際にはありえないことだ。しかし，だから面白い，と数学者は言う。例えば，次の因数分解をせよ，

$$x^2+1=0$$

という問題を出されたら，「できません」が正解だが，もしも虚数を使ってもよいのなら，

$$(x-i)(x+i)=0$$

と因数分解できてしまうから面白い。

次に，複素数は x と y とを実数として

$$z=x+iy \tag{1.44}$$

で定義される。実数 x は，複素数 z の実数部もしくは実部（リアル・パート）と呼ばれ，$\mathrm{Re}(z)$ で表される。実数 y は，z の虚数部もしくは虚部（イマジナリー・パート）と呼ばれ，$\mathrm{Im}(z)$ で表される。むろん，Re は Real の最初の 2 文字を，Im は Imaginary の 2 文字をとったものだ。

虚数部を $\mathrm{Im}(z)=y$ という実数ではなく，$\mathrm{Im}(z)=iy$ という純虚数で定義する書物もあります。本書では $\mathrm{Im}(z)=y$ で統一することにします。

複素数 z の足し算・引き算では，実数部は実数部同士，虚数部は虚数部同士で演算すればよい。例えば，$z_1=x_1+iy_1$ と $z_2=x_2+iy_2$ なら

$$z_1 \pm z_2=(x_1 \pm x_2)+i(y_1 \pm y_2) \tag{1.45}$$

となる。また，掛け算では式 (1.42) の関係 $i^2=-1$ を利用することに着目すれば，難しいところはない。例えば，z_1 と z_2 の積は，$i^2=-1$ を使えば

$$z_1z_2=(x_1+iy_1)(x_2+iy_2)=(x_1x_2-y_1y_2)+i(x_1y_2+x_2y_1) \tag{1.46}$$

となる。割り算の場合も特段のことはないが，分母を実数化，つまり有理化（無理数を有理数に変えたという意味）する場合が多い。例えば，z_1 を z_2 で割れば

$$\frac{z_1}{z_2}=\frac{x_1+iy_1}{x_2+iy_2}=\frac{(x_1+iy_1)(x_2-iy_2)}{(x_2+iy_2)(x_2-iy_2)}$$
$$=\frac{(x_1x_2+y_1y_2)+i(-x_1y_2+x_2y_1)}{{x_2}^2+{y_2}^2} \quad (1.47)$$

となる。

(2) オイラーの公式

オイラー

虚数 i は便利な道具だと述べたが，これを使った次の**オイラーの公式**

$$e^{i\theta}=\cos\theta+i\sin\theta \quad (1.48)$$

はまことに便利な道具で，物理数学ではあらゆる分野にしばしば登場する。この公式を見つけたのはスイスの数学者・物理学者のレオンハルト・オイラー（1707-83）だ。彼は計算をしすぎたために，過労により20代で片目を失い，さらにのちに両目とも失明したが，そのあとも精力的に研究を進めたというから，ものすごい人である。

ここでは手始めに，このオイラーの公式を証明しておこう。先のテイラー展開のまたとない応用例となるからだ。関数 $f(x)$ の $x=0$ のまわりのテイラー展開とは，繰り返しになるが，次のようなものであった。

$$f(x)=f(0)+\frac{f'(0)}{1!}x+\frac{f''(0)}{2!}x^2+\cdots+\frac{f^{(n)}(0)}{n!}x^n+\cdots$$

オイラーの公式（1.48）を証明するには，式（1.48）の右辺の $\cos\theta$ と $\sin\theta$ を展開する必要があるが，そのためにはこれらの微分形を使うことになる。すでにご存知のように，それらは

$$\frac{\mathrm{d}\cos\theta}{\mathrm{d}\theta}=-\sin\theta, \quad \frac{\mathrm{d}\sin\theta}{\mathrm{d}\theta}=\cos\theta$$

である。2回以上微分した結果も，この関係から簡単に求まるから，$\cos\theta$ と $\sin\theta$ の $\theta=0$ のまわりのテイラー展開は，次のようになる。

$$\cos\theta=1-\frac{1}{2!}\theta^2+\frac{1}{4!}\theta^4-\frac{1}{6!}\theta^6+\cdots \tag{1.49}$$

$$\sin\theta=\theta-\frac{1}{3!}\theta^3+\frac{1}{5!}\theta^5-\frac{1}{7!}\theta^7+\cdots \tag{1.50}$$

式（1.49）と（1.50）とをよく見ると，各項の指数が $\cos\theta$ では偶数のみ，$\sin\theta$ では奇数のみの和になっている。これは，テイラー展開式の右辺で $\sin 0=0$ となるからだ。

次に，$e^{i\theta}$ をテイラー展開する。まず e^x をテイラー展開し，結果の x に $i\theta$ を代入すればよい。すると，次のようになる。

$$e^{i\theta}=1+i\theta+\frac{1}{2!}(i\theta)^2+\frac{1}{3!}(i\theta)^3+\cdots+\frac{1}{n!}(i\theta)^n+\cdots \tag{1.51}$$

さらに $i^2=-1$ を使うと，展開項は次のように実数部と虚数部に分かれる。

$$e^{i\theta}=\left(1-\frac{1}{2!}\theta^2+\frac{1}{4!}\theta^4-\frac{1}{6!}\theta^6+\cdots\right)$$

$$+i\left(\theta-\frac{1}{3!}\theta^3+\frac{1}{5!}\theta^5-\frac{1}{7!}\theta^7+\cdots\right) \tag{1.52}$$

しかも，この式（1.52）の実数部は式（1.49）と一致し，虚数部は式（1.50）と一致する。ということで，オイラーの公式が証明できた。

ちょっとだけ 数学 1–5

$\cos\theta$ と $\sin\theta$ を指数関数で表してください。

［答え］ 関数 $e^{-i\theta}$ にオイラーの公式を適用すると，$e^{-i\theta}=\cos\theta-i\sin\theta$ となる。式（1.48）のオイラーの公式をこの式に加え，さらに両辺を 2 で割ると，

$$\cos\theta=\frac{e^{i\theta}+e^{-i\theta}}{2} \tag{1.53}$$

となる。式（1.48）から，$e^{-i\theta}$ の式を引いて両辺を $2i$ で割ると

$$\sin\theta=\frac{e^{i\theta}-e^{-i\theta}}{2i} \tag{1.54}$$

となり，答えが得られる。実は，式（1.53）と式（1.54）もまた，オイラーの公式と呼ばれることがあるので，注意しておこう。

◆単振動の微分方程式が解ける！

さて道具も揃ったところで，ここでのそもそもの目的は，微分方程式

$$\frac{d^2y}{dx^2}=-By \tag{1.39''}$$

の解を求めることなのだった。そこで，解を

$$y=e^{\lambda x}$$

という指数関数と仮定したところ，定数λが次のようになって困ったのだった。

$$\lambda=\pm\sqrt{-B}=\pm i\sqrt{B} \tag{1.55}$$

このとき，解 $y=e^{\lambda x}$ は，オイラーの公式 $e^{i\theta}=\cos\theta+i\sin\theta$ を使えば

$$y=e^{\pm i\sqrt{B}x}=\cos\sqrt{B}x\pm i\sin\sqrt{B}x \tag{1.56}$$

となる。指数関数は，虚数を使うことによって三角関数に化けるのですね。しかし，馴染みのある $x=A\sin\omega_0 t$ という式とは，いま少しの隔たりがある。実は，いま考えている定係数・2階の同次微分方程式は，少し事情が複雑で，解を具体的に決めるには積分定数が2つ必要である（1階方程式には積分定数が1つだった)。また定数が2つ含まれているので，解も2つある。読者の皆さんは，これらのことには充分注意してほしい。

また，2つの解にそれぞれ積分定数c_1，c_2などを掛けて加えたもの，すなわち，次の式で表される線形結合（1次結合ともいう）

$$y_a(x)=c_1y_{a1}(x)+c_2y_{a2}(x) \tag{1.57}$$

も解になる。これは解の重ね合わせと呼ばれる。ここでは，2つの解を $y_{a1}(x)$，$y_{a2}(x)$ とし，重ね合わせた解を $y_a(x)$ とした。しかも，式（1.57）で表される式は，2階の同次方程式の一般解 $y_g(x)$ にもなっている。

ここで，一般解を求める手順をまとめておこう。

手順1

解になる関数を指数関数と仮定する。

$$y=e^{\lambda x} \tag{1.58}$$

手順2

微分方程式に $y=e^{\lambda x}$ を代入して，解の λ の値を逆算して求める。

手順3

積分定数 c_1，c_2 を掛けて，2つの解を加える（なお，c_1，c_2 は定義的には複素数である）。

$$y_a(x)=c_1 y_{a1}(x)+c_2 y_{a2}(x) \tag{1.57}$$

実例で考えましょう　1-7

単振動の運動方程式

$$m\frac{\mathrm{d}^2x}{\mathrm{d}t^2}+kx=0$$

の一般解を求めてください。

［答え］　まず **手順1** どおり，$x=e^{\lambda t}$ とおく。

手順2 に従って運動方程式に代入すると，

$$m\lambda^2 e^{\lambda t}+ke^{\lambda t}=0 \qquad \therefore \quad \lambda=\pm i\sqrt{k/m}$$

が得られる。手順3 に従って，2つの解 $x=e^{i\sqrt{k/m}t}$，$x=e^{-i\sqrt{k/m}t}$ に積分定数 c_1，c_2 を掛け，それぞれ加える。

$$x=c_1 e^{i\sqrt{k/m}t}+c_2 e^{-i\sqrt{k/m}t} \tag{1.59}$$

実例で考えましょう 1-8

時刻 $t=0$ のとき位置 $x=C$，速度 $v=0$，つまり初期条件を $x(0)=C$，$\dot{x}=0$ とします。物理的な意味は，「原点から距離 C まで引っ張っておいた台車から，時刻ゼロで静かに手を離した」ということです。この初期条件のもとで，上の x の特解を求めてください。

［答え］ 初期条件を代入して，積分定数を消去しよう。いま積分定数が2つあるから，初期条件も2つ必要なのである。$x(0)=C$ と $\dot{x}(0)=0$ を代入すると

$$C=c_1+c_2, \quad 0=c_1-c_2$$

が得られる。2式より $c_1=c_2=C/2$ となるので特解は

$$x=\frac{C}{2}\left(e^{i\sqrt{k/m}t}+e^{-i\sqrt{k/m}t}\right) \tag{1.59'}$$

上記の枠内の解答は，オイラーの公式 $e^{i\theta}=\cos\theta+i\sin\theta$ を使うと簡単になる。すなわち，上記枠内の，式 (1.59′) は

$$x=C\cos\sqrt{\frac{k}{m}}t \tag{1.60}$$

と三角関数だけの式で表される。

高校で習った

$$x = A\sin(\omega_0 t + \delta) \tag{1.40}$$

との関係については，$\delta = \pi/2$ とおくと，式(1.60)と式(1.40)は係数を除いて一致することがわかる。これで天下りの罪は脱したでしょう。

◆単振動のついでに単振り子

話のついでに，振り子時計に典型的に見られる**単振り子**についても考えておこう。というのは，単振り子の問題は，上記のバネ付き台車の問題とほとんど同じ（数学的には全く同じ）ものだからである。

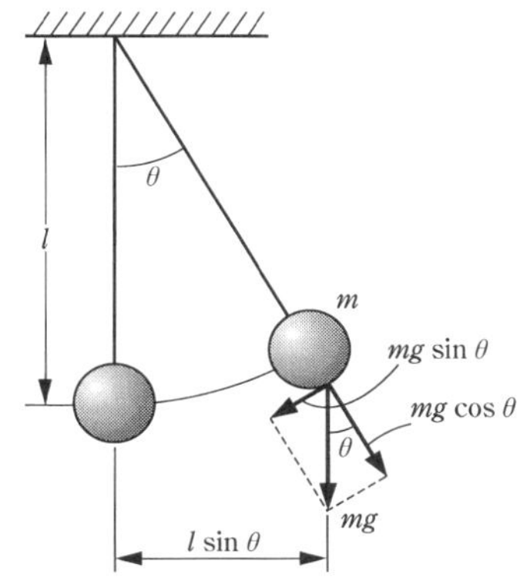

図1-9　単振り子

単振り子の運動を最も単純に書くと図1-9のようになる。この振り子のひもの長さ（伸び縮みしない）を l とすると，振り子の変位 x は $l\sin\theta$，その復元力は $mg\sin\theta$ となる。

したがって，この振り子の往復運動についての微分方程式は，p.72 の式（1.39″）を参考にして

$$\frac{ml\,\mathrm{d}^2(\sin\theta)}{\mathrm{d}t^2}=-mg\sin\theta \tag{1.61}$$

となる。ここで，角度 θ の値（単位はラジアン）が非常に小さいと仮定すると，有名な $\sin\theta \fallingdotseq \theta$ の関係が成立するので，式（1.61）は，両辺を ml で割れば

$$\frac{\mathrm{d}^2\theta}{\mathrm{d}t^2}=-\frac{g}{l}\theta \tag{1.62}$$

となる。

この式（1.62）は p.67 に示したように，バネ付き台車の運動方程式と全く同じ形をしているから，p.70 の式（1.40）を参考にして固有角振動数 ω_0 を

$$\omega_0=\sqrt{\frac{g}{l}} \tag{1.63}$$

とすることができる。この ω_0 は，ただちに振り子の振動周期 T

$$T=\frac{2\pi}{\omega_0}=2\pi\sqrt{\frac{l}{g}} \tag{1.64}$$

に書き換えることができる。

この振り子の周期 T を見ると，g は重力の加速度で一定だから，T は振り子の腕の長さ l だけで決まることがわかる。つまり，振り子のおもりの重さ（質量）には無関係なのであ

る。

また，この周期 T は振り子の振幅にも依存しないので，どんな振らせ方であろうとも周期はつねに一定になる。振り子の長ささえ決めれば（l が決まる），同じ地球上にいる限り（g が決まる），つねに等しい周期の振動が保たれるわけである。この性質は**振り子の等時性**と呼ばれるもので，教会のシャンデリアの揺れるのを見ていたガリレイが，1583 年に発見したものだ。

COLUMN　大きなのっぽの振り子時計

皆さんもご存知のとおり，振り子の等時性を応用して正確な時間が測れるように作った機械が，振り子時計です。

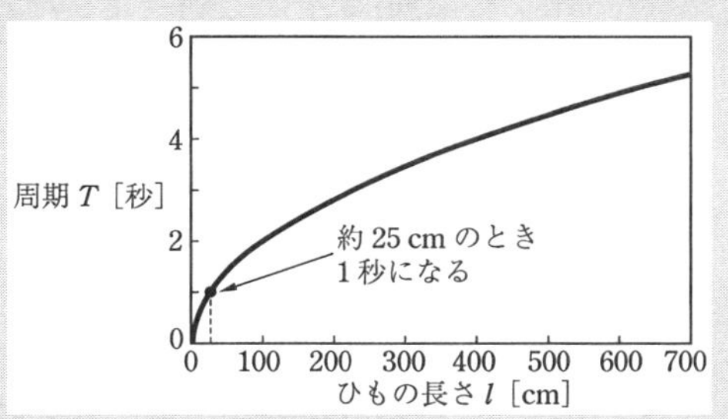

図 1-10　単振り子の周期

式（1.64）から予想されるとおり，周期 T は振り子の長さ l の増大とともに長くなります（図 1-10）。周期 T が 1 秒になるのは l=25 cm と計算されますが，実際には歯車などの機械装置を使って補正するので，当然ながら，振り子の長さは 25 cm には限られません。実際の振り子時計には，高さ 15 cm 程度の置時計から，2〜3 m にもなる柱時計まで，いろいろあります。

実際には，歯車などが複雑に絡み合った，この制御装置の部分をこしらえるのは大変難しい仕事です。振り子の等時性の発見者であるガリレイ自身，振り子時計の設計に挑戦しましたが，ついに生涯のうちに完成させることはありませんでした。

1656 年，振り子時計の開発に成功したのは，オランダのホイヘンス（1629-95）です。のちに電気時計が現れるまでは，振り子時計はゼンマイ時計と並んで，人々の大切な時間の守り神でした。

1.6 減衰振動を解く極意

◆1 階微分，2 階微分の総がらみ

さて，高校で習ったような式を再現するだけでは，物理数学はまだ本領発揮とはいえない。

単振動というのは，抵抗が全くない理想的な状況を考えていた。すなわち単振動を考えている限り，台車は永遠に振動し続けることになる！　もちろん，現実にはそんなうまい話があるはずもない。もろもろの摩擦や抵抗が必ず存在するはずです。

台車が空気の摩擦抵抗を受ける場合（本当は，空気という

より糖蜜のような粘(ねば)っこい流体を意識したほうがいいが）には，その抵抗力は台車の動く速度 $\mathrm{d}x/\mathrm{d}t$ と係数 μ とに比例して $\mu\,\mathrm{d}x/\mathrm{d}t$ となる。台車の現実の運動方程式は，すべての抵抗を無視した式（1.39）ではなく，摩擦抵抗の加わった次の式

$$m\frac{\mathrm{d}^2x}{\mathrm{d}t^2}+\mu\frac{\mathrm{d}x}{\mathrm{d}t}+kx=0 \qquad (1.65)$$

となる。これも単振動と同じく，2階の同次方程式である（当然ながら，$\mu=0$ のときは単振動の式に一致する）。計算の都合上，式（1.65）の両辺を m で割って，かつ，k/m を

$$\sqrt{\frac{k}{m}}=\omega_0 \quad (\omega_0\ \text{は固有角振動数}) \qquad (1.66)$$

とおき，さらに，新しい定数 κ(カッパ) を $\mu/m=2\kappa$ とおいた次の式

$$\frac{\mathrm{d}^2x}{\mathrm{d}t^2}+2\kappa\frac{\mathrm{d}x}{\mathrm{d}t}+{\omega_0}^2x=0 \qquad (1.67)$$

を考えることにする。一般解を求める手順は，単振動のときと全く変わらない。

手順1　解になる関数を指数関数 $x=e^{\lambda t}$ と仮定する。

手順2　微分方程式に $x=e^{\lambda t}$ を代入して，正しい λ を逆算する。

手順3　積分定数 c_1，c_2 を掛けて，2つの解を加える。

手順1　これまでと同じように，解として $x=e^{\lambda t}$ とおく。

手順2　$x=e^{\lambda t}$ を式（1.67）に代入してみると，

$$(\lambda^2+2\kappa\lambda+\omega_0{}^2)e^{\lambda t}=0$$

が得られる。$e^{\lambda t}=0$ などという値は（e の右肩が有限である限り）ありえない話なので，$e^{\lambda t}\neq 0$ としてよい。左辺が0になるには，その係数（$\lambda^2+2\kappa\lambda+\omega_0{}^2$）が

$$\lambda^2+2\kappa\lambda+\omega_0{}^2=0 \tag{1.68}$$

となればよいことがわかる。

この補助的な式（1.68）は**特性方程式**と呼ばれている。特性方程式を解いて，λ を求めてみると

$$\lambda=-\kappa\pm\sqrt{\kappa^2-\omega_0{}^2} \tag{1.69}$$

となる。これで「正しい λ を逆算する」ことはできたわけだが，これは文字式なので，どういう値なのか場合分けしないといけない。抵抗の係数 μ と固有角振動数 ω_0 によって，バネの振動はがらりと変わってくることが知られているからです。たかが振動，されど振動で，振動に代表される周期現象は非常に奥が深く，やり出すと興味が尽きないのです。

◆抵抗が相当大きいとき（$\kappa>\omega_0$）

式（1.69）を見ると $\kappa^2-\omega_0{}^2$ が正かゼロか負かで解が変わってくるので，ここに注目しよう。都合のよいことに物理的な意味も違っていて，$\kappa>\omega_0$ は摩擦が大きいときに相当する。このとき，微分方程式の一般解は，$\lambda=-\kappa\pm\sqrt{\kappa^2-\omega_0{}^2}$

（$\kappa > \omega_0$ だからルートの中身は正で，λ は実数になる）をそのまま使って，**手順3** より

$$x = c_1 e^{(-\kappa + \sqrt{\kappa^2 - \omega_0{}^2})t} + c_2 e^{(-\kappa - \sqrt{\kappa^2 - \omega_0{}^2})t} \tag{1.70}$$

となる。ここで前と同様に，初期条件を $x(0) = C$，$\dot{x}(0) = 0$ とすると

$$c_1 = \frac{\kappa + \sqrt{\kappa^2 - \omega_0{}^2}}{2\sqrt{\kappa^2 - \omega_0{}^2}} C, \quad c_2 = \frac{-\kappa + \sqrt{\kappa^2 - \omega_0{}^2}}{2\sqrt{\kappa^2 - \omega_0{}^2}} C$$

$$\therefore \quad x = \frac{\kappa + \sqrt{\kappa^2 - \omega_0{}^2}}{2\sqrt{\kappa^2 - \omega_0{}^2}} C e^{(-\kappa + \sqrt{\kappa^2 - \omega_0{}^2})t} + \frac{-\kappa + \sqrt{\kappa^2 - \omega_0{}^2}}{2\sqrt{\kappa^2 - \omega_0{}^2}} C e^{(-\kappa - \sqrt{\kappa^2 - \omega_0{}^2})t} \tag{1.71}$$

と求まる。このとき，上の一般解 x は指数関数的な曲線を描く。κ および ω_0 に $\kappa > \omega_0$ の条件で適当な数字を想定して計算してみると，図 1-11 に実線で示したような曲線になる。

◆抵抗がちょうどいい按配（あんばい）（$\kappa = \omega_0$）

特性方程式は

$$\lambda^2 + 2\omega_0 \lambda + \omega_0{}^2 = (\lambda + \omega_0)^2 = 0 \tag{1.72}$$

となり，$\lambda = -\omega_0$ は重根になる。この場合，**手順3** はそのままでは使えないが，特性方程式が重根をもつ場合は，$e^{\lambda t}$ に t を掛けた $te^{\lambda t}$ も解になるということが知られている。これも知っておくとお得な事項です。ということで，$e^{\lambda t}$ と $te^{\lambda t}$ が，微分方程式の 2 つの解になる。これによって

手順3 が使えるようになり，一般解は次のようになる。

$$x=c_1e^{-\omega_0 t}+c_2te^{-\omega_0 t} \tag{1.73}$$

初期条件，$x(0)=C$，$\dot{x}(0)=0$ より

$$C=c_1,\quad 0=-c_1\omega_0+c_2$$

となるので，$c_1=C$, $c_2=C\omega_0$ となり，x は次のように求まる。

$$x=C(1+\omega_0 t)e^{-\omega_0 t} \tag{1.74}$$

この関数も指数関数的に減衰するが，変数 t を含む係数が指数関数に掛かっているぶんだけ減衰の程度が緩やかになる。

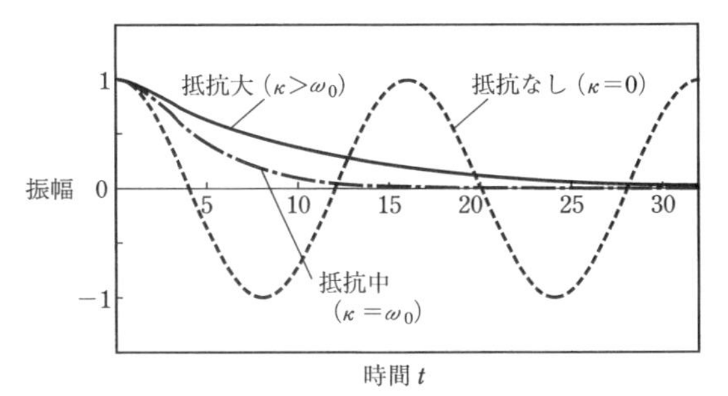

図 1-11　抵抗がある場合の振幅の減衰

計算結果は図 1-11 に一点鎖線で示した。$\kappa>\omega_0$（実際には $\kappa=\pi/4$，$\omega_0=\pi/8$）の場合の実線のほうが，$\kappa=\omega_0$（$=\pi/8$）の場合の一点鎖線よりも，減衰の仕方が小さい。つまり，抵抗の大きいときのほうが，より減衰しにくいという，一見奇妙な結果になっている。

COLUMN　ドアはきちんと閉めましょう

本文で述べた振幅の減衰の結果は，振動にとらわれないで，振幅の減衰する現象自体を物理に立ち戻って考えれば，奇妙でもなんでもない。次のように考えてみるとよくわかる。

もし $\kappa > \omega_0$（バネの振動に対して抵抗が大きい）なら，バネは振動することができずに，伸びていたバネが単に縮むだけなのだ。かりに抵抗がとてつもなく大きかったら，そもそも物体は動くことさえままならないはずです。だから，抵抗が強いほど減衰にかかる時間は長くかかるのは，当然ですね。

ドアクローザー

一方，もしもバネの強さによる ω_0 よりも，抵抗の強さによる κ が少しでも小さかったら，物体は下の本文に述べるように振動を始める。$\kappa = \omega_0$ の場合は，減衰にかかる時間が最小になりつつも，振動には持ち込まれずにすむ条件である。だから $\kappa = \omega_0$ は「ちょうどいい按配」なのだ。この減衰を**臨界減衰**という。

臨界減衰は, 住宅用の玄関のドアクローザー(自閉装置)などに応用されている。閉まるのに長い時間がかかっては嫌だし，開いたり閉じたり振動しても困るから，臨界減衰に近づくように設計するのが一番よいのだそうです。

◆**抵抗が相当小さいとき（$\kappa < \omega_0$）**

特性方程式の解は，最初の場合と同じように，形式的には $\lambda = -\kappa \pm \sqrt{\kappa^2 - {\omega_0}^2}$ であるが，$\kappa^2 - {\omega_0}^2 < 0$ を考慮して書き直すと $\lambda = -\kappa \pm i\sqrt{{\omega_0}^2 - \kappa^2}$ となり，λ は虚数である。しかし，ともかく，一般解は 手順3 により

$$x = c_1 e^{(-\kappa + i\sqrt{{\omega_0}^2 - \kappa^2})t} + c_2 e^{(-\kappa - i\sqrt{{\omega_0}^2 - \kappa^2})t}$$
$$= e^{-\kappa t}(c_1 e^{i\sqrt{{\omega_0}^2 - \kappa^2}t} + c_2 e^{-i\sqrt{{\omega_0}^2 - \kappa^2}t}) \tag{1.75}$$

としよう。ここでオイラーの公式により指数関数を三角関数に書き換えると（積分定数は改めて $A = c_1 + c_2$，$B = c_1 - c_2$ とおく），

$$x = e^{-\kappa t}(A\cos\sqrt{{\omega_0}^2 - \kappa^2}\,t + iB\sin\sqrt{{\omega_0}^2 - \kappa^2}\,t) \tag{1.76}$$

また，これを微分すると，次のようになる。

$$\frac{\mathrm{d}x}{\mathrm{d}t} = e^{-\kappa t}\{(-\kappa A + iB\sqrt{{\omega_0}^2 - \kappa^2})\cos\sqrt{{\omega_0}^2 - \kappa^2}\,t$$
$$-(i\kappa B + A\sqrt{{\omega_0}^2 - \kappa^2})\sin\sqrt{{\omega_0}^2 - \kappa^2}\,t\} \tag{1.77}$$

x と $\dot{x}$ に，初期条件 $x(0) = C$ および $\dot{x}(0) = 0$ を代入して計算すると

$$x(0) = C \text{ に対して，} C = A$$
$$\dot{x}(0) = 0 \text{ に対して，} 0 = -\kappa A + iB\sqrt{{\omega_0}^2 - \kappa^2}$$

となる。したがって，係数 A，B は，これら2つの式より

$$A=C,\ \ B=-i\frac{\kappa C}{\sqrt{{\omega_0}^2-\kappa^2}}$$

と求まる。こうして微分方程式の解は

$$x=Ce^{-\kappa t}\left(\cos\sqrt{{\omega_0}^2-\kappa^2}\,t+\frac{\kappa}{\sqrt{{\omega_0}^2-\kappa^2}}\sin\sqrt{{\omega_0}^2-\kappa^2}\,t\right) \quad (1.78)$$

と求まる。x は，振動を表す三角関数に，指数関数 $Ce^{-\kappa t}$ を掛けた形になることがわかる。$Ce^{-\kappa t}$ の値は時間が経つにつれて小さくなるので，振幅は振動しながら減衰することを示している。

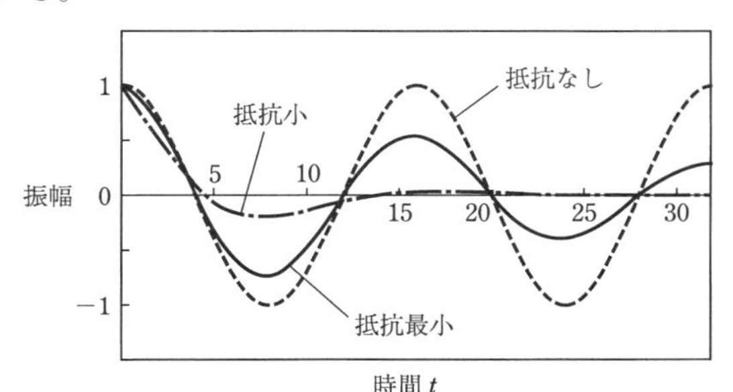

図 1-12　抵抗がある場合の振動

また，減衰の仕方は抵抗の係数 κ に依存し，抵抗が小さければ，当然のことながら，抵抗のない場合に限りなく近づく。この様子を図 1-12 に示した。抵抗が最も小さいとき（$\kappa=\omega_0/10$）を実線で，小さいながらも比較的大きい場合（$\kappa=\omega_0/2$）を一点鎖線で示した。また，参考のために，抵抗がない場合の結果も，図 1-12 に破線で示しておいた。

◆減衰を食い止めるには

以上見てきたように，抵抗があれば振動は必ず減衰する。そこで，振動を減衰させないで続けさせるためには，外力 $F(t)$ を加えて，減衰効果を相殺させる必要がある。

前述の台車を引き続き使うと，外力 $F(t)$ を加えた場合，この物体にかかる力はその外力と，復元力と抵抗力（向きは外力とは逆として）との和である $\left(\text{つまり，}F(t)-\mu\dfrac{\mathrm{d}x}{\mathrm{d}t}\right)$ から，微分方程式は

$$m\frac{\mathrm{d}^2x}{\mathrm{d}t^2}+\mu\frac{\mathrm{d}x}{\mathrm{d}t}+kx=F(t) \tag{1.79}$$

となる。つまり，式（1.38）とほぼ同形であり，この式は定係数の非同次2階線形微分方程式になる。これの一般的な解法は，少々やっかいなものだ。そこで，基本方針だけをここで簡単に述べておくことにしよう。

1階線形微分方程式

$$\frac{\mathrm{d}y}{\mathrm{d}x}+A(x)y=R(x) \tag{1.35}$$

で，右辺が0ならば同次，0でなければ非同次方程式と呼ぶことはすでに述べた。そのときと同じようにするのです。

2階の非同次方程式を解く場合にも，右辺を0とおいた同次方程式の一般解 x_g をまず求め，ついで非同次方程式の特解 x_s を（多分に勘と経験に頼って）求める。そして両者を加えた x_g+x_s が，非同次の2階微分方程式の一般解となる。このやり方は，1階微分方程式の場合と同じものです。

1.7
一休さんの驚きの知恵
強制振動

◆室町時代の偉人伝説

一休さん，どうしてわかるの共振が
知っていたのか　物理数学

昔々，一休さんという小坊主がいました……一休さんのトンチ話は，読者諸賢もテレビなどを通じてよくご存知だと思う。一休宗純（そうじゅん）（1394-1481）は室町時代の実在の僧で，物理数学の世界で有名なオイラー（1707-83）を遡（さかのぼ）ること300年，古典力学の元祖ニュートン（1642-1727）よりも250年も古い。

一休宗純

なぜこんな古い人を持ち出すかというと，ひょっとしたら一休さんは，これら知の巨人たちよりも先んじて，物理数学上の大発見を成し遂げていたのかも？　と思われる逸話があるのです。

話はこうである……。

その昔，一休さんがまだ京都安国寺（あんこくじ）の小僧だった頃。ある日この寺に，将軍さまがご参拝にやってきた。当時のその安国寺は，驚くなかれ，室町幕府のお抱え寺だったのである。

将軍さまは家来を何人も引き連れてお寺参りに来るのだが，和尚の説教などはそこそこに聴き，どうかすると，そそくさと切り上げさせる。彼が寺にやってくるのは，参拝とは表向きのことで，実は和尚と碁にふけるためなのだから仕方がない。

その日も和尚との碁に負けて，将軍さまはいたく機嫌をそこねていた。帰ろうとしてふと外を見ると，大きな釣り鐘が目に留まった。鐘は鐘楼（しょうろう）の天井から，いかにも重そうにぶら下がっている。将軍さまは気晴らしに言った。

「誰か，あの釣り鐘をゆり動かしてまいる者はおらんか？」

しかし，見るからに重そうなその釣り鐘は，ちょっとやそっとのことでは動きそうにない。黙り込んで顔を見合わせる家来衆に，「わしの命令が聞こえんか！」と，将軍さまの声が飛ぶ。碁に負けた腹いせに，家来に当たり散らしているようだ。

仕方なく，１人の力自慢の武士が名乗り出た。彼は鐘楼に

釣り鐘

入り，腰を据えて力いっぱい鐘を押す。しかし鐘はびくともしない。きまり悪そうに帰ってきたその豪傑に，「だらしのない奴よ！　誰か，他に気の利いた者はおらんか？」と，将軍さまは再び怒鳴りつけた。家来衆もさすがに閉口しているようだ……そのとき，われらの一休さんが声を上げた。

「私めがやってみましょう！」

これまでに何度も一休さんに恥をかかされたことのある将軍さまは，

「一休か，大きな顔をしおって！　鐘が動かなかったら承知せんぞ」と一休さんをにらみつけた。

碁に負けた悔しさも手伝い，日ごろから生意気な一休を懲らしめる好機とばかり，将軍さまは内心ほくそ笑んだ。それまでの難しい顔の筋肉が，どこかゆるんだようだった。

家来たちは家来たちで，「生意気な一休め，今日こそは年貢の納めどきだぞ……！」と，同じくにやりとした。

つかつかと釣り鐘に近づいた一休さんは，「何をする気か」と目を凝らしている将軍さまや家来衆をまるで小馬鹿にするように，やおら人差し指を出して，釣り鐘を一突きした。もちろん，鐘は動かない。動くはずがない。将軍さまをはじめ，この様子を見ていた者は，みな思った。

「生意気な小坊主め！　あんな大きな鐘を，指一本で動かそうというのか？　いくらなんでも指では動くまいよ」

それでも，一休さんは指先で鐘を突っつくのをやめようとしない。なおもしばらく，根気よく指で押し続けている。一休さんには，何か確信があるのだろうか？　筆者の私までもが心配になってくる。

しかしながら，一休さんがなおも指先で突き続けていると，驚いたことに，釣り鐘は左右に大きく揺れた。まるで眠っていた怪物が突然目を覚ましたかのように動き始めたのである！

一休さんは，一体全体，どんな考えで何をやったのだろう？「まるで妖術でも使ったかのようだ！」と，将軍さまをはじめ，家来衆もみな驚嘆した。一同はまたしても，一休さんの秘策に脱帽したのだった……。

◆振動系としての寺の鐘

……と，話は一休さんの勝利に終わる。上の言い伝えは，他にも主人公が武蔵坊弁慶であるなどいくつかパターンがあるのだが，物理数学の世界では（少なくとも日本では）広く流布しているものだ。一休さんはやみくもに釣り鐘を押したのではなく，ある確信があったようだ。

そういう筆者の私にしてから，一休さんが何をしたのか，何を考えていたのかわかりかねています。一休さんの秘策の謎を解き明かすためには，彼の時代からはるか後世に盛んになった，物理数学の助けを借りねばならない。

力学的には，釣り鐘の運動は振り子として記述できる。抵抗力が働いて振動が邪魔される場合，その運動方程式は

$$m\frac{\mathrm{d}^2x}{\mathrm{d}t^2}+\mu\frac{\mathrm{d}x}{\mathrm{d}t}+m{\omega_0}^2x=0 \qquad (1.80)$$

となる。この微分方程式（1.80）が，今の一休さんの釣り鐘の問題に適用できそうだ。

釣り鐘の振動は，単振動に対して空気抵抗などの抵抗力が加わったものである。そのため，放っておけば振動はそのう

ち止まってしまうだろう。振動を続けさせるには，外から力を加えてやらなくてはならない。ということで，この一休さんの難題を，外部から強制的な力を加えた振動の問題として考えてみることにしよう。

強制力のある場合の振動は，**強制振動**と呼ばれる。このときに成立する微分方程式は，式（1.80）の右辺に外力として $Fe^{i\omega t}$ を加え（F は定数），整理すると次のようになる。

$$m\frac{\mathrm{d}^2x}{\mathrm{d}t^2}+m{\omega_0}^2x+\mu\frac{\mathrm{d}x}{\mathrm{d}t}=Fe^{i\omega t} \tag{1.81}$$

ここでは外力として，角振動数 ω で振動する力を採用した。振動する力を表すのに $Fe^{i\omega t}$ とするのは，こういうときの定石である。$e^{i\omega t}$ は，オイラーの公式（1.48）によって三角関数を用いて表すことができるのはご存知のとおりだ。三角関数は波（周期関数）の形をしており，かつ，いまの場合 $e^{i\omega t}$ は時間変数 t を含んでいる。つまり，関数 $e^{i\omega t}$ は時間とともに行ったり来たりする現象を表すのに便利なのである。

方程式（1.81）を解くためには，両辺を質量 m で割り，さらに $F/m=f$，$\mu/m=2\kappa$ とおくと整理に都合がよい。すると，式（1.81）は

$$\frac{\mathrm{d}^2x}{\mathrm{d}t^2}+2\kappa\frac{\mathrm{d}x}{\mathrm{d}t}+{\omega_0}^2x=fe^{i\omega t} \tag{1.82}$$

と，いくぶんすっきりした２階線形微分方程式の定係数形になる。

非同次方程式は，簡単には解けない。こうした場合の定石として，式（1.82）の右辺を０とおいた同次微分方程式，つ

まり式（1.80）の一般解を求め，これと非同次方程式（1.82）の特解とを足し合わせてやれば，それが一般解になるということであった。ここでは，式（1.80）の解はすでにわかっているので，式（1.82）の特解を探してみよう。

微分方程式を解くには，ある種の勘を働かせなくてはならない。今度もそれをやってみよう。式（1.82）の左辺を見ると，未知関数 x の 2 階微分，次に 1 階微分，そして微分なしのもとの x というふうに，項が並んでいる。また右辺は，定数 f が掛かった指数関数である。

1 回微分しても 2 回微分しても，もとの関数から変化しない関数としては，指数関数があることを思い出すのが定石なのだった。ひとまず，解が指数関数だと考えると，右辺も指数関数だから都合がよい。こういうふうに見当をつけて，特解 x_s を次のようにおいてみよう。

$$x_s = Ke^{i\omega t} \quad (K\text{ は複素数の定数とする}) \qquad (1.83)$$

さらに，上の 1 階微分と 2 階微分を実行すると，次の関係が得られる。

$$\frac{\mathrm{d}x_s}{\mathrm{d}t} = iK\omega e^{i\omega t}, \quad \frac{\mathrm{d}^2 x_s}{\mathrm{d}t^2} = -K\omega^2 e^{i\omega t} \qquad (1.84)$$

ここで，式（1.80）と式（1.82）で表される物理的内容を確認しておこう。式（1.80）は単振動に対して抵抗が働いている振動，式（1.82）は，これにさらに外力が加わった振動である。

ω_0 と ω という，２つの量の違いに注意しておこう。ω_0 とは固有角振動数で，単振動をする物体があれば，式（1.66）によって自動的に与えられるものです（例えば，地球上の単振り子はひもの長さを決めると ω_0 が定まります）。一方，ω という角振動数は，式（1.82）で表される振動に加わる $fe^{i\omega t}$ というふうに外力の角振動数です。外力が周期的でも，外力の角振動数 ω が，一般に振り子の固有角振動数 ω_0 に等しくはなりません。考えてみれば当然の話です。

さて，式（1.82）を満たすと仮定した，式（1.83）で表した特解 x_s を，微分方程式（1.82）の左辺に代入すると，

$$-K\omega^2 e^{i\omega t} + 2\kappa \cdot iK\omega e^{i\omega t} + {\omega_0}^2 K e^{i\omega t} = fe^{i\omega t} \tag{1.85}$$

さらに，両辺を $e^{i\omega t}$ で割り，整理すると

$$\{({\omega_0}^2 - \omega^2) + i(2\kappa\omega)\}K = f \tag{1.86}$$

となる。したがって，式（1.83）で表される x_s が，微分方程式（1.82）の解になっているためには，式（1.86）の等式が成り立つ必要がある。そのような定数 K を求めてみると，式（1.86）を K について解いて

$$K = \frac{f}{({\omega_0}^2 - \omega^2) + i(2\kappa\omega)} \tag{1.87}$$

と求まる。以上の結果，微分方程式（1.82）の特解 x_s は次のようになる（分母が虚数を含んでいるので，のちの便利のために有理化しておく）ことがわかる。

$$x_s = \frac{f}{({\omega_0}^2 - \omega^2) + i(2\kappa\omega)} e^{i\omega t} = \frac{({\omega_0}^2 - \omega^2) - i(2\kappa\omega)}{({\omega_0}^2 - \omega^2)^2 + (2\kappa\omega)^2} fe^{i\omega t} \tag{1.88}$$

さて，これで準備が整ったので，釣り鐘が揺れた秘密を解決しておこう。一休さんは，小さな力で大きな鐘を動かそうとしていたのだった。釣り鐘は，芝（東京）の増上寺（ぞうじょうじ）の鐘のように大きなものでは，高さ 3 m・重さ 15 t くらいになる。

現存する日本最大の鐘は，京都の方広寺（ほうこうじ）の鐘（高さ 4.2 m，口径 2.8 m，重さ 82.7 t）と言われています。なお，一休さんのいた安国寺は応仁の乱の頃に焼失しているので，問題の釣り鐘の正確な寸法は今となっては誰にもわかりません。

一休さんとしては，たとえ釣り鐘が揺れたとしても，揺れ幅が小さくて見物衆にわからないようでは困るだろう。誰が見ても釣り鐘が揺れていることを認められるには，揺れ幅はできれば 50 cm いや 1 m 程度にはなってほしい……と考えたに違いない。

そこで私たちも，釣り鐘の揺れの振幅がどのようになるかを考えてみることにしよう。これには，特解 x_s を調べればよい。今の場合は，式 (1.88) を見ると，$e^{i\omega t}$ にかかる係数のうち f は定数としたので，f の前にくる分数（ここでは L とおこう）は，

$$L=\frac{({\omega_0}^2-\omega^2)-i(2\kappa\omega)}{({\omega_0}^2-\omega^2)^2+(2\kappa\omega)^2} \tag{1.89}$$

となるので，この L のふるまいを調べれば，振幅の変化がわかることになる。この L の実数部 $\mathrm{Re}(L)$ と虚数部 $\mathrm{Im}(L)$ は，それぞれ

$$\mathrm{Re}(L)=\frac{{\omega_0}^2-\omega^2}{({\omega_0}^2-\omega^2)^2+(2\kappa\omega)^2},$$

$$\mathrm{Im}(L)=\frac{-2\kappa\omega}{({\omega_0}^2-\omega^2)^2+(2\kappa\omega)^2} \tag{1.90}$$

である。ここで，L の絶対値 L_0 を計算してみると，

$$L_0=\sqrt{\{\mathrm{Re}(L)\}^2+\{\mathrm{Im}(L)\}^2}=\frac{1}{\sqrt{({\omega_0}^2-\omega^2)^2+4\kappa^2\omega^2}} \tag{1.91}$$

となる。この L_0 に f を掛けた値が，外力を加えた場合の特解，すなわち強制振動の振幅の大きさ（絶対値）を表している。結局，ここでは L_0 がどのようなふるまいをするかを調べてみればよいというわけだ。

◆一休さんの勝利の方程式

もう一度，一休さんの話とのつながりを明確にしておこう。釣り鐘からあらゆる抵抗や強制力を取り払った，単振動系（釣り鐘）の固有角振動数が ω_0 である。釣り鐘に加わる外力（強制力）の角振動数は ω，そして抵抗にかかわる係数が κ であった。ここで注意すべきは，κ は前にも触れたように抵抗の係数 μ を鐘の質量 m の２倍で割った値なのだから，釣り鐘のような重い物体では，κ の値は相当小さいものになるということがわかる。

さて，計算に取りかかるとして，L_0 の式（1.91）を見ると，もともと ω_0 と κ は定数であるから，結局，振幅 L_0 は外力の角振動数 ω についての関数ということになる。いま，κ の値が小さい（釣り鐘の質量 m が大きいので，抵抗係数 μ を m

で割った κ の値は小さい)，と仮定しよう。

このとき，関数 L_0 の様子を式（1.91）から予想するに，$\omega_0=\omega$ の条件が満たされるならば，L_0 の値は大きなものになる。したがって，外力の角振動数 ω が，重い釣り鐘の固有振動数 ω_0 に一致するとき，釣り鐘の振幅は大きなピーク値をとることがわかる。

この現象は，振動をする物体に，周期性のある外力を加えたときに特徴的に起こるもので，**共振**と呼ばれている。共振を起こす条件では，振動の振幅はきわめて大きくなる。どうやら一休さんは，この現象を利用したようだ。

だが，筆者も読者も，もとより一休さんのような天才ではない。頭で想像していただけでは今ひとつイメージが涌かないので，釣り鐘の揺れはどのようになるか，具体的に計算してみよう。

まず，釣り鐘の固有角振動数は，式（1.63）で示したように $\sqrt{g/l}$ で決まる。鐘楼の梁から釣り鐘の重心までの距離は 3 m としよう。そうすると，固有角振動数 ω_0 は約 $1.8\ \mathrm{s}^{-1}$ となる。抵抗に関係する κ の値は前に述べたように，抵抗の係数 μ を鐘の質量 m の 2 倍で割ったものである（$\kappa=\mu/2m$）。今の場合，κ の値は非常に小さいと仮定しているので，$\kappa=0.001\ \mathrm{s}^{-1}$ として一定にし，外力の角振動数 ω を変化させてみる。計算結果は図 1-13 に示した。

横軸に外力の角振動数 ω，縦軸に振幅を示している。図によると，振幅は外力の角振動数 ω が鐘の固有角振動数 ω_0（ここでは $1.8\ \mathrm{s}^{-1}$）に一致するときに最も増大し，ピークに達する。つまり，このとき釣り鐘には共振が起きることがわかる。しかも，κ の値が小さいほど大きな振幅（ゆれ）になる。

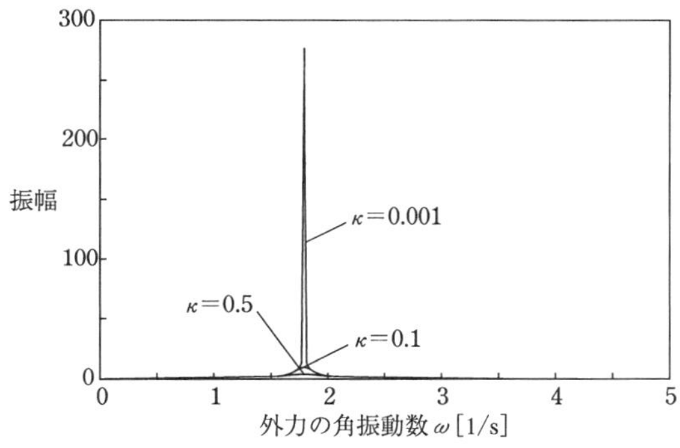

図 1-13　強制振動による共振

一休さんは，どうやら指先で突っつくことで，釣り鐘に共振を起こさせたに違いない。最初のうちは，指先で突いただけの釣り鐘は，数 mm も動けばいいほうだ。遠くから眺めている者にとっては,鐘は止まっているようにしか見えない。しかし，数 mm 程度の小さな振動も，すぐそばで見ている一休さんには，はっきり観察できるほどの揺れだっただろう。

一休さんは観察によって鐘の振動の周期を見抜き，自分の指先もそれに合わせて動かすようにしたのだ。これは，物理数学の文脈で言えば，**振動系の固有角振動数 ω_0 に外力の角振動数 ω をぴたりと合わせる**ということである！

物理数学を使って解いてみると，一休さんのやったことは理にかなっていて，妖術でもなんでもない。こう言えるのも物理数学のお陰であって，計算をしてみた私が偉いのでもなんでもない。賢明な読者の皆さんなら誰でもわかることである。

それにしても，一休さんはニュートンやオイラーよりもはるかに昔の人で，物理数学の知識はおそらくないはずだ。それなのに，禅の修行の成果か，日頃のいたずらによってか，彼は体感的に共振現象を知っていたのである。何という一休さんの賢(かしこ)さか！　やはり，言い伝えられているように，一休さんは好奇心のきわめて強いいたずら小僧であったと同時に，天才級の知恵の持ち主だったのだ。

COLUMN　おちおちダンスもやってられない

強制振動による共振は建築物にとっては恐ろしい現象です。世界中ではこれまでに，共振によるいくつかの大事故が伝えられています。例えば，1940年には米国のワシントン州で，タコマ橋という大きな吊り橋が，ちょっとした風のために共振を起こして崩壊しています。

また，1981年にはこれも米国のアトランタで，ホテルの2階でダンスパーティーの最中に，床が崩れ落ちて10人もの死者が出る惨事が起こりました。ダンスのステップによる振動が，床の固有振動数と一致して共振を起こしたためと考えられています。これでは，おちおちダンスもやってられない！

第 2 章

3次元を手中に収める快感

富士山は標高 3776 m の成層円錐火山で、その稜線(りょうせん)は均整のとれた対数曲線を描いていると言われる。数学的にも美しい山容(さんよう)だ。

ベクトル解析

2.1
あの山の最も険(けわ)しい場所は？

◆そこに山があるからさ

> あの山のやさしいルート見つけたり
> 探したんだよ gradient(グラディエント) で

富士山は美しい！　富士山の美しさは，山の好きな人ならもちろん，登ったことのない人までも魅了してやまない。山頂に雪化粧した富士の眺めはまさに天下一品だ。富士山は，わが国が世界に誇る景観だろう。

山好きなら富士だけでなく，北アルプスにも八ヶ岳にも，ひょっとしたら南アルプスにも登るかもしれない。いやいや，いまどきはそんなことではすまないぞ！　ヨーロッパの本場のアルプスへも行くし，アフリカはキリマンジャロ，アジアはヒマラヤへも登るぞ！　という声も聞こえてきそうである。

山に登る人なら(登らない人でもだが)，山が高いか低いか，なだらかか険しいか，気になるものだ。でも，待てよ……「山が険しい」とはそもそも，どういうことなのか？　「高い山ほど険しい」ということではないのか？　違うのだ。話はそう単純ではないのである。

同じ高さの山が２つあったとしよう。もし単純に「高い山ほど険しい」のであれば，２つの山の険しさは同じはずだが，そんなことは一般にはありえない。むしろ，山頂を極めるまでに登山家が歩む道のりのつらさが，山の険しさを決定する重大なファクターのはずだ。

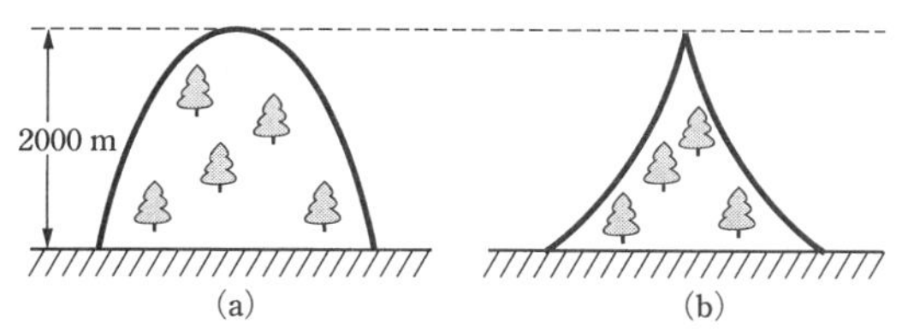

図 2-1　釣り鐘型山と槍ヶ岳型山

もう少し理詰めで説明しよう。いま，図 2-1 に示すような 2つの山があるとしよう。頂上までの高さはどちらも 2000 m とする。一方の山(a)は釣り鐘型で，頂上付近はなだらかであるが，ふもとは急だ。他方(b)は槍ヶ岳型で，頂上付近はやけに急で，てっぺんはとがっている。さて，ここで問題が起こる。どちらの山が険しいのだろうか？

◆道のりのつらさを数学的に言うと？

「登山家が歩む道のりのつらさ」とは，要するに，斜面のきつさのことだ。斜面のきつさは，数学的には，「垂直方向の距離」を「水平方向の距離」で割った値で定義される。この値を，**勾配**または**傾き**という。

私たちが高校までに習った範囲では，傾きというものは大抵，2 次元平面上の直線（1 次式で表される最も簡単な図形）を使って定義されていた。この問題も，まずは直線で考えてみよう。ふもとから山頂真下までの直線距離を x，山の高さを h とおけば，

$$\frac{h}{x}$$

と，傾きは大雑把(おおざっぱ)には表せるはずだ。ここで，高さ h は位置 x を定めれば決まる関数なので，$h(x)$ と書くこともできる。

図 2-1 に示す山のどちらも，高さは 2000 m で同じ。だから，傾き h/x の値がどうなるかは，x の値，つまりはふもとをどことするかによる。いま，公平を期して，山頂真下からふもとまでの距離を 2 つの山で同じだとしよう。すると，両方の勾配は同じになってしまうが，2 つの山で険しさが同じということは，図を見る限り何としても納得しがたい。これは困った。

しかし，よく考えてみると，山が険しいか，なだらかかは，山全体を眺めただけで決めてはいけないのだ。どの山でも，ある場所では緩やかだが，ある場所に来ると急だという事情があるだろう。なだらかか急かは，山のどの位置で勾配を測定するかによって変わってくるのだ。

ここで高校の数学を思い出してほしい。測定の位置をいろいろと変えて，どこで測った勾配がきついか，緩やかかを決めるには，微分を使うのだった。微分を使うために高さ h を $h(x)$ という関数の形で表すと，山の勾配は微分式を使った，

$$\frac{\mathrm{d}h(x)}{\mathrm{d}x} \tag{2.1}$$

で表すことができる。これは関数 $h(x)$ の値が，変数 x の変化に応じてどんな割合で増減するかを表している。すなわち変化率である。

このd$h(x)$/dxを導関数というのでした。導関数の変数xに，具体的な定数値 $x=a$ を代入したd$h(a)$/dxは，微分係数と呼ばれます。

式 (2.1) を使って，図 2-1 の 2 つの山のどちらが急なのか，実際に計算してみよう。具体的に計算するには，$h(x)$の内容を式で表現しておく必要がある。

といっても，実地に測量しに行くわけにもいかない。ここは図 2-1 の山の形を考慮して，それぞれの山の左半分が次のような式で表されると仮定しよう。すなわち，2 つの山は，関数$h_1(x)$と関数$h_2(x)$で表すことができるとし，それぞれ次の式を仮定する。単位は km ということにしておこう。

$$h_1(x)=-\frac{1}{2}x^2+x+\frac{3}{2} \quad (-1\leqq x\leqq 1) \tag{2.2}$$

$$h_2(x)=\frac{1}{\sqrt{2}-x}+1-\sqrt{2} \quad (-1\leqq x\leqq 1) \tag{2.3}$$

これらを図に描くと，図 2-2 のようになるだろう。xの範囲を $-1\leqq x\leqq 1$ としたのは，公平を期して，山頂真下からふもとまでの距離と高さを，2 つの山で同じとするためである。

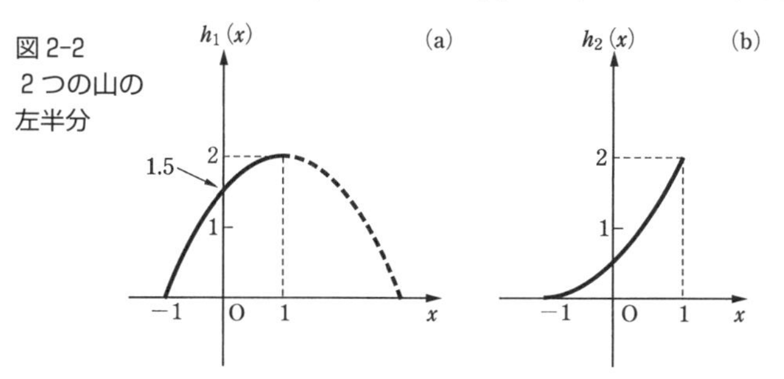

図 2-2
2 つの山の
左半分

実例で考えましょう　2-1

2つの山は，どっちが急か？　図2-2を一見すると，右のほうが急峻のようにも思えるが，実際に計算してみるのが一番確かだ。

(1)　まず，$x=0$ の地点で，2つの山の傾き（微分係数）を計算してみよう。

(2)　位置を変えて，山頂真下から0.1 km離れた地点の傾き，すなわち $x=0.9$ で2つの山の微分係数を求めてみよう。

［答え］(1)　まず，2つの関数 $h_1(x)$ と $h_2(x)$ をそれぞれ x で微分して，導関数を求める。$x=0$ の地点で測った勾配は，導関数に $x=0$ を代入したものである。ということで，式 (2.2) と式 (2.3) とを微分すると，

$$\frac{\mathrm{d}h_1(x)}{\mathrm{d}x}=-x+1 \tag{2.4}$$

$$\frac{\mathrm{d}h_2(x)}{\mathrm{d}x}=\frac{1}{(\sqrt{2}-x)^2} \tag{2.5}$$

となる。式 (2.4) と式 (2.5) とに $x=0$ を代入すると，$h_1(x)$ で表される釣り鐘型の山では勾配は1となり，$h_2(x)$ の槍ヶ岳型の山では1/2となる。つまり，$x=0$ あたりでは釣り鐘型の山のほうが，槍ヶ岳型よりも険しいということだ。

(2)　山頂真下から0.1 km離れた地点での傾きを求めるには，$x=0.9$ を式 (2.4) および (2.5) に代入すればよい。結果は，釣り鐘型は0.1，槍ヶ岳型は約3.8となり，今度は槍ヶ岳型のほうが断然険しい。山頂付近では，槍ヶ岳型は急に険しくなっているのだ。これは図を一見したときの直感と確かに一致している。

◆変数が2つに増えたら

しかしながら，話を実際の山の傾きに戻すと，それは厚みのない紙のようなものではなく，山には奥行きがあり，ふもとはx方向にもy方向にも伸びている。つまり，山の勾配は3次元空間で考える必要がある。

ということで，これからは山をx，yの2変数からなる関数で表せるとしよう。実際，山の表面は，3次元空間の中の2次元曲面として考えることができるのだ。そして，ここでも2つの山を考える。2つの山の高さが，今度は次の関数$h_3(x, y)$と$h_4(x, y)$で表されるものとしよう。

$$h_3(x, y)=1000-x^2-y^2 \tag{2.6}$$

$$h_4(x, y)=1000-x^2+2xy-y^2 \tag{2.7}$$

単位はひとまずメートルということにしておく。

ところで，式（2.6）と（2.7）で表される山は，どんな山容，つまり，山の形なのだろうか？　だいたい図2-3に示すようになる。図(a)では2つの断面を比べるためにx軸とy軸を重ねてあるので，ちょっと読みづらいかもしれないが，慣れればどうということもない。つまり，x方向を向いたh-x面と，y方向を向いたh-y面を同一平面上に表しているのだ。

一方の山$h_3(x, y)$は図2-3(a)に示したように凸型である。他方の山$h_4(x, y)$は，図2-3(b)に示すように，急斜面の程度はx方向でもy方向でも同じように見える。ただ少し違うところは，式（2.7）の右辺を書き換えると，

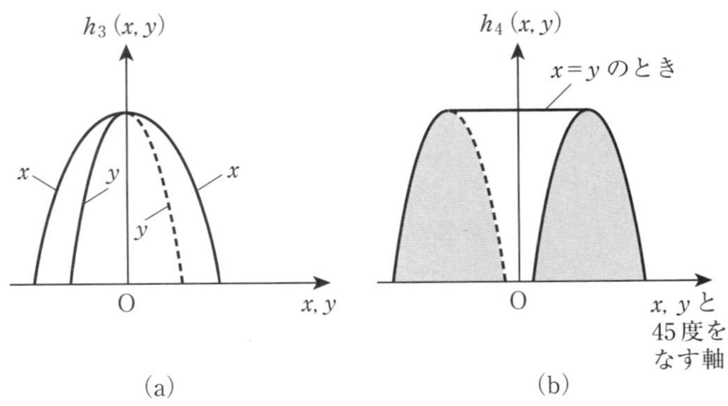

図 2-3　平面上に表した $h_3(x, y)$ と $h_4(x, y)$

$$h_4(x, y) = 1000 - (x - y)^2 \qquad (2.7')$$

となるので，$x - y = 0$（つまり $x = y$）という条件が満たされるところでは山の高さが一定で，1000 m だ。つまり，$h_4(x, y)$ の山は，$x = y$ を満足する場所では標高 1000 m の尾根になっていることがわかる。こう見てみると，2 つの山の様子は相当に違っている。

山の形はそれとして，次は，これらの山のいろいろな地点での勾配である。勾配を知るには，当然，これまでと同じように式（2.6）と式（2.7）を微分すればよい。しかし，前に見た $h_1(x)$，$h_2(x)$ と違って，関数 $h_3(x, y)$ と $h_4(x, y)$ とはいずれも変数を 2 個含んでいるので，普通の微分では用が足せない。

◆これが偏微分だ

変数がいくつもある場合にすこぶる便利なのが，**偏微分**というものだ。

いま，x と y とを変数とする関数 $u(x, y)$ があるとしよう。この関数 $u(x, y)$ を，**ひとまず $\boldsymbol{y}$ を定数とみなして変数 $\boldsymbol{x}$ で微分すること**を，「関数 $u(x, y)$ を x について偏微分する」といい，その結果を x についての**偏導関数**という。x についての偏導関数は，

$$\frac{\partial u}{\partial x}$$

となる。同様に，x を定数とみなして $u(x, y)$ を y で偏微分したときには，次のように書く。

$$\frac{\partial u}{\partial y}$$

また，関数 $u(x, y)$ を，最初に y で偏微分したあと，続いて x で偏微分する，すなわち

$$\frac{\partial}{\partial x}\left(\frac{\partial u}{\partial y}\right)$$

という演算をするときには，次のような表記法も許されている。

$$\frac{\partial^2 u}{\partial x \partial y}$$

物理数学で登場する大抵の関数では，偏微分の順序を変えても結果は変わりません。$\partial^2 u/\partial x \partial y$ と書いても，$\partial^2 u/\partial y \partial x$ と書いても，同じことです。

COLUMN　偏微分と全微分

また，偏微分と関連して，次の式

$$du = \frac{\partial u}{\partial x} dx + \frac{\partial u}{\partial y} dy \tag{2.8}$$

で表される**全微分**もよく使われる記号なので，知っておくと大変便利だ。

もちろん式 (2.8) では，関数 $u(x, y)$ の全微分が，2つの（x および y による）偏微分を含む項の和として，表されているわけである。u をエネルギーとおいた全微分の式は，熱力学や電磁気学で，よくお目にかかるものだ。

着目している変数以外は定数のように扱うというのは，x で偏微分する際には y を定数のように扱い，y で偏微分するときには逆に x を定数として扱うということです。

ちょっとだけ 数学 2-1

次の2変数関数 $u(x, y)$ を，x と y でそれぞれ偏微分してください。ただし，$r=\sqrt{x^2+y^2}$ とします。

$$u(x, y) = \frac{1}{r}$$

[答え]　まずは，x についての偏導関数の項

$$\frac{\partial}{\partial x}\left(\frac{1}{r}\right)$$

を求めよう。この r とは，原点から，指定した場所 (x, y) まで測った距離のことだ。よって，ピタゴラスの定理から $r^2=x^2+y^2$ となる。

x で偏微分するには，y を定数とみなせばよいから，ひとまず $y^2=A$ とおいて，これを定数と考え，$r^2=x^2+A$ の両辺を x で偏微分すれば，A は x に関して定数なので

$$2r\frac{\partial r}{\partial x}=2x$$

を得る（左辺は積の微分公式 $(fg)'=f'g+fg'$ で，$f=r$，$g=r$ と見ればよい）。両辺を $2r$ で割れば，次のようになる。

$$\frac{\partial r}{\partial x}=\frac{x}{r} \tag{2.9}$$

さて冒頭の式に戻って，$1/r$ を x で偏微分するには，r は x の関数だから

$$\frac{\partial}{\partial x}\left(\frac{1}{r}\right)=\frac{\partial r}{\partial x}\frac{\partial}{\partial r}\left(\frac{1}{r}\right)$$

を実行すればよい。式（2.9）と，$1/r$ を r で偏微分した $(\partial/\partial r)\,(1/r)=-1/r^2$ との積になるから

$$\frac{\partial}{\partial x}\left(\frac{1}{r}\right)=\frac{x}{r}\left(-\frac{1}{r^2}\right)=-\frac{x}{r^3} \tag{2.10}$$

となる。

変数yで偏微分するときも，上と同じことを（変数を入れ換えて）行えばよい。上の計算結果x/r^3のxをyに置き換えれば，

$$\frac{\partial}{\partial y}\left(\frac{1}{r}\right)=-\frac{y}{r^3}$$

となる。なお，もしuが3変数関数$u(x, y, z)=1/r$で，$r=\sqrt{x^2+y^2+z^2}$であっても，やり方はまったく同じである。

「着目している変数以外は定数のように扱う」という規則に従って，式（2.6）と式（2.7）を偏微分すると，次のようになる。

$$\frac{\partial h_3(x, y)}{\partial x}=-2x, \quad \frac{\partial h_3(x, y)}{\partial y}=-2y \qquad (2.11)$$

$$\frac{\partial h_4(x, y)}{\partial x}=-2x+2y, \quad \frac{\partial h_4(x, y)}{\partial y}=2x-2y \qquad (2.12)$$

偏微分はこれで済んだ。さて，ここに得られた式を使って，3次元空間での山の勾配をどう表せばよいか？　それには，ほんの少しだけ新しい知識と工夫が必要になる。

読者の皆さんはすでにご存知かとも思うが，方向と大きさを合わせて表すツールとして**ベクトル**というものがある。語源はラテン語だそうだが，これを昔「方向量」と訳した人があると聞いて，なるほどと膝を打ちたくなった。われわれの山の傾斜も方向によって大きさが異なるので，ベクトルで表せれば好都合だ。

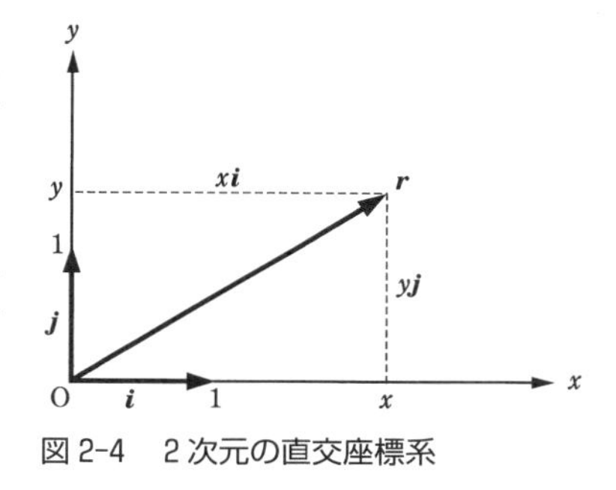

図 2-4　2 次元の直交座標系

このベクトルを登場させる舞台として，直交座標系（図 2-4）を用意しよう。この座標の x 軸上に描いた $\boldsymbol{i}$ と，y 軸上に描いた $\boldsymbol{j}$ という記号は，それぞれ，x 軸方向と y 軸方向の**単位ベクトル**と呼ばれる。

単位ベクトルという名のとおり，$\boldsymbol{i}$ は大きさが 1 で x 軸方向を向いたベクトル。また $\boldsymbol{j}$ は大きさが 1 で y 軸方向を向いたベクトルである。したがって，もし x 方向にとった大きさが a であれば「$a\boldsymbol{i}$」と，また y 方向にとった大きさが b であれば「$b\boldsymbol{j}$」と表して，座標上に 2 つの量 a，b を表すことができるという寸法だ。

さらに，図 2-4 には動径方向を向くベクトル $\boldsymbol{r}$ も示しておいた。動径方向とは，原点 $(0, 0)$ から外を向いた方向，つまり原点を中心とする円を描くと，その半径が動径にあたる。この動径ベクトル $\boldsymbol{r}$ の x 座標の値と，y 座標の値とをそれぞれ x，y とすると，ベクトル $\boldsymbol{r}$ は

$$\boldsymbol{r} = x\boldsymbol{i} + y\boldsymbol{j} \qquad (2.13)$$

と書くことができる。この式は，2 次元のベクトル $\boldsymbol{r}$ が，x 成分のベクトルと y 成分のベクトルの和として表せるということを述べたものだ。

つまり，「x 方向に $x\boldsymbol{i}$ だけ進み，次に，そこから y 方向に $y\boldsymbol{j}$ だけ進むと，ベクトル $\boldsymbol{r}$ の矢印の先っぽに行き着くこと

ができますよ」と式（2.13）は言っているのです。

このとき $\boldsymbol{r}$ は，2つの成分ベクトルを2本ずつ用意して作った平行四辺形を考えると，その斜辺にあたることは，すでに高校あたりで学んだと思う。ちなみに，平行四辺形を作るのは2次元の話で，3次元なら直方体をとって考えればよい。

◆ベクトルと山の斜面の深い関係

では，このベクトルの足し算と山の勾配がどう関係するのか？　それには，先ほど計算した式（2.9）～（2.12）のような2つの偏導関数（関数が偏微分できるならば，その結果を偏導関数という）を $\boldsymbol{i}$ と $\boldsymbol{j}$ の成分にもつようなベクトルを考え，山の勾配を $\mathrm{grad}\,h$ として

$$\mathrm{grad}\,h=\frac{\partial h}{\partial x}\boldsymbol{i}+\frac{\partial h}{\partial y}\boldsymbol{j} \tag{2.14}$$

とおくのである。何のこっちゃ，と思われるかもしれないが，左辺の頭の grad は gradient の略で，グラッドまたはグラディエント，あるいは日本語で勾配と読む。

$\mathrm{grad}\,h$ の読み方は，日本では「グラッド・エイチ」，「グラディエント・エイチ」または「h の勾配」です。英語では“the gradient of h”といいます。

この「勾配」は，x 方向（つまり $\boldsymbol{i}$ 方向）と y 方向（つまり $\boldsymbol{j}$ 方向）にそれぞれ向かう2本のベクトル同士の和となっている。それらの成分が，関数 h を x について偏微分した偏導関数と，y についての偏導関数であることは，見てのとおり

だ。実際に，先ほどの関数 h_3 で表される山の勾配を式(2.14)に従って作ってみると，$\partial h_3/\partial x = -2x$，また $\partial h_3/\partial y = -2y$ であったから，h_3 の山の勾配は

$$\mathrm{grad}\, h_3 = -2x\boldsymbol{i} + (-2y)\boldsymbol{j} \tag{2.15}$$

ということになる。右辺がベクトルであることは一目瞭然で，したがって，「勾配（グラディエント）」はそもそもベクトルである。

ベクトルは矢のようなものだから，イメージしやすいかというと，とんでもない。勾配ベクトルを想像することは，実は大変難しいのだが，幸い，式（2.14）は2次元である。とりあえず，この2次元の勾配が何を表しているか，できるだけ具体的に探ってみることにしよう。

ベクトルというからには，方向と大きさがあるはずだ。その方向は？　数学的に厳密な証明はこの本の趣旨から外れるので要点だけを述べると，山のある地点 (x, y) に立ってぐるりと四方八方を見回したときに，最も急峻な傾きのある方向に，そのベクトルの先は向いているのだ。

言い換えれば，そこにボールをそっと置いたときに，そのボールが転がり落ちてゆく方向が，勾配ベクトルの方向である（重さのある物体は，より低いところへと向かうのが自然の法則なのだから）。

COLUMN **勾配の方向，ちょっと詳しい話**

ここでは山の上から下を向いた形で話を進めましたが，数学的には，上り坂（関数 h の値が増える方向）の勾配を正とするのが本当です。

つまり，水平面の x-y 平面上で，勾配ベクトルが向いている方向は，関数 h の変化率が最大となるような方向なのです。逆にいえば，上に述べたような偏導関数を成分とするベクトルは，関数に最大の変化率を与える方向を向くべく作られている，といってもよいでしょう。

次に，ベクトルの長さ（大きさ）について説明しておこう。これもポイントだけを述べると，勾配を表すベクトルの大きさは，（関数の）最大の変化率そのものである。変化率がわかれば，変化量もわかるので，どちらへどれだけ進むと山の高さがどれだけ変化するかが手に取るようにわかる。

ベクトルとしての勾配とは，そのような値を出すべく工夫されているのだ。そこで実際に，h_3 に続いて h_4 に式（2.14）を当てはめてみると，

$$\begin{aligned}\mathrm{grad}\, h_4 &= \frac{\partial h_4}{\partial x}\boldsymbol{i} + \frac{\partial h_4}{\partial y}\boldsymbol{j} \\ &= (-2x+2y)\boldsymbol{i} + (2x-2y)\boldsymbol{j} \qquad (2.16)\end{aligned}$$

となる。

上の式に，具体的な座標 x，y の値を代入して，任意の位置で 2 つの山 h_3 と h_4 の勾配がどのような値になるか計算してみよう。山のある位置を (x, y) で表示することにして，(0,0)，(1,0)，(0,1)，および (1,1) の 4 つの地点で見てみよう。計算結果は表 2-1 に示すようになる。

表2-1　grad h_3 と grad h_4 の値

(x, y) の値	$=(0, 0)$	$=(1, 0)$	$=(0, 1)$	$=(1, 1)$
grad h_3	0	$-2i$	$-2j$	$-2i-2j$
grad h_4	0	$-2i+2j$	$2i-2j$	0

この結果を見ると，2つの山 h_3 と h_4 は，頂上 ($x=0$, $y=0$) では勾配がいずれも $\mathbf{0}$ (ゼロベクトル) であるから，変化はゼロ，つまり頂上は平らである (数学的には，点 (0, 0) における接平面が x-y 平面に平行である)。山のてっぺんがとんがってはいないのがわかる。

なお，この表で注意しなくてはならないのは，$\boldsymbol{i}$ 成分のみ，$\boldsymbol{j}$ 成分のみ，それと $\boldsymbol{i}$ と $\boldsymbol{j}$ の両方の成分が現れている場合があることだ。$\boldsymbol{i}$ 成分のみ現れているときには，x 方向の傾きだけがある値をもち，y 方向の成分はゼロなので，y 方向を向けば山は平らだということである。

また $\boldsymbol{j}$ 成分のみが現れているときには，その逆で，y 方向のみに有限の傾きがあることになる。したがって，$\boldsymbol{i}$ と $\boldsymbol{j}$ の両方の成分を持つときだけ，x と y の2方向にともに有限の傾きがある。このことを念頭において，表2-1の結果を説明してみよう。

すると，h_3 の山では，測量する場所によって，勾配は x 方向のみであったり，x, y 両方向についてあったりして，山としては普通の形である。しかし，h_4 の山は少し奇妙である。(0, 0) の位置以外の (1, 1) の箇所においても勾配は $\mathbf{0}$ (ゼロベクトル) である。

ばかりではない。表2-1にはないが，式（2.16）を見るとわかるように，x と y が等しいときには，x や y の値が何であっても grad h_4 は $\mathbf{0}$ となって，どちらを向いても傾きはゼロであることを示している。これはどういうことかというと，h_4 の山は，$x=y$ の条件を満たす場所ではつねに平ら，つまりそこは尾根の頂上になっているのだ。

少し面白くなってきたので，他の例も見てみよう。

実例で考えましょう 2-2

床の上に物体を置く。床は2次元 x-y 平面だから，床の各点から物体表面のある1つの点までの高さ h は，x，y を変数とする関数で表されるはずだ。それを $h_5(x, y)$ としよう。

$$h_5(x, y)=x^2-y^2 \tag{2.17}$$

関数 $h_5(x, y)$ が上のような式で書かれるとき，h_5 の勾配を表す式を求め，原点 $(x, y)=(0, 0)$ での勾配の値を実際に計算してみよう。この物体の形がいろいろと想像できるはずだ。

［答え］　まず，grad $h_5(x, y)$ を求めるには，式(2.17)を変数 x，y でそれぞれ偏微分する必要がある。偏微分の結果は次のようになる。

$$\frac{\partial h_5(x, y)}{\partial x}=2x, \quad \frac{\partial h_5(x, y)}{\partial y}=-2y$$

これで grad $h_5(x, y)$ の $\boldsymbol{i}$ 成分が $2x$，$\boldsymbol{j}$ 成分が $-2y$ であることがわかった。つまり，式（2.14）にならって grad $h_5(x, y)$ は

$$\mathrm{grad}\, h_5(x, y) = 2x\boldsymbol{i} - 2y\boldsymbol{j} \qquad (2.18)$$

と書ける。原点 $(x, y)=(0, 0)$ での $\mathrm{grad}\, h_5(x, y)$ の値は，式（2.18）に $(x, y)=(0, 0)$ を代入して

$$\mathrm{grad}\, h_5(0, 0) = \boldsymbol{0}$$

となる。つまり，原点では平らである。

この実例で示した物体の形を考えてみよう。式（2.17）を見ると，$x=0$ のとき，$h_5(0, y) = -y^2$ となる。つまり，y-h 平面で見て，この曲線（$h=-y^2$）は原点を頂点とする山型の放物線になっている。

しかし，$y=0$ とおくと $h_5(x, 0) = x^2$ となり，x-h 平面では，この物体は一転して，原点が底になっている谷の形に見える。奇妙な形だ。

「原点で平らで，$x=0$ では原点を頂上とする山になり，$y=0$ では原点を底とする谷になる」という情報をもとに，この物体を絵に描くと，図2-5に示すようになる。そう，馬に乗るときに使う鞍（くら）が，こんな形をしていますね。深山幽谷（しんざんゆうこく）に分け入ると，こういう形をした岩もあるし，こんな地形もある（ような気がする）。面白いでしょう！

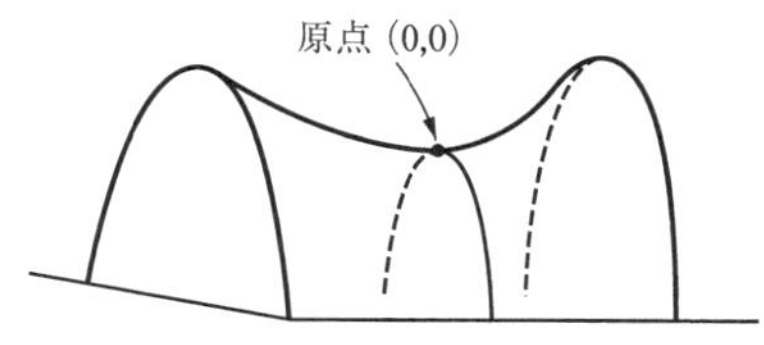

図2-5　鞍のような形

◆現実世界は3次元

以上で，2次元の勾配は式（2.14）で表されることがわかった。しかも，現実に存在する物体の勾配が，演算子 grad を使って表現できることも知った（演算子の定義についてはあとで詳述する）。

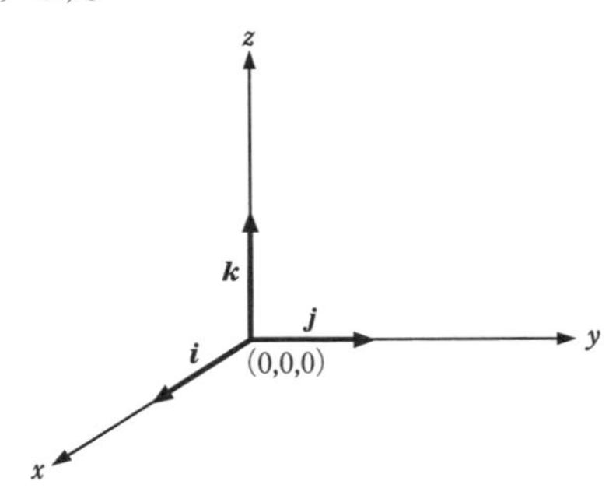

図 2-6　3次元の直交座標系

しかし，正式には，勾配 grad は3つの変数を使って，3次元で表されるべきベクトルである。2次元のほうがイメージしやすいので，ここではまず2次元の勾配を考えたわけだが，普通には，図 2-6 のように3つの単位ベクトル $\boldsymbol{i}$，$\boldsymbol{j}$，$\boldsymbol{k}$ を考え，そのおのおのの成分として，以下のように関数 $f(x, y, z)$ の偏導関数をとり，

$$\operatorname{grad} f(x, y, z) = \frac{\partial f}{\partial x}\boldsymbol{i} + \frac{\partial f}{\partial y}\boldsymbol{j} + \frac{\partial f}{\partial z}\boldsymbol{k} \qquad (2.19)$$

とするのが本当だ。図 2-6 は3次元の直交座標系を表しており，本来，勾配は3次元座標を用いて，3次元空間内に考え

られたものである。

そして，この式 (2.19) は，ナブラと呼ぶ記号 ∇ を演算子として使い，

$$\nabla = \frac{\partial}{\partial x}\boldsymbol{i} + \frac{\partial}{\partial y}\boldsymbol{j} + \frac{\partial}{\partial z}\boldsymbol{k} \tag{2.20}$$

と書ける。すなわち，

$$\mathrm{grad}\, f = \nabla f \tag{2.21}$$

というように，大変すっきりとした形に書ける。

だが，読者の皆さんも経験されたことだろうが，わが国の高校の数学の時間では，３次元空間のベクトルというものをあまりじっくりとは教えないようだ。２次元平面上のベクトルなら扱えるものの，次元が１つ増えて空間図形を扱う段になると難しくなる，ということなのだろうか。

実際，上の文中で（または実際の教室の講義で），ナブラ演算子 ∇ なんてものがいきなり登場してきて，これは難しそうだと身構えた読者も多いでしょう。

あとの説明をわかりやすくするためにも，次節で，３次元ベクトルを少し詳しく紹介することにしたい。

2.2
3次元ベクトルは便利な道具である

◆スカラーからベクトルへ

私たちは，子供の頃から読み書きソロバンを習ってきた（昨今はソロバンは習わないが）。だから，量だけを扱う計算には慣れている。お手のものだ。例えば，1+2=3 など，何の抵抗もなく計算できる。

ところがベクトルの計算となると，1とか3とかの単なる量を表す数字だけでは済まなくなって，「方向」という概念が加わってくる。そんな新奇なものだから，ベクトルという単語を目や耳にしただけで，学生たちは「これは難しいぞ！」と身構えてしまう。

しかし，この感情には，不慣れなものに対する本能的な警戒心が働いているように思える。ベクトルも，その性質さえわかってしまえば，とても便利な道具として使いこなすことができる。前節でも触れたが，ここではベクトルの性質をもう少し深く調べて，ベクトルに親しみを感じるようになっていただきたい。

上に挙げた 1+2=3 という計算の場合，1や2や3の数字は，いずれも単なる量だけを表している。こうした量は物理や数学の分野では**スカラー**と呼んでいる。繰り返しになるけれども，このスカラーに方向の概念を付け加えたものがベクトルである。

COLUMN　ベクトルを使った人々

ハミルトン

物理の法則が，多くの場合，ベクトルを使って表せることに気づいたのは，19世紀中頃の物理学者たちでした。特に，アイルランド出身のウィリアム・ハミルトン（1805–65）は，自分の物理論文の中でベクトルを巧妙に使ってみせ，初めてこの道具（ツール）をベクトルと呼ぶことを提唱しました。あとで詳しく述べるナブラ記号 ∇ を考案したのも，このハミルトンです。神童の名も高かったハミルトンは，今の日本で言えば高校生の頃に，すでにニュートンの『プリンキピア』やラプラスの『天体力学』を読んで理解していたと伝えられています。22歳のときには，トリニティ・カレッジの学生でありながら同校の教授に任命されたほどの天才でした。その彼が，ベクトルの簡便さと美しさを如実に見せつけたわけで，その効果は瞬（また）く間に科学者たちの間に広まりました。「グラスマン代数」で名のあるヘルマン・グラスマン（1809–77）がこれに続き，19世紀後半になると，電気工学者で物理学者のオリバー・ヘビサイド（1850–1925）や，米国の有名な物理学者ジョサイア・ギブス（1839–1903）などが，ベクトル解析の発展に大いに貢献したといわれています。ギブスの名は，おそらく熱力学の授業で「ギブスの自由エネルギー」とか「ギブスの相律（そうりつ）」として目や耳にされることでしょう。スカラー積を表すのに・（ドット）記号を使い始めたのも，このギブスです。

普通，例えば，私たちの大好きなお金などはスカラー量だ。手持ちの現金が多いといえば，紙幣を何枚も持っていることを表している。ただそれだけのことだ。

他方，相撲の力士などの出す力は，そうではない。力には当然，大小があるわけだが，土俵の上で相手を右へ押したり左へ押したりするたびに，相手力士はその方向へグラグラと傾きかける。つまり，力の場合には，力の大きさのほかに，力の働く方向が決まってくる。物理の世界に話を戻すと，よくお目にかかるスカラー量には，質量とかエネルギーとか電気量などがあり，またベクトル量には，力の他に，物体の変位（原点からの移動距離）とか，物体の動く速度などがある。

◆ベクトルの表し方

力士の出す力や，子供が転がしたビー玉の変位，あるいは自動車の速度などをベクトルで表すのに，一番簡単でわかりやすいのが3次元の直交座標だ。縦・横・高さに3本の直交する軸を立てて，それぞれ x 軸，y 軸，z 軸とし，その軸上に単位ベクトル $\boldsymbol{i}$，$\boldsymbol{j}$，$\boldsymbol{k}$ を考える。

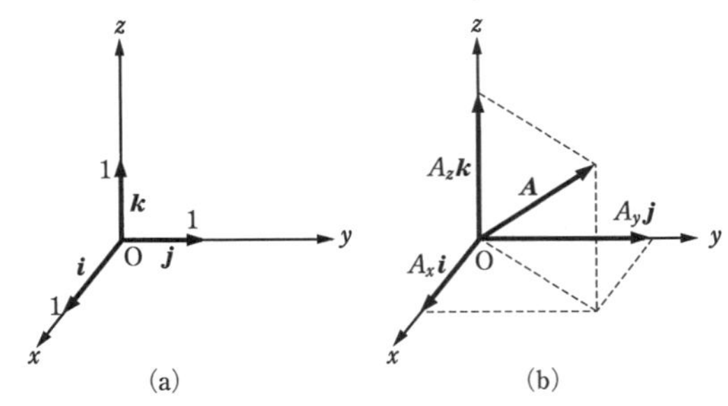

図 2-7　3次元ベクトルの表し方

単位ベクトルというのは大きさが1のベクトルのことであり，ベクトルにしたからには方向が与えられて，$\boldsymbol{i}$，$\boldsymbol{j}$，$\boldsymbol{k}$ はそれぞれ，x，y，z 軸の正の方向を向いている。

いま，1本のベクトル $\boldsymbol{A}$ を3本の座標軸上に投影したときの長さの成分がそれぞれ単位ベクトル（すなわち大きさ1）の A_x 倍，A_y 倍，A_z 倍であるとき，ベクトル $\boldsymbol{A}$ は

$$\boldsymbol{A} = A_x\boldsymbol{i} + A_y\boldsymbol{j} + A_z\boldsymbol{k} \tag{2.22}$$

というように，3つの成分ベクトルの和として表される（図2-7）。

ベクトル $\boldsymbol{A}$ の大きさは，絶対値記号を使って $|\boldsymbol{A}|$ と書く（$\boldsymbol{A}$ の大きさのことを $\boldsymbol{A}$ の**絶対値**ともいう）。これは成分 A_x，A_y，A_z から計算することができて，ピタゴラスの定理により

$$|\boldsymbol{A}| = \sqrt{{A_x}^2 + {A_y}^2 + {A_z}^2} \tag{2.23}$$

となる。当然ながら，ベクトル $\boldsymbol{A}$ の大きさとは，$A_x\boldsymbol{i}$，$A_y\boldsymbol{j}$，$A_z\boldsymbol{k}$ を各辺とする直方体の対角線の長さのことである（図2-7）。

一般論ではなかなかわかりづらい。例として，青空を飛んでいる飛行機を考えてみよう。この飛行機の速度はベクトル量である。速度ベクトルを $\boldsymbol{v}$ と書くと，これは式（2.22）と同じように

$$\boldsymbol{v} = v_x\boldsymbol{i} + v_y\boldsymbol{j} + v_z\boldsymbol{k} \tag{2.24}$$

と，x，y，z 方向の3成分に分けて書くことができる。

さて，この解釈だが，x 方向（$\boldsymbol{i}$ 方向）を南北に，y 方向（$\boldsymbol{j}$ 方向）を東西に，そして，z 方向（$\boldsymbol{k}$ 方向）を上下に対応させる。また，それぞれの方向のプラスの向きを，南，東，および上向きと定める。ここでは，$v_x=100$ m/s，$v_y=40$ m/s，$v_z=0$ m/s としておこう。

「この飛行機はどれほどの速さで飛んでいるか」という問いに答えるのは簡単だ。速度の絶対値 $|\boldsymbol{v}|$ を求めるだけである。

$$|\boldsymbol{v}|=\sqrt{{v_x}^2+{v_y}^2+{v_z}^2}$$
$$=\sqrt{100^2+40^2+0^2}$$
$$\fallingdotseq 108\ [\mathrm{m/s}] \tag{2.25}$$

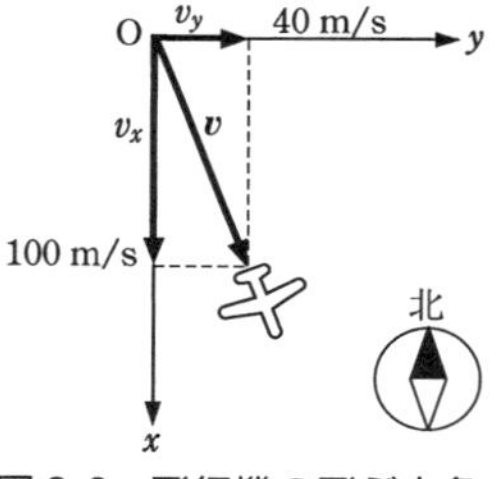

図 2-8　飛行機の飛ぶ方角

「この飛行機はどの向きに飛んでいるか」というのも，上下方向の成分である v_z はゼロなので，飛行機の速度 $\boldsymbol{v}$ には上下方向の成分は含まれていない。したがって，飛行機はひたすら水平に飛んでいることになる。飛んでいる方角は，図を描けば明らかだろう（図 2-8。ほぼ南南東の方角になる）。

◆足し算，引き算，そして掛け算

さて，ベクトル同士の計算問題だが，順序として足し算，引き算から始めよう。

例によって簡単に，$\boldsymbol{A}$，$\boldsymbol{B}$ という 2 つのベクトルで考えることにする。ベクトル $\boldsymbol{A}$ と $\boldsymbol{B}$ とを加えるには，式 (2.22) を使って次のようにすればよい。成分に分解して計算するのがポイントだ。

$$\boldsymbol{A}+\boldsymbol{B}=(A_x+B_x)\boldsymbol{i}+(A_y+B_y)\boldsymbol{j}+(A_z+B_z)\boldsymbol{k} \quad (2.26)$$

また，ベクトル $\boldsymbol{A}$ から $\boldsymbol{B}$ を引くときには

$$\boldsymbol{A}-\boldsymbol{B}=(A_x-B_x)\boldsymbol{i}+(A_y-B_y)\boldsymbol{j}+(A_z-B_z)\boldsymbol{k} \quad (2.27)$$

となる。これも，それぞれのベクトルの成分同士について引き算をすればよい。A_x と B_y というような別の成分間で足したり引いたりしてはいけない。したがって，足し算については，次の等式が成立する。

$$\boldsymbol{A}+\boldsymbol{B}=\boldsymbol{B}+\boldsymbol{A} \quad (2.28)$$

さて，次は掛け算だ。これは，普通の掛け算とは少しばかりやり方が違う。掛け算には，**スカラー積**（**内積**または**ドット積**ともいう）と**ベクトル積**（**外積**または**クロス積**ともいう）の2種類がある。「嫌な奴が出てきた！」と内心思っている読者もあるかもしれないが，心配はご無用。まずは物理的な意味から入っていくことにする。

◆スカラー積はエレガントな計算法

簡単なスカラー積のほうから紹介しよう。ベクトル $\boldsymbol{A}$ と $\boldsymbol{B}$ との**スカラー積**を次のように書こう，

$$\boldsymbol{A}\cdot\boldsymbol{B}$$

と提案したのは，米国の物理学者ギブスである。そこで，スカラー積を示す・（ドット）記号は，ギブスの記号とも呼ばれることになった。

決して，AB などという式を書いてはいけません。ベクトル同士の掛け算はスカラー積とベクトル積の2種類があるので，違いを明示するために，記号「・」または「×」を必ず書かないといけないのです。これらの記号を書かない第3の掛け算というのも実を言うと存在するのですが（直積と呼ばれるものです），本書では扱いません。

そのスカラー積の具体的な内容とは，一言でいえば，物理学の「仕事」を表現するのに好都合な仕組みとして考え出されたものです。物理学や工学の対象は目に見えにくいエネルギーであることが多いが，エネルギーとは，「仕事をする能力」と定義することができる。そして，仕事は（力）×（変位）である，と高校の物理で教えられているはずです。

例えば私が，まっすぐなレールの上のトロッコをエイヤッとばかりに 100 N（ニュートン）の力で引っ張って，そのトロッコが引かれるままに 10 m 動いたときには，私のした仕事は 100 [N]×10 [m]＝1000 [N・m] です。1 N・m は1ジュールだから，ここで私は 1000 ジュールの仕事をやったことになる。

しかしながら，上の状況は，トロッコと同じレールの上を私も引っ張りながら歩いているという状況を仮定している。私が何を思ったか，直線のレールから 30° 脇にずれた方向へトロッコを引っ張る（ただし，トロッコはレールの上しか走れない）とすると，話は変わってくる。

私が 30° 脇にずれた方向へ 10 m 移動したとしたら，そのとき私がトロッコにした仕事は，

$100\times\cos 30°\times 10=100\times 1.73/2\times 10=870$ [N・m] であり，まっすぐの場合よりも仕事量は少なくなる。この事情は図 2-9 を見るとわかる。

すなわち，加える力をベクトル $\boldsymbol{F}$ で，物体の変位をベクトル $\boldsymbol{r}$ で，また $\boldsymbol{F}$ と $\boldsymbol{r}$ のなす角を θ で表すこととすると，仕事は

$$(力)\times(変位)=\boldsymbol{F}\cdot\boldsymbol{r}=Fr\cos\theta \tag{2.29}$$

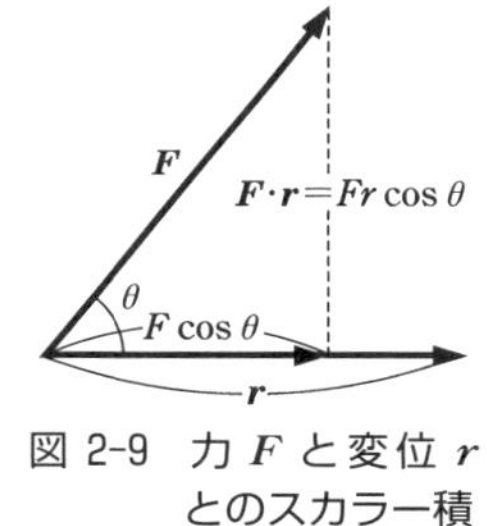

図 2-9　力 $\boldsymbol{F}$ と変位 $\boldsymbol{r}$ とのスカラー積

と書ける。ここに出てきた，ドット記号で結ばれた $\boldsymbol{F}\cdot\boldsymbol{r}$ という式が，$\boldsymbol{F}$ と $\boldsymbol{r}$ のスカラー積を表している（図 2-9）。

右辺に出てきた $Fr\cos\theta$ はスカラー量であり，**ベクトル同士の掛け算の結果がスカラーになる**ので，この掛け算のことを「スカラー積」と呼ぶのです。

スカラー積にせよ，すぐあとに出てくるベクトル積にせよ，最初に数学者の思いついた定義であるが，使ってみると結構便利である。必要は発明の母といわれるとおり，ベクトルは物理の必要性から生まれ育ったもので，もとになるのは，あくまで物理現象だ。この点にはつねに注意する必要がある。

スカラー積は，物理の「仕事」を計算するために考えられたようなものとはいえ，使い道は他にもいくらでもある。例えば，物体に外力 $\boldsymbol{F}$ が加わっているときに，外力の x 軸成分 F_x を知りたいとしよう。外力 $\boldsymbol{F}$ の向きが x 軸と角度 θ をなすならば，その外力の x 軸成分は，$\boldsymbol{i}$ を x 軸方向の単位ベクトル（大きさ 1）として

$$F_x = F\cos\theta = \boldsymbol{F}\cdot\boldsymbol{i} \tag{2.30}$$

というように，スカラー積で表すことができる。x 軸方向の単位ベクトル $\boldsymbol{i}$ に限らず，y 軸成分 F_y が知りたいときには $\boldsymbol{F}\cdot\boldsymbol{j}$，$z$ 軸成分 F_z が知りたいときには $\boldsymbol{F}\cdot\boldsymbol{k}$ とすればよい。力 $\boldsymbol{F}$ のようなベクトル量の，1つの方向成分を取り出すには，その方向の単位ベクトルとのスカラー積をとるだけでよいのである。角度 θ を含む三角関数をあらわに考えなくてよいので，エレガントな表記法というわけです。

単位ベクトル同士のスカラー積も，ベクトル計算の過程ではたびたび出てくるので重要だ。2つの単位ベクトルが同じもの同士なら，例えば，

$$\boldsymbol{i}\cdot\boldsymbol{i} = |1\cos\theta| = 1 \tag{2.31}$$

となるのは，$\boldsymbol{i}$ と $\boldsymbol{i}$ のなす角 θ がゼロなのだからだと思えばよい。

異なるもの同士なら，θ は 90° だから $\cos\theta = 0$ となって，

$$\boldsymbol{i}\cdot\boldsymbol{j} = |1\cos\theta| = 0 \tag{2.32}$$

結局，

$$\left.\begin{array}{l} \boldsymbol{i}\cdot\boldsymbol{i}=1,\ \ \boldsymbol{j}\cdot\boldsymbol{j}=1,\ \ \boldsymbol{k}\cdot\boldsymbol{k}=1 \\ \boldsymbol{i}\cdot\boldsymbol{j}=0,\ \ \boldsymbol{j}\cdot\boldsymbol{k}=0,\ \ \boldsymbol{k}\cdot\boldsymbol{i}=0 \end{array}\right\} \tag{2.33}$$

となり，憶えておくのも簡単だろう。スカラー積ではまた，数学演算の交換法則や分配法則が成り立つ。このことを利用して，次の問題をやってみよう。

ちょっとだけ 数学 2-2

ベクトル $\boldsymbol{A}$ $(=A_x\boldsymbol{i}+A_y\boldsymbol{j}+A_z\boldsymbol{k})$ とベクトル $\boldsymbol{B}$ $(=B_x\boldsymbol{i}+B_y\boldsymbol{j}+B_z\boldsymbol{k})$ とのスカラー積を求めてみよう。

［答え］ 分配法則が成り立つということは，例えば $\boldsymbol{A}\cdot(\boldsymbol{B}+\boldsymbol{C})=\boldsymbol{A}\cdot\boldsymbol{B}+\boldsymbol{A}\cdot\boldsymbol{C}$ のような関係式が成り立つことだ。したがって，次のようになる。

$$\begin{aligned}\boldsymbol{A}\cdot\boldsymbol{B}&=(A_x\boldsymbol{i}+A_y\boldsymbol{j}+A_z\boldsymbol{k})\cdot(B_x\boldsymbol{i}+B_y\boldsymbol{j}+B_z\boldsymbol{k})\\&=A_xB_x\boldsymbol{i}\cdot\boldsymbol{i}+A_yB_y\boldsymbol{j}\cdot\boldsymbol{j}+A_zB_z\boldsymbol{k}\cdot\boldsymbol{k}\\&\quad+(A_xB_y+B_xA_y)\boldsymbol{i}\cdot\boldsymbol{j}+(A_xB_z+B_xA_z)\boldsymbol{i}\cdot\boldsymbol{k}\\&\quad+(A_yB_z+B_yA_z)\boldsymbol{j}\cdot\boldsymbol{k}\end{aligned}\tag{2.34}$$

さらに，先ほどの式（2.33）のとおり，単位ベクトル $\boldsymbol{i}$，$\boldsymbol{j}$，$\boldsymbol{k}$ 同士のスカラー積が1か0になることを使えば，式（2.34）は次のように簡単に書ける。

$$\boldsymbol{A}\cdot\boldsymbol{B}=A_xB_x+A_yB_y+A_zB_z\tag{2.35}$$

◆回転をベクトル積でエレガントに書こう

スカラー積がわかったあとはベクトル積だ。これは，ベクトル同士の掛け算の結果がベクトルになるような演算である。積がベクトルになるからベクトル積と呼ばれ，外積とかクロス積と呼ばれることもある。

例によって実例から入ろう。1日に一度必ず朝が来るのは，地球が「自転」しているからだ。1年に一度お正月が来るのは，地球が太陽の周りを「公転」しているせいであり，そのときの角速度は360°を365日（=8760時間）で割って，約0.041°/時となる。

公転の半径は太陽と地球との距離1.5億kmなので，このとき地球の速さは約10万km/h。驚くべきことに，新幹線の数百倍もの速さです。

さて，このときの地球の速度を導き出すには，速度を v，角速度を ω，半径を r とする円運動を考え（図2-10），

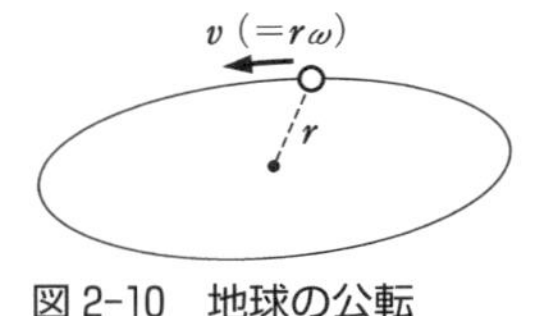

図2-10　地球の公転

$$v=r\omega$$

という式が成り立っていることを思い出せばよい。これは高校の物理で習ったでしょう。すなわち，この式の r と ω に，上述の数字を入れると地球の回転速度が求まる。これを今度は，エレガントに（？）ベクトルで表すとどうなるだろうか。ベクトルの計算では決して，$\boldsymbol{v}=\boldsymbol{r\omega}$ などという式にはならないから，要注意である。ここで問題を実際に解いてみよう。

> **クイズ：**　地球の公転半径を r，角速度を ω とするとき，速度 v が $v=r\omega$ となることは高校で習った。さて，この半径 r と角速度 ω と速度 v とをベクトルでエレガントに表したい。このとき，角速度ベクトル $\boldsymbol{\omega}$ の向きはどちら向きにすればよいだろうか？

知っている者にとっては（何でもそうだが），常識でしょうが，初めての人には，ちょっと見当もつかない。地球の速度変化は公転面内で起きるわけだし，公転そのものもその面内に収まっているから，角速度も公転面上のベクトルでは……と考えたいところだが，本当のところはどうなのだろうか？

公転――以下，回転と言い換えよう――する地球は，1本の（仮想的な）回転軸を中心としてグルグル回っている。このグルグルという回り方を指定するために，右ネジの法則を使う。つまり，右にねじると前進するネジの頭と同じように，軸の上下にプラスとマイナスを定めるとわかりやすい（図2-11）。したがって，いま回転軸の上方がプラスであるというなら，その軸の方向を向けば地球は右回りに回転しているというふうに定義しよう。

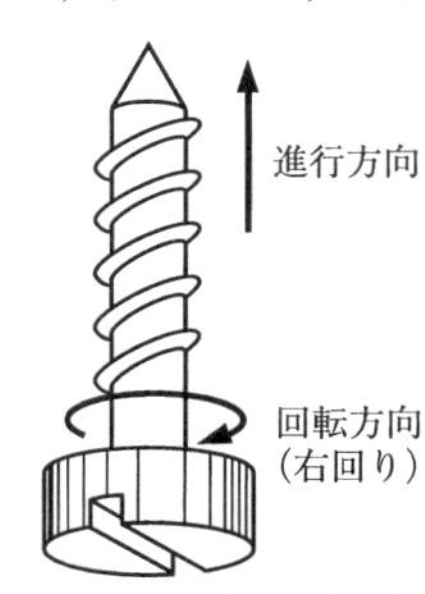

図2-11　右ネジの回転と進行方向

角速度に関係する回転の「向き」の決め方はこれでよいとして，あとはベクトルとしての「大きさ」だが，これは角速度を表すスカラー量をそのままもってくればいい。というわけで，角速度ベクトル $\boldsymbol{\omega}$ は，回転の中心軸上にプラスとマイナスの「方向」をもち，同じ軸上に大きさをもつとすればよさそうである。ベクトル $\boldsymbol{\omega}$ の向きと大きさは，これで決まるはずだ。

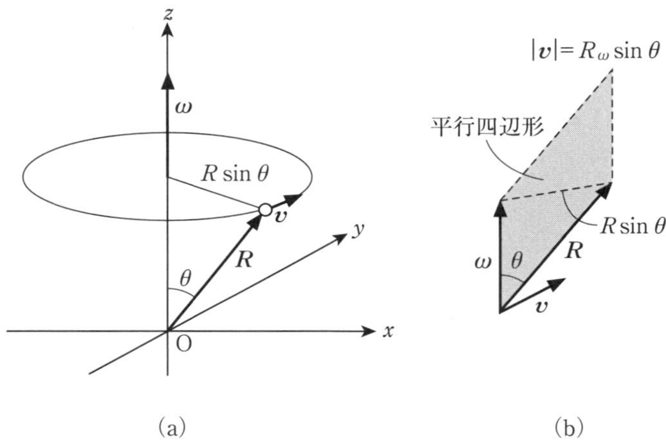

図 2-12　地球の位置の表し方

以上の話は 2 次元の平面上の出来事だが，これを 3 次元の現実的な話にするため，地球の位置を図 2-12 のような位置ベクトル $\boldsymbol{R}$ の先端で示すことにしよう。このとき，2 次元で使った r は，$r=R\sin\theta$ と表すことができる。

ベクトル $\boldsymbol{R}$ の大きさ（絶対値）は，細字 R で表すのが普通です。絶対値記号で $|\boldsymbol{R}|$ と書いてもかまいません。

したがって，回転速度は次のように書けるだろう。

$$v=r\omega=(R\sin\theta)\omega=R\omega\sin\theta$$

すなわち，$|\boldsymbol{v}|=|\boldsymbol{R}||\boldsymbol{\omega}|\sin\theta$

となる。この式の右辺を $|\boldsymbol{R}\times\boldsymbol{\omega}|$ と強制的において（つまり定義として）やると，

$$|\boldsymbol{R}\times\boldsymbol{\omega}|=|\boldsymbol{R}||\boldsymbol{\omega}|\sin\theta=R\omega\sin\theta \qquad (2.36)$$

となり，これがベクトル$\boldsymbol{R}$と$\boldsymbol{\omega}$とのベクトル積の大きさである。

図からわかるように，$R\omega\sin\theta$というのは，ωと$R\sin\theta$とを縦・横とする平行四辺形の面積に等しい。つまり，ベクトル$\boldsymbol{R}\times\boldsymbol{\omega}$の「大きさ」は，その平行四辺形の面積に相当し，そしてそのベクトルの「方向」は，意味から考えて速度$\boldsymbol{v}$と同じ方向であるから，結局上の平行四辺形に対して垂直の向きである。

だから，$\boldsymbol{R}\times\boldsymbol{\omega}$は，大きさと方向とをもち，$\boldsymbol{R}\times\boldsymbol{\omega}$はベクトル量であることがわかる。**ベクトル同士の掛け算の結果がベクトル量となる**ので，この掛け算のことをベクトル積と呼ぶのです。

COLUMN　ベクトル積はどこに使われるか

ベクトルの掛け算にこのような（新奇な？）定義をすると，どんな利点があるのだろうか？

物理には，ベクトル量で表される物理量がたくさんある。例えば，1点のまわりの力のモーメント$\boldsymbol{N}$は，力のベクトル$\boldsymbol{F}$と位置ベクトル$\boldsymbol{r}$とのベクトル積として

$$\boldsymbol{N}=\boldsymbol{r}\times\boldsymbol{F}$$

となります。あるいは角運動量$\boldsymbol{L}$は，運動量$\boldsymbol{p}$を$\boldsymbol{p}=m\boldsymbol{v}$として

$$\boldsymbol{L}=\boldsymbol{r}\times\boldsymbol{p}$$

と，エレガントに（というか，簡潔に）表されます。

さらに，電気量 q を帯びた物体が磁場の中を運動すると，ベクトル積

$$\boldsymbol{F}=q(\boldsymbol{v}\times\boldsymbol{B})$$

で表される力が，磁場の向きと運動方向のいずれに対しても垂直な方向に働きます。q は電荷，$\boldsymbol{v}$ は荷電粒子の速度，$\boldsymbol{B}$ は磁場の強さ（磁束密度）です。この力は，相対性理論のローレンツ収縮で有名なオランダのローレンツ（1853–1928）が，1892 年に発見したもので，ローレンツ力と名付けられています。

◆ベクトル積の性質

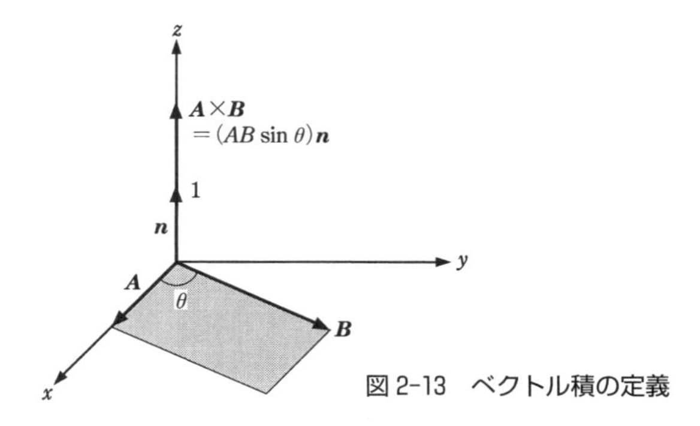

図 2-13　ベクトル積の定義

以上の話を，ベクトル $\boldsymbol{A}$ と $\boldsymbol{B}$ を使ってもう一度わかりやすく整理してみよう。ベクトル $\boldsymbol{A}$ と $\boldsymbol{B}$ との**ベクトル積**は，

$$\boldsymbol{A}\times\boldsymbol{B}=(AB\sin\theta)\boldsymbol{n} \qquad (2.37)$$

として定義される（図2-13）。式（2.37）は，絶対値記号を用いた先ほどの式（2.36）と全く同じことを言っていて，右辺のベクトル$\boldsymbol{n}$は，ベクトル$\boldsymbol{A}$と$\boldsymbol{B}$との両方に垂直な向きの単位ベクトル（格好をつけて言えば，「$\boldsymbol{A}$と$\boldsymbol{B}$とが張る平面に直交する単位法線ベクトル」）である。θは$\boldsymbol{A}$と$\boldsymbol{B}$のなす角であり，$AB\sin\theta$は$\boldsymbol{A}$と$\boldsymbol{B}$を1対の対辺とする平行四辺形の面積に等しい。

単位ベクトル$\boldsymbol{n}$の方向は，ベクトル積が$\boldsymbol{A}\times\boldsymbol{B}$であるとき，ベクトル$\boldsymbol{A}$を$\boldsymbol{B}$のほうに向かって回したときに右ネジが進む方向で，プラスと定めている。だから，もしも$\boldsymbol{B}\times\boldsymbol{A}$なら，このときベクトル$\boldsymbol{B}$は$\boldsymbol{A}$のほうへ向かって回転するので，単位ベクトル$\boldsymbol{n}$の符号は逆（負）になる。すなわち，

$$\boldsymbol{B}\times\boldsymbol{A}=-\boldsymbol{A}\times\boldsymbol{B} \tag{2.38}$$

となり，$\boldsymbol{B}\times\boldsymbol{A}$と$\boldsymbol{A}\times\boldsymbol{B}$は同じではない。

なお，ベクトル積を頭に入れる際に要注意なのは，ベクトル積として，この$AB\sin\theta$だけを憶えていて，式（2.37）の最後についている単位ベクトル$\boldsymbol{n}$を忘れる人があるということです。ベクトル積$\boldsymbol{A}\times\boldsymbol{B}$はベクトル$\boldsymbol{n}$と同じ方向をもつベクトルだが，$AB\sin\theta$はただのスカラーであることを忘れてはいけない。ただし，もちろん，次のように

$$|\boldsymbol{A}\times\boldsymbol{B}|=AB\sin\theta$$

と絶対値をつければ，これは正しい式です。絶対値をつけるとスカラー量になるからです。ベクトル積に関連する，ちょっと意地悪な（？）問題をやってみよう。

ちょっとだけ 数学 2-3

ベクトル $\boldsymbol{A}$ $(=A_x\boldsymbol{i}+A_y\boldsymbol{j}+A_z\boldsymbol{k})$ とベクトル $\boldsymbol{B}$ $(=B_x\boldsymbol{i}+B_y\boldsymbol{j}+B_z\boldsymbol{k})$ とのなす角を0として，ベクトル積 $\boldsymbol{A}\times\boldsymbol{B}$ を計算してください。

[答え] 定義に従って，ベクトル $\boldsymbol{A}$ と $\boldsymbol{B}$ とのベクトル積の表式を書くと，

$$\boldsymbol{A}\times\boldsymbol{B}=(AB\sin 0)\boldsymbol{n}=\boldsymbol{0}$$

となる。答えはゼロベクトル $\boldsymbol{0}$ である。

ベクトル $\boldsymbol{A}$ と $\boldsymbol{B}$ とのなす角が0の場合，ベクトル積をとった結果はゼロベクトル $\boldsymbol{0}$ になる。つまり，**平行な2つのベクトルのベクトル積は，$\boldsymbol{0}$ になる**。これは重要な性質なので，よく憶えておいていただきたい。

このことは，物理的には2通りに解釈できます。まず1つは，角度が0なのだから，2つのベクトルの作る平行四辺形（？）がつぶれて直線になってしまい，面積が0になるからです。

もう1つの解釈は，ベクトル $\boldsymbol{A}$ と $\boldsymbol{B}$ との間に角度が存在しないので，$\boldsymbol{A}$ を $\boldsymbol{B}$ のまわりに回すということが，そもそも不可能だからといえます。

以上の説明で，ベクトル積の何たるかはわかった。理解したことを確認する意味も込めて，先ほどのベクトルのスカラー積でやったように単位ベクトル間の演算をしておこう。まず，同じ単位ベクトル同士の場合には，

$$\boldsymbol{i}\times\boldsymbol{i}=\boldsymbol{0},\ \ \boldsymbol{j}\times\boldsymbol{j}=\boldsymbol{0},\ \ \boldsymbol{k}\times\boldsymbol{k}=\boldsymbol{0} \tag{2.39}$$

となる。先ほどの「ちょっとだけ数学2-3」の結果から類推されるとおりです。なぜなら，同じベクトルが2つあればそれらは平行に決まっているのだから，それらのベクトル積は$\boldsymbol{0}$になるわけです（単位ベクトルに限らず，どんなベクトルでも $\boldsymbol{A}\times\boldsymbol{A}=\boldsymbol{0}$ となる）。

一方，お互いに異なる単位ベクトル間のベクトル積は次のようになる。

$$\boldsymbol{i}\times\boldsymbol{j}=\boldsymbol{k},\ \ \boldsymbol{j}\times\boldsymbol{k}=\boldsymbol{i},\ \ \boldsymbol{k}\times\boldsymbol{i}=\boldsymbol{j} \tag{2.40}$$

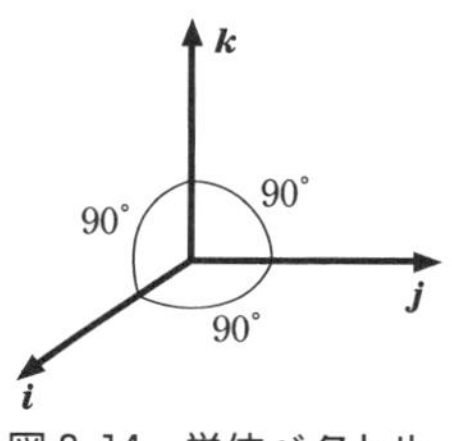

図2-14　単位ベクトル

異なる単位ベクトル間のベクトル積は，2つのベクトルのいずれにも垂直な，残った1つの単位ベクトルになる。式がサイクリック（循環的）になっているので，式(2.40)は見た目にも美しいかもしれない。この様子は図2-14から一目瞭然だ。ちなみに順番を変えると，式(2.38)より

$$\boldsymbol{j}\times\boldsymbol{i}=-\boldsymbol{k},\ \ \boldsymbol{k}\times\boldsymbol{j}=-\boldsymbol{i},\ \ \boldsymbol{i}\times\boldsymbol{k}=-\boldsymbol{j} \tag{2.40$'$}$$

となる。

式(2.40)は，素直に式(2.37)にあてはめても導くことができる。例えば，ベクトル積$\boldsymbol{i}\times\boldsymbol{j}$は，$\boldsymbol{i}$, $\boldsymbol{j}$は単位ベクトルだから

$$\boldsymbol{i}\times\boldsymbol{j}=(1\cdot 1\sin 90°)\boldsymbol{n}$$

となる。今の場合，$\boldsymbol{i}$と$\boldsymbol{j}$はx軸とy軸で直交しているから，

当然 $\sin 90^\circ = 1$。したがって，$\boldsymbol{i}\times\boldsymbol{j}=\boldsymbol{n}$ となる。ベクトル $\boldsymbol{n}$ は，$\boldsymbol{i}$ と $\boldsymbol{j}$ との両方に垂直な単位ベクトルと定義されていたから，$\boldsymbol{n}$ は z 軸上の単位ベクトル $\boldsymbol{k}$ に一致し，結局，$\boldsymbol{i}\times\boldsymbol{j}=\boldsymbol{k}$ となるわけです。

向きが微妙なところですが，x 軸，y 軸，z 軸に，それぞれ右手の親指，人差し指，中指をあてはめる「右手系」を考えれば，右ネジの法則からベクトル $\boldsymbol{n}$ の向きは決まります。

ちょっとだけ 数学 2-4

ベクトル $\boldsymbol{A}$ $(=A_x\boldsymbol{i}+A_y\boldsymbol{j}+A_z\boldsymbol{k})$ とベクトル $\boldsymbol{B}$ $(=B_x\boldsymbol{i}+B_y\boldsymbol{j}+B_z\boldsymbol{k})$ とのベクトル積 $\boldsymbol{A}\times\boldsymbol{B}$ を計算してください。なお，ベクトル積でも分配法則は普通の掛け算と同じように成り立つものとします。

［答え］ 式 (2.39) と式 (2.40) を用いると，うまくまとまって，

$$\begin{aligned}
\boldsymbol{A}\times\boldsymbol{B} &= (A_x\boldsymbol{i}+A_y\boldsymbol{j}+A_z\boldsymbol{k})\times(B_x\boldsymbol{i}+B_y\boldsymbol{j}+B_z\boldsymbol{k}) \\
&= A_xB_x(\boldsymbol{i}\times\boldsymbol{i})+A_yB_y(\boldsymbol{j}\times\boldsymbol{j})+A_zB_z(\boldsymbol{k}\times\boldsymbol{k}) \\
&\quad +A_xB_y(\boldsymbol{i}\times\boldsymbol{j})+A_yB_x(\boldsymbol{j}\times\boldsymbol{i}) \\
&\quad +A_xB_z(\boldsymbol{i}\times\boldsymbol{k})+A_zB_x(\boldsymbol{k}\times\boldsymbol{i}) \\
&\quad +A_yB_z(\boldsymbol{j}\times\boldsymbol{k})+A_zB_y(\boldsymbol{k}\times\boldsymbol{j}) \\
&= A_xB_y\boldsymbol{k}+A_yB_x(-\boldsymbol{k})+A_xB_z(-\boldsymbol{j}) \\
&\quad +A_zB_x\boldsymbol{j}+A_yB_z\boldsymbol{i}+A_zB_y(-\boldsymbol{i}) \\
&= (A_yB_z-A_zB_y)\boldsymbol{i}+(A_zB_x-A_xB_z)\boldsymbol{j} \\
&\quad +(A_xB_y-A_yB_x)\boldsymbol{k} \qquad (2.41)
\end{aligned}$$

となる（この式をベクトル積の定義とすることもある）。

2.3 ベクトル解析三種の神器 grad，div，rot

◆ベクトル微分演算子は難しくない

いよいよ，ベクトル解析のクライマックスだ。grad，div，rot などの記号が出てくると，何となく難しそう？　に見える。だが，本書でベクトル演算に少しずつ慣れてきた読者の皆さんにとっては，こんなの何でもない！　以下にわかるように，お茶の子さいさいといったところでしょう。

まず，例によって記号の物理的な意味を頭に入れておくことにしよう。grad，div，rot は，それぞれ順に，**勾配**（グラディエント）(gradient)，**発散**（ダイバージェンス）(divergence)，**回転**（ローテーション）(rotation) の略語である。しかし，数式の中に

$$関数\ f\ の勾配 = \cdots$$

などと日本語を書くわけにはいかないから，grad，div，rot という語を，すっかり数学記号（演算子）として使うことになっている。

数学記号なので，div grad f などと２つ以上重ねて書いたりもします。これは「f に grad 演算を施したあとに，さらに div 演算を施す」の意味です。

さて，grad，div，rot は，いずれも**ベクトル微分演算子**と

呼ばれるものです。

演算子とは，ある数に作用して，その数を別の数に変えてしまう記号のことです。例えば，3 という数に演算子 $-$（マイナス）を左側からくっつけると，結果は $-$（マイナス）3 になる。また，x^2 という関数に微分演算子 d/dx を左側からかぶせると，結果は $(\mathrm{d}/\mathrm{d}x)x^2=2x$ になる。

grad，div，rot は，計算内容に微分を含み，計算の前後にベクトルが関わってくる演算子なのです。これが「ベクトル」「微分」「演算子」と呼ばれる理由です。

これまで説明したように，grad は勾配を表している。また，ここで新たに出てきた div は，発散とか涌き出しを表している（光が発散するとか，水が涌き出すとかいう類（たぐい）の話です）。さらに，rot は回転を表すものです。読者はすでに $\boldsymbol{A}\times\boldsymbol{B}$ というベクトル積が右ネジの回転も意味していることを知っているはずですね。したがって，rot がベクトルの回転に関係があると聞いても，別段驚きはしないのではないでしょうか。

COLUMN　ドイツ語と英語のチャンポン

日本で使われている grad, div, rot という記号は，最初ドイツから伝わったものです。gradient をグラディエントというのは，ドイツ語読みのなごりです（英語ではグレーディエントと読みます）。

蛇足ながら，ドイツ語なら他の 2 つは「ディベルゲンツ」「ロタツィオーン」とでも発音するべきですが，日本ではそこまで気にする必要はありません。

英語圏では，grad と div には同じ記号を使うものの，なぜか回転には rot 記号は使わず，代わりに curl と書く慣習があります。「髪の毛がカールする」というようなときの，あのカールと同じです。意味・用法は rot と全く同じなので，皆さんが将来，英語論文などを書くことがあったら，「rot $\boldsymbol{A}$」と書いた箇所をあとで「curl $\boldsymbol{A}$」と書き直して提出すれば愛敬があるかもしれません。

◆こんどは3次元で勾配 grad を

冒頭に挙げた山の例では，まず2次元（2変数関数）の勾配

$$\mathrm{grad}\, f(x, y) = \frac{\partial f}{\partial x}\boldsymbol{i} + \frac{\partial f}{\partial y}\boldsymbol{j}$$

を考えたわけです。ここではこれを3次元に拡張した（p. 124に書いた）

$$\mathrm{grad}\, f(x, y, z) = \frac{\partial f}{\partial x}\boldsymbol{i} + \frac{\partial f}{\partial y}\boldsymbol{j} + \frac{\partial f}{\partial z}\boldsymbol{k} \qquad (2.19)$$

なる式を考えよう。これが関数 $f(x, y, z)$ の勾配の正式な表式なのです。

さて，科学や数学では「シンプル・イズ・ベスト」のはずなのに，なぜ，3次元の勾配などという面倒なものを考えるのだろう？　この疑問はもっともだが，実は，2次元よりも3次元の勾配のほうが圧倒的に利用価値が高いのです。そのことは逆に，私たちが毎日を過ごしている空間が3次元であ

ることの1つの証左である，と言っていいのかもしれない。正式な（？）gradの計算は，力学や電磁気学，流体力学では頻繁に出てくるので，式（2.19）の関数fのところにどんな形のものが入ってもよいように，

$$\mathrm{grad}=\frac{\partial}{\partial x}\boldsymbol{i}+\frac{\partial}{\partial y}\boldsymbol{j}+\frac{\partial}{\partial z}\boldsymbol{k} \tag{2.42}$$

という演算子が考え出されたようです。

演算子の「子」とはもちろん子供という意味ではなく，演算をする者といった意味です。英語ではオペレーターと言います。gradに限らず，「これこれの演算をしなさい」と命令する数学記号は，すべて演算子と呼ばれる。だから演算子gradは，3つの変数ごとに偏導関数を計算し，それらを大きさとしてもつ成分ベクトルの和を作りなさい，と命令しているのです。

普通，勾配の演算子は ∇ という逆三角形を書き，これは**ナブラ**と呼ばれます。すなわち，∇ 記号を使うと grad$f$は

$$\mathrm{grad}\,f=\nabla f=\frac{\partial f}{\partial x}\boldsymbol{i}+\frac{\partial f}{\partial y}\boldsymbol{j}+\frac{\partial f}{\partial z}\boldsymbol{k} \tag{2.43}$$

となります。∇ は式（2.43）のように3成分をもつ一種のベクトル的なものとも考えられるのです。計算上，記号 ∇ をあたかも1つのベクトルであるかのように扱うと便利なことが多い。これもまた，∇ をベクトル微分演算子と呼ぶ理由です。

演算子 grad は，スカラー量に作用して，ベクトル量を生む演算子です。面白いではありませんか。

◆結局 grad とは何なのか

以上で，grad の正式な定義がすんだ。この grad を高さ h に用いれば，高さ勾配（斜面や坂道など，日常的な意味での勾配）になり，温度 T に用いれば温度勾配が，圧力 p に用いれば圧力勾配が得られる。したがって，grad を作用させる相手によって，得られる勾配の意味する物理現象は異なってくる。

とはいえ物理の典型的な問題には，位置エネルギー（ポテンシャルエネルギー）の ϕ（ファイ）に grad が作用するような場合が多い。この ϕ に勾配の演算子 grad を作用させると，

$$\mathrm{grad}\,\phi = \nabla\phi = \frac{\partial\phi}{\partial x}\boldsymbol{i} + \frac{\partial\phi}{\partial y}\boldsymbol{j} + \frac{\partial\phi}{\partial z}\boldsymbol{k} \qquad (2.44)$$

となる。

突然持ち出されると，ポテンシャル ϕ と勾配の grad に何の関係があるのか，と疑問に思われる読者もあるかもしれない。とりあえず，練習問題だと思って，この ϕ に演算子 grad を作用させてみよう。

実例で考えましょう　2-3

地球のまわりの万有引力によるポテンシャル ϕ は

$$\phi = -\frac{GM}{r} \qquad (2.45)$$

と表される。$-\mathrm{grad}\,\phi$ を求めてみよう（$\mathrm{grad}\,\phi$ ではないことに注意！　ここでは物理的な意味を気にしているので，マイナス符号にも注意してください）。なお，力学より電気のほうが好きな人は，万有引力の代わりに，固

定点電荷からのクーロン力による静電ポテンシャル

$$\phi=-\frac{Q}{4\pi\varepsilon_0}\frac{1}{r}$$

を考えてもかまわない。記号は違うが，式の形は全く同じです。

［答え］ grad 演算の定義式

$$\mathrm{grad}\,\phi=\frac{\partial\phi}{\partial x}\boldsymbol{i}+\frac{\partial\phi}{\partial y}\boldsymbol{j}+\frac{\partial\phi}{\partial z}\boldsymbol{k} \qquad (2.44)$$

をそのまま使うだけの問題です。マイナスは計算の最後でつけよう。式（2.44）に式（2.45）を代入すると，次のようになる。

$$\mathrm{grad}\,\phi=\mathrm{grad}\left(-\frac{GM}{r}\right)$$

$$=\left\{\frac{\partial}{\partial x}\left(-\frac{GM}{r}\right)\right\}\boldsymbol{i}+\left\{\frac{\partial}{\partial y}\left(-\frac{GM}{r}\right)\right\}\boldsymbol{j}+\left\{\frac{\partial}{\partial z}\left(-\frac{GM}{r}\right)\right\}\boldsymbol{k}$$

$-GM$ は定数なので偏微分の外にくくり出せば，結局，問題は

$$\mathrm{grad}\,\phi=(-GM)\left\{\frac{\partial}{\partial x}\left(\frac{1}{r}\right)\boldsymbol{i}+\frac{\partial}{\partial y}\left(\frac{1}{r}\right)\boldsymbol{j}+\frac{\partial}{\partial z}\left(\frac{1}{r}\right)\boldsymbol{k}\right\} \qquad (2.46)$$

を計算すればよい，ということになる。偏微分項 $\partial(r^{-1})/\partial x$ などは，すでに p.115 で求めたとおりなので，これを使うと

$$\frac{\partial}{\partial x}\left(\frac{1}{r}\right)=-\frac{x}{r^3},\quad \frac{\partial}{\partial y}\left(\frac{1}{r}\right)=-\frac{y}{r^3},\quad \frac{\partial}{\partial z}\left(\frac{1}{r}\right)=-\frac{z}{r^3}$$

偏微分項を代入したあとには，ϕ はスカラーだが，$\mathrm{grad}\,\phi$ はベクトルであることに注意しよう。式（2.46）に上の偏導関数を代入すれば，問題の一応の答えは得ら

れる。マイナスを忘れないようにして，答えは次のようになる。

$$-\mathrm{grad}\,\phi = -(-GM)\left\{\left(-\frac{x}{r^3}\right)\boldsymbol{i} + \left(-\frac{y}{r^3}\right)\boldsymbol{j} + \left(-\frac{z}{r^3}\right)\boldsymbol{k}\right\}$$

$$= -\frac{GM}{r^3}(x\boldsymbol{i} + y\boldsymbol{j} + z\boldsymbol{k}) \qquad (2.47)$$

もう少し整理しておくと，上の式は，さらに位置ベクトル $\boldsymbol{r} = x\boldsymbol{i} + y\boldsymbol{j} + z\boldsymbol{k}$ を使って，エレガントに

$$-\mathrm{grad}\,\phi = -\frac{GM}{r^3}\boldsymbol{r} \qquad (2.48)$$

と書くことができる。

式 (2.48) の分母に r^3 が入っているのは一見馴染みのないものだが，

$$-\mathrm{grad}\,\phi = \frac{GM}{r^2}\left(-\frac{\boldsymbol{r}}{r}\right) \qquad (2.48')$$

というふうに整理すれば，意味が明快になる。ここで，$-\boldsymbol{r}/r$ は絶対値は1で，方向だけを表していることに注意する必要がある。式 (2.48′) の右辺の，GM/r^2 という部分に見覚えがあるでしょうか？　そうです，これはニュートンの万有引力（正しくは，単位質量1kgの物体に働く万有引力の大きさ）の式です。

$(-\boldsymbol{r}/r)$ については，いま少し詳しく説明しておこう。位置ベクトル $\boldsymbol{r}$ は，そもそも原点から位置 (x, y, z) まで引っ張った矢印である。それを矢印の長さ r で割っているということは，ベクトル $\boldsymbol{r}/r$ は大きさ1の，動径方向の単位ベク

トルを表している。それにマイナスがついた（$-\boldsymbol{r}/r$）は $\boldsymbol{r}/r$ と逆向きだから，「物体の位置から，原点の地球へ向いた矢印」を意味する。重力は地球から離れる反発力ではなく，地球へ向かう引力であるという，力の向きを指定しているわけです。だから，最初にマイナス符号にこだわったのです。

いささか押し付けがましい問題で申し訳なかったと思いますが，ここでは**ポテンシャルの勾配によって，力が導かれること**を示したかったのです。むしろ，「勾配をとったものが力になるような関数」＝「ポテンシャル」と定義する，と言ったほうがよかったかもしれません。

電磁気の世界では，高さ h に相当するものとして電位（静電ポテンシャル）ϕ がある。電荷 q の，電位差 $\Delta\phi$ の2点間でのエネルギー差は $q\Delta\phi$ となるからである。この電位，つまりポテンシャル ϕ の勾配をとり，前にマイナスをつけると，電場（電界ともいう）$\boldsymbol{E}$ が出てくる。つまり，電場 $\boldsymbol{E}$ は

$$\boldsymbol{E} = -\mathrm{grad}\,\phi \tag{2.49}$$

となる。だから，電場 $\boldsymbol{E}$ は，そこに置いた電荷に働く電気力の大きさと方向を表すものです。

重力や電位のほかに，磁気やバネの弾性にもポテンシャルを考えることができ，それらのポテンシャルの勾配をとると，それらの力が計算されるという仕組みになっている。grad は実に役に立つ！　これは実際に経験すると実感することです。

◆流体が涌いて出てくる

次に div（発散）に移ろう。div $\boldsymbol{A}$ は式（2.20）で示したナブラ ∇ とベクトル $\boldsymbol{A}$ とのスカラー積として定義されており，

$$\begin{aligned}\mathrm{div}\,\boldsymbol{A} &= \nabla\cdot\boldsymbol{A}\\ &= \left(\frac{\partial}{\partial x}\boldsymbol{i}+\frac{\partial}{\partial y}\boldsymbol{j}+\frac{\partial}{\partial z}\boldsymbol{k}\right)\cdot(A_x\boldsymbol{i}+A_y\boldsymbol{j}+A_z\boldsymbol{k})\\ &= \frac{\partial A_x}{\partial x}+\frac{\partial A_y}{\partial y}+\frac{\partial A_z}{\partial z}\end{aligned} \tag{2.50}$$

で表される。演算子 ∇ が1つのベクトルとみなされていることに注意しよう。もちろん，上記の演算にあたっては，p.134 に戻って式（2.33）の単位ベクトル同士の間のスカラー積を用いている。

ここで div の意味を少し詳しく調べておこう。div は divergence（ダイバージェンス）の略で，辞書を引くと発散と出ている。しかし，div の場合には「発散」よりも「涌き出し」の意味のほうが重要である場合が多い。

ベクトル解析では，div は「涌き出し」という意味で使うことが多い。ここでは，div がどうして涌き出しを意味するのか調べてみよう。いきなり3次元で調べるのはやっかいだから，2次元でトライすることにしよう。

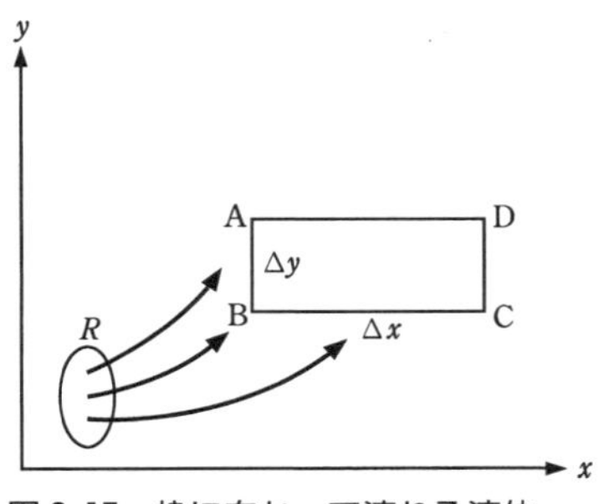

図 2-15　枠に向かって流れる流体

図 2-15 をご覧いただきたい。x-y 座標平面で，いま，流体の流れが外からやってきて，長方形の枠 ABCD の内部に入ってきたとしよう。

もし「単なる図形や矢印では味も素っ気もない！」とお思いになったら，これは川の流れの様子や，風が吹くときの空気の動き，あるいは電磁気学の電気力線や磁力線をイメージしてほしい。それらはいずれも，同じベクトル解析の方法で表現できるのです。

ABCD は，縦が Δy，横が Δx の小さな長方形である。このとき，線分 AB を通過して単位時間に入ってくる流量（体積）は，流体の速度 $v(x, y)$ の x 方向の成分 $v_x(x, y)$ と，線分 AB の長さである Δy との積，

$$v_x(x, y)\Delta y \tag{2.51}$$

になる。また，枠の下方の線分 BC を通過して入ってくる単位時間あたりの流量は，上と同じように，流体の速度の y 方

向成分 $v_y(x, y)$ と，BC の長さ Δx との積の形になる。

$$v_y(x, y)\Delta x \tag{2.52}$$

一方，この流体が長方形 ABCD から出てゆくときの流量は, x 方向で考えると線分 CD を通過する。だから上と同様, 流体の速度の x 方向成分と，DC 間の長さ Δy との積が流量になるはずだが，AB と DC では x 座標の位置が Δx だけ異なっているので，単位時間あたりの流量（変化）は

$$v_x(x+\Delta x, y)\Delta y \tag{2.53}$$

となる。同様にして，線分 AD を通過して出てゆく流量は, 今度は y 座標の位置の変化を考えて，次のようになる。

$$v_y(x, y+\Delta y)\Delta x \tag{2.54}$$

このとき，もしも，流体が長方形 ABCD を通過する際に, 流量の増加が認められるようなことがあれば，長方形 ABCD の中で涌き出しが起こったことになる。はたして, そのようなことがあるのだろうか？

これを調べるには，ABCD へ入ってきた流量と出てゆく流量の差を見てみればよい。ということで，ABCD を出てゆく流量と入ってきた流量の差をとると，式（2.51）～式（2.54）を使って

$$\begin{aligned}&\{v_x(x+\Delta x, y)\Delta y - v_x(x, y)\Delta y\}\\&+\{v_y(x, y+\Delta y)\Delta x - v_y(x, y)\Delta x\}\end{aligned} \tag{2.55}$$

となる。

この式（2.55）の値がゼロならば，流体の涌き出しはない。

この値がプラスならば，ABCD において涌き出しが起こったことになる（マイナスならば，涌き出しと逆の現象，つまり吸い込みが起こると解釈できる）。ここでは正の涌き出しがあったものとして，涌き出し率を考えてみよう。

涌き出し率（単位時間あたり，単位面積あたりの涌き出し量）を求めるには，式（2.55）の流量を長方形 ABCD の面積 $\Delta x \Delta y$ で割ればよい。そこで割り算を実行すると，次のようになる。

$$\frac{v_x(x+\Delta x,\, y)-v_x(x,\, y)}{\Delta x}+\frac{v_y(x,\, y+\Delta y)-v_y(x,\, y)}{\Delta y} \tag{2.56}$$

この式（2.56）の形をよく見てみて，何か気づかないだろうか。そう，これは Δx と Δy の大きさを限りなくゼロに近づければ，微分の定義式そのままの形だ。そこで，これを偏微分の記号を使って書くと

$$\lim_{\Delta x\to 0}\frac{v_x(x+\Delta x,\, y)-v_x(x,\, y)}{\Delta x}+\lim_{\Delta y\to 0}\frac{v_y(x,\, y+\Delta y)-v_y(x,\, y)}{\Delta y} \tag{2.57}$$

$$=\frac{\partial v_x}{\partial x}+\frac{\partial v_y}{\partial y} \to (\mathrm{div}\,\boldsymbol{v}) \tag{2.58}$$

となる。実は，むしろ，上に述べてきたような物理的状況がもとになって，div という演算の定義式（2.50）が生まれたのです。上は 2 次元の場合ですが，3 次元ではもちろん

$$\mathrm{div}\,\boldsymbol{v}=\frac{\partial v_x}{\partial x}+\frac{\partial v_y}{\partial y}+\frac{\partial v_z}{\partial z} \tag{2.59}$$

という形になる。普通，div の定義式は，この3次元の形で書かれることが多い。

式（2.59）の右辺はスカラー量であることに注意しよう。div 演算子はまた，∇（ナブラ）記号

$$\nabla=\frac{\partial}{\partial x}\boldsymbol{i}+\frac{\partial}{\partial y}\boldsymbol{j}+\frac{\partial}{\partial z}\boldsymbol{k}$$

と，スカラー積の記号・（ドット）とを使って，div＝∇・と書ける。ベクトルのスカラー積のところで学んだように，ベクトルのスカラー積をとったら結果がスカラー量になるのは当然のことですね。div は，ベクトル量に作用して，スカラー量を生む演算なのです。これもまた面白い。

ここで，div についての，簡単な例題をやってみよう。一見難しそうに見えても，定義に戻って考えれば，お茶の子さいさいの問題なのですよ。

ちょっとだけ 数学 2-5

空間に無数のベクトルが分布しているところを考え，そこを数学ではベクトル場と呼んでいます。動径ベクトル $\boldsymbol{r}$ を使って，次のベクトル $\boldsymbol{A}$ で表されるベクトル場の発散 div$\boldsymbol{A}$ を計算してみてください。

$$\boldsymbol{A}=\frac{\boldsymbol{r}}{r}$$

$\boldsymbol{r}/r$ とは動径方向の単位ベクトルなので，このベクトル場 $\boldsymbol{A}$ は，いたるところに「原点から外向きで長さが1

のベクトル」が放出されている，ことを表しています。

［答え］ ベクトル $\boldsymbol{A}$ を成分ごとに書き下すと

$$\boldsymbol{A}=\frac{\boldsymbol{r}}{r}=\frac{x}{r}\boldsymbol{i}+\frac{y}{r}\boldsymbol{j}+\frac{z}{r}\boldsymbol{k}$$

である。よって $\operatorname{div}\boldsymbol{A}$ は，定義に従って計算すれば

$$\begin{aligned}
\operatorname{div}\boldsymbol{A}&=\nabla\cdot\boldsymbol{A}\\
&=\left(\frac{\partial}{\partial x}\boldsymbol{i}+\frac{\partial}{\partial y}\boldsymbol{j}+\frac{\partial}{\partial z}\boldsymbol{k}\right)\cdot\left(\frac{x}{r}\boldsymbol{i}+\frac{y}{r}\boldsymbol{j}+\frac{z}{r}\boldsymbol{k}\right)\\
&=\frac{\partial}{\partial x}\left(\frac{x}{r}\right)+\frac{\partial}{\partial y}\left(\frac{y}{r}\right)+\frac{\partial}{\partial z}\left(\frac{z}{r}\right)\\
&=\left(\frac{1}{r}-\frac{x}{r^2}\frac{\partial r}{\partial x}\right)+\left(\frac{1}{r}-\frac{y}{r^2}\frac{\partial r}{\partial y}\right)+\left(\frac{1}{r}-\frac{z}{r^2}\frac{\partial r}{\partial z}\right)\\
&=\frac{3}{r}-\frac{x}{r^2}\frac{x}{r}-\frac{y}{r^2}\frac{y}{r}-\frac{z}{r^2}\frac{z}{r}\\
&=\frac{3}{r}-\frac{1}{r}\left(\frac{x^2+y^2+z^2}{r^2}\right)\\
&=\frac{3}{r}-\frac{1}{r}=\frac{2}{r}
\end{aligned}$$

となる。もちろん，結果はスカラー量である。結果を解釈すると，涌き出しの強さ $\operatorname{div}\boldsymbol{A}=2/r$ は原点からの距離に逆比例している。つまり，このベクトル $\boldsymbol{A}$ の涌き出しは原点に近づくほど強くなっていることがわかる。

◆一番やっかいな残りの１つ，rot

さて，残るは rot です。div（発散）は $\nabla\cdot$ というふうに ∇ とベクトルとのスカラー積で定義されたが，rot（回転）は次のように ∇ とベクトルとのベクトル積 $\nabla\times$ で定義され

る。

$$\begin{aligned}\mathrm{rot}\,\boldsymbol{A} &= \nabla \times \boldsymbol{A} \\ &= \left(\frac{\partial}{\partial x}\boldsymbol{i}+\frac{\partial}{\partial y}\boldsymbol{j}+\frac{\partial}{\partial z}\boldsymbol{k}\right)\times(A_x\boldsymbol{i}+A_y\boldsymbol{j}+A_z\boldsymbol{k}) \\ &= \left(\frac{\partial A_z}{\partial y}-\frac{\partial A_y}{\partial z}\right)\boldsymbol{i}+\left(\frac{\partial A_x}{\partial z}-\frac{\partial A_z}{\partial x}\right)\boldsymbol{j}+\left(\frac{\partial A_y}{\partial x}-\frac{\partial A_x}{\partial y}\right)\boldsymbol{k}\end{aligned} \tag{2.60}$$

ここではもちろん，単位ベクトル同士の間のベクトル積，式（2.39）と式（2.40）の関係を使っている。結果は難しく考える必要はなく，要するに，式（2.41）のようなただのベクトル積の計算の中に，偏微分記号が混じっただけである。

COLUMN　ベクトル積の憶え方

一見面倒な式（2.60）だが，この式は行列式（もどきの書き方）を利用すると，視覚的に憶えやすい。

$$\mathrm{rot}\,\boldsymbol{A} = \begin{vmatrix} \boldsymbol{i} & \boldsymbol{j} & \boldsymbol{k} \\ \dfrac{\partial}{\partial x} & \dfrac{\partial}{\partial y} & \dfrac{\partial}{\partial z} \\ A_x & A_y & A_z \end{vmatrix} \tag{2.61}$$

式（2.61）は，行列式の中にベクトル$\boldsymbol{i}$などが入っており，数学的には正しくない書き方のようです。数学者が見たら怒り出すそうですが，しかしまあ，物理としてはよく使われます。計算方法は，2次の行列式を思い出していただきたい。

$$\begin{vmatrix} a & b \\ c & d \end{vmatrix} = ad - bc$$

3次の行列になっても同じで，タスキ掛けで積をとり，右下方向へはプラス，左下方向へはマイナスをつけて和をとればよい。しかし，4次以上ではこの方式は通用しない。

rotの意味は，もうひとつ馴染みにくいので，ここでやや詳しく追究してみよう。rotはもちろんrotation（ローテーション）の略で，回転という意味です。しかし，式（2.60）や式(2.61)はどのようにして回転を表しているのだろうか？

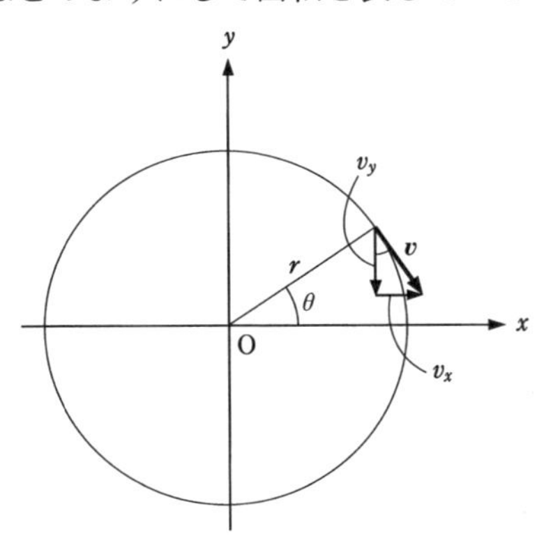

図2-16　回転する流れ（渦）

これも話をわかりやすくするために2次元の渦で考えよう。つまり，渦はx-y平面に沿って回転し，z方向には変化なし，とみなすのである（決して，z軸を「考えない」わけではないということにしておこう）。ここでは，図2-16に示す時計回りの流れ，すなわち渦を考えてみる。

いま，この渦がz軸を中心として一定の角速度ωで回転しているとしよう。そして流れの速度を表すベクトルを，原

点から r の距離の位置で考えよう。すると，この速度 $\boldsymbol{v}$ は次のように書くことができる。

$$\boldsymbol{v}=v_x\boldsymbol{i}+v_y\boldsymbol{j}$$

速度 $\boldsymbol{v}$ の x 成分と y 成分は，$r\omega$ を使って表せることと，図 2-16 と図 2-17 とを考慮して，v_x，v_y は

$$v_x=v\sin\theta=r\omega\sin\theta=\omega y \tag{2.62}$$

$$v_y=-v\cos\theta=-r\omega\cos\theta=-\omega x \tag{2.63}$$

と書くことができる。y 成分の v_y にマイナス符号がついているのは，この運動は回転していて，その速度成分が下向きだからである。

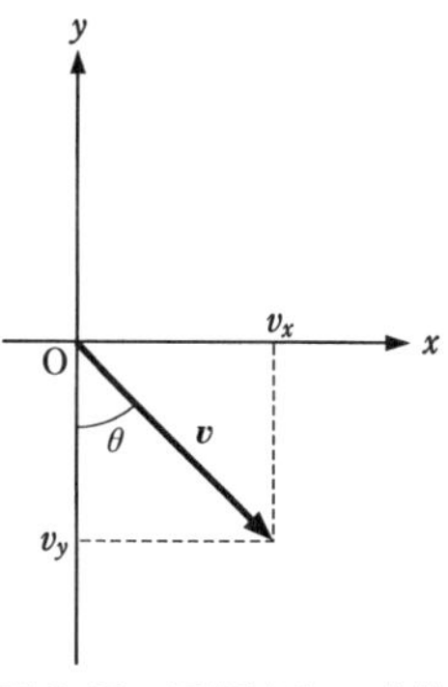

図 2-17　回転速度の成分分解

ここで，この速度 $\boldsymbol{v}$ の rot をとると，式 (2.60) に従って，

$$\mathrm{rot}\,\boldsymbol{v}=\left(\frac{\partial v_z}{\partial y}-\frac{\partial v_y}{\partial z}\right)\boldsymbol{i}+\left(\frac{\partial v_x}{\partial z}-\frac{\partial v_z}{\partial x}\right)\boldsymbol{j}+\left(\frac{\partial v_y}{\partial x}-\frac{\partial v_x}{\partial y}\right)\boldsymbol{k} \tag{2.64}$$

となる。

いまの場合，変化は2次元としたので，速度ベクトル $\boldsymbol{v}$ の成分は v_x と v_y のみとなり，$v_z=0$ である。また，v_x と v_y はそれぞれ式 (2.62) と式 (2.63) からわかるように，v_x は y のみの，v_y は x のみの関数なので，z で偏微分すれば，ともに 0 になる。だから，式 (2.64) の $\boldsymbol{i}$ と $\boldsymbol{j}$ の係数は，いずれも

$$\frac{\partial v_z}{\partial y}-\frac{\partial v_y}{\partial z}=0,\quad \frac{\partial v_x}{\partial z}-\frac{\partial v_z}{\partial x}=0$$

となり，0 である。結局，式 (2.64) で残るのは $\boldsymbol{k}$ の係数，つまり $\mathrm{rot}\,\boldsymbol{v}$ の z 成分だけなので，これを $(\mathrm{rot}\,\boldsymbol{v})_z$ と書くと

$$(\mathrm{rot}\,\boldsymbol{v})_z=\frac{\partial v_y}{\partial x}-\frac{\partial v_x}{\partial y} \tag{2.65}$$

となる。いうまでもないことですが，このベクトル $\mathrm{rot}\,\boldsymbol{v}$ の向きは z 軸に平行，すなわち x-y 平面に垂直である。

式 (2.65) に式 (2.62) と式 (2.63) の関係を代入すると，

$$(\mathrm{rot}\,\boldsymbol{v})_z=\frac{\partial v_y}{\partial x}-\frac{\partial v_x}{\partial y}=-\omega-\omega=-2\omega \tag{2.66}$$

が得られる。すなわち，回転する 2 次元の渦を考えた場合，その速度ベクトルのローテーション $\mathrm{rot}\,\boldsymbol{v}$ は，その大きさが -2ω であり，回転面に垂直な方向をもつことがわかる。

もしも渦の回転の角速度 ω が大きければ，当然，ローテーションの大きさ（絶対値）も大きくなるので，$\mathrm{rot}\,\boldsymbol{v}$ は，もとの渦の回転の激しさを表しているということができます。

上の例のように，もとの渦が時計回りならば，ω の前につく符号はマイナスです。逆に反時計回りなら $\mathrm{rot}\,\boldsymbol{v}$ はプラスの値になります。

rot は回転を表すという意味が，これでよくわかっていただけたと思う。しかし,「回転している例を使って，回転している答えが出るのは当たり前だ！」という声が聞こえてきそ

うである。そこで次に，回転のないところからは回転が出てこないことを，例を使って確かめてみることにしよう。

上と同様，２次元の流れを考えてみるが，今度は速度 $\boldsymbol{v}$ は図 2-18 に示すように x 方向の成分 v_x のみ，つまり x 軸に平行で，かつ一定速度 c であるとしよう。この場合の速度 $\boldsymbol{v}$ は，v_y も v_z も 0 だから

$$\boldsymbol{v}=v_x\boldsymbol{i}+0\boldsymbol{j}+0\boldsymbol{k}=v_x\boldsymbol{i} \quad (2.67)$$

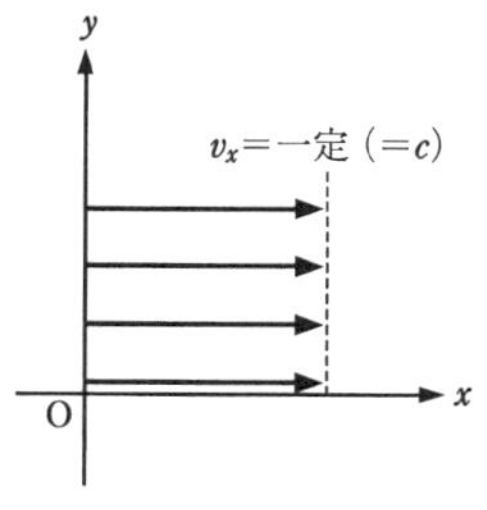

図 2-18　一様な流れ

である。ここから rot $\boldsymbol{v}$ を定義に従って書いてみると，

$$\begin{aligned}\mathrm{rot}\,\boldsymbol{v}&=\left(\frac{\partial v_z}{\partial y}-\frac{\partial v_y}{\partial z}\right)\boldsymbol{i}+\left(\frac{\partial v_x}{\partial z}-\frac{\partial v_z}{\partial x}\right)\boldsymbol{j}+\left(\frac{\partial v_y}{\partial x}-\frac{\partial v_x}{\partial y}\right)\boldsymbol{k}\\&=0\boldsymbol{i}+\frac{\partial v_x}{\partial z}\boldsymbol{j}-\frac{\partial v_x}{\partial z}\boldsymbol{k} \qquad (2.68)\end{aligned}$$

となるが，ただ１つ生き残っている v_x も一定値 c なので，それをどんな変数で偏微分しても 0 になる。つまり

$$\mathrm{rot}\,\boldsymbol{v}=\boldsymbol{0} \qquad (2.69)$$

となって，このときの速度 $\boldsymbol{v}$ には rot $\boldsymbol{v}$ がないことがわかる。$\boldsymbol{v}$ は図 2-18 のような x 方向の一定速度なので，回転成分があるはずがない。ともかく，これで rot が回転を意味していることが納得していただけたのでは……。

◆ちょっと待った！　回転 rot の正体

「ちょっと待った！」と，注意深い読者はここで質問を投げ

かけるに違いない。「速度 $\boldsymbol{v}$ が x 方向だけに成分 v_x をもつとしても，その v_x が一定でなかったらどうなるんだ？　もし，場所によって速度が変わるなら，位置による偏微分は0にならないぞ！」と。

例えば，川の流れは上流から下流に向いているが，川の中央ほど流れは速くて，岸に近いほうは遅いのは常識だ（なぜかと言うと，川の水と川岸との間に摩擦が働くからである）。さて，このとき，rot $\boldsymbol{v}$ はどうなるだろう？

これは，rot という演算の本質をつく，すばらしい質問だ。簡単な問題で確かめてみよう。

実例で考えましょう　2-4

上のような川を少し単純化して，岸辺では速度0，そこから川の中央に向かって測った距離 y に比例して，流れの速度が大きくなると考えよう（図2-19）。このとき，岸辺を $y=0$ の位置にとり，速度が大きくなる比例定数をかりに a とおくと，

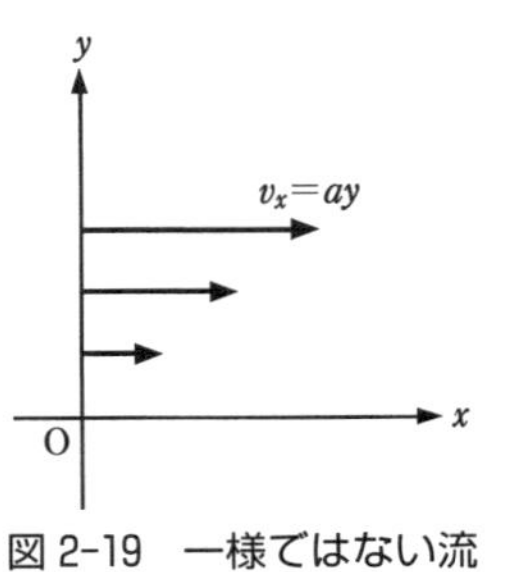

図2-19　一様ではない流れ

$$v_x=ay \tag{2.70}$$

と書ける。また，当然ながら $v_y=v_z=0$ です。このときの rot $\boldsymbol{v}$ を計算してみてください。

［答え］　rot の定義式に $v_x=ay$，$v_y=v_z=0$ を当てはめて，

$$\mathrm{rot}\,\boldsymbol{v}=\left(\frac{\partial v_z}{\partial y}-\frac{\partial v_y}{\partial z}\right)\boldsymbol{i}+\left(\frac{\partial v_x}{\partial z}-\frac{\partial v_z}{\partial x}\right)\boldsymbol{j}+\left(\frac{\partial v_y}{\partial x}-\frac{\partial v_x}{\partial y}\right)\boldsymbol{k}$$
$$=(0-0)\boldsymbol{i}+(0-0)\boldsymbol{j}+(0-a)\boldsymbol{k}$$
$$=-a\boldsymbol{k} \tag{2.71}$$

を得る。なぜなら，v_y，v_z はともにゼロ，流れは2次元なので，$\partial v_x/\partial z$ もゼロだからだ。$\boldsymbol{k}$ は z 軸方向の単位ベクトルなので，計算結果の $-a\boldsymbol{k}$ は，川面に垂直で（z 軸方向で），大きさが a のベクトルである。

つまり，この川の流れは直線状であるにもかかわらず，そこから導かれる rot $\boldsymbol{v}$ はゼロベクトル $\mathbf{0}$ ではない！面白い結果が出てきた！

さあ，川の流れは x 方向にあくまで直線状に動いているのに，速度ベクトルの回転をとったら，ゼロにならないではないか？　どういうことだろう？

賢明な読者なら，こう推測するかもしれない。「一見 x 方向にまっすぐに流れているように思えても，実は，小さな部分では回転しているのでは？」と。そう，そのとおりです。そして，それが回転 rot というものが微分演算になっている真の理由だ。

rot の正しいイメージとは，**微小な物体を流れの中に静かに置いたときに，その物体が流れに乗って回転するなら rot $\boldsymbol{v}\neq\mathbf{0}$，回転しないなら rot $\boldsymbol{v}=\mathbf{0}$ となる演算**なのである。微小物体が回転するかどうかを考えているから，微分演算となっているわけです。流れそのものが見かけ上回転しているかどうかは，あまり関係がない！　のです。

マクロに見ればまっすぐに見える流れの中にも，川の幅方向の位置によって流れの速さが変化していれば，ミクロに見れば回転を起こさせる要素（渦）が含まれているのです。これは川の流れに限らず，電気力線や磁力線についてもいえることです。回転とか rot というと，どうしても鳴門(なると)海峡の渦巻きのようなマクロな回転を思い浮かべてしまうが，本質は微分——つまり，微小な物体が回転するかどうかにあることは注意すべきでしょう。

2.4 ガウスの定理を徹底追究

◆微分の次は積分だ

これまで紹介してきた grad，div，rot というのは，ベクトルを微分するための道具だった。微分の次は，積分を考えるのが自然な成り行きだ。

そこで，ベクトル解析において非常に重要な役目を果たす，**積分定理**というものを紹介しよう。それは**ガウスの定理**（ガウスの積分定理またはガウスの発散定理ともいう）と**ストークスの定理**（ストークスの積分定理ともいう）で，これらは最も重要な 2 つの積分定理だ。

流体が涌き出すという現象は，div という演算子で表されることを学んだ。この流体の涌き出しという考えから，ベクトル解析において非常に重要な，ガウスの定理をいとも簡単に導き出すことができる。

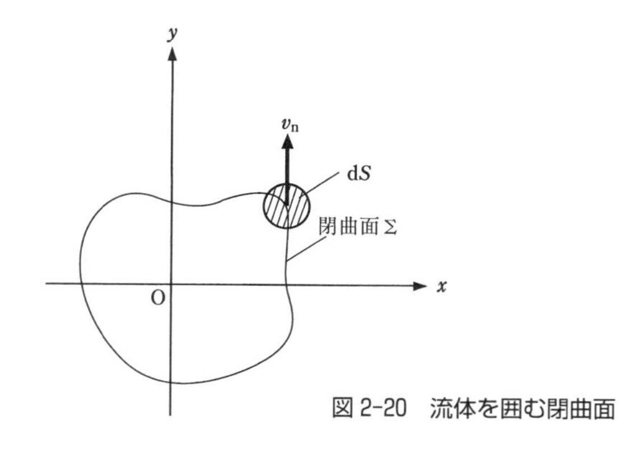

図2-20　流体を囲む閉曲面

いま，流体が存在するある空間を想定して，その空間内に閉じた曲面 Σ（シグマ）を考えることにしよう（図2-20）。流体は動いてはいるが，そのふるまいの様子が時間によって変わることはないとする。つまり，流れは定常的に流れていると仮定する（定常状態という）。そして，この空間に含まれる流体の密度を ρ（ロー）とすることにしよう。したがって，密度 ρ は，時間 t や位置 x，y，z にかかわらず一定であると仮定しよう。

密度 ρ が一定であるような流体を非圧縮性流体といい，流体力学ではこういう理想化をしばしば行います。電磁気学でも，電気力線の流れを，一種の理想的な流体と考えることができます。

いま，この流体が図2-20に示す微小面積 dS を通って，閉曲面 Σ から流れ出ていると考えよう。すると，流れ出る流体の量は，流れる速さ $\boldsymbol{v}$，流体の密度 ρ，それに出口の面積 dS との積で表される。また，この場合の流れの速さとしては，意味を考えると出口の面積に垂直な成分をとる必要がある。これを v_{n} とする。したがって，密度と速度と面積との積で表される流量は，

$$\rho v_{\mathrm{n}} \mathrm{d}S \tag{2.72}$$

となる（単位は kg/s）。これが，閉曲面 Σ からの単位時間あたりの流体の流出量となる。

閉曲面 Σ から流出するばかりでは，そのうち曲面 Σ 内部の流体が流れ尽くしてしまうだろう。しかしながら，これでは定常という仮定に反する。ということで，流出が起こっても曲面 Σ 内の流体の量を一定に保つためには，閉曲面内で流体の涌き出しが起きていることが必要になる。これは質量保存の法則に相当する。

この涌き出し率（単位時間あたりに涌き出す質量。いま，かりにこれを N とする）が，閉曲面 Σ から流出する流量と等しい必要がある。流出する流量は式（2.72）を全閉曲面上で積分した量だから，涌き出し率との間に次の等式が成り立つ。右辺は，流体の流出する面 Σ で考える**面積分**である。

$$N = \iint \rho v_{\mathrm{n}} \mathrm{d}S \tag{2.73}$$

$\mathrm{d}S = \mathrm{d}x\mathrm{d}y$ であるから，式（2.73）は x で積分して，さらに y で積分すること（重積分）を表している。この種の積分は面積に関する積分だから，面積分と呼ばれている。

図 2-20 では x-y 平面のみで表示したが，微小面積 $\mathrm{d}S$ は本来 3 次元で考えるべきものである。つまり x-y 面，y-z 面，z-x 面からの流量をすべて考えると，$\rho v_{\mathrm{n}} \mathrm{d}S$ は次のように書

くことができる。

$$\rho v_{\mathrm{n}} \mathrm{d}S = \rho v_x \mathrm{d}y \mathrm{d}z + \rho v_y \mathrm{d}x \mathrm{d}z + \rho v_z \mathrm{d}x \mathrm{d}y \qquad (2.74)$$

ここで速度成分 v_x, v_y, v_z はすべて対応する面に垂直にとってある。式 (2.74) を使って，湧き出し率 N を改めて書くと，次の式が得られる。

$$N = \iint \rho v_x \mathrm{d}y \mathrm{d}z + \iint \rho v_y \mathrm{d}x \mathrm{d}z + \iint \rho v_z \mathrm{d}x \mathrm{d}y \quad (2.75)$$

ここで一工夫（ひとくふう）して，密度 ρ と流速 $\boldsymbol{v}$ の x 成分との積 ρv_x が，「(ρv_x の) x についての偏導関数を，改めて x で積分したもの」に等しい（つまり微分の積分でもとに帰る）と考えると，次の式が成立する。

$$\rho v_x = \int \frac{\partial(\rho v_x)}{\partial x} \mathrm{d}x \qquad (2.76)$$

ρv_y, ρv_z についても同様の手続きを踏んで，これらの関係を式 (2.75) に代入すると，

$$N = \iiint \left\{ \frac{\partial(\rho v_x)}{\partial x} + \frac{\partial(\rho v_y)}{\partial y} + \frac{\partial(\rho v_z)}{\partial z} \right\} \mathrm{d}x \mathrm{d}y \mathrm{d}z \quad (2.77)$$

の関係が得られる。積分記号が1つずつ増えて，式 (2.75) の面積分がここで体積分になっている点に注意しよう。ここで，div の定義により次の関係があることと，

$$\frac{\partial(\rho v_x)}{\partial x} + \frac{\partial(\rho v_y)}{\partial y} + \frac{\partial(\rho v_z)}{\partial z} = \mathrm{div}(\rho \boldsymbol{v}) \qquad (2.78)$$

ここで，$\mathrm{d}x \mathrm{d}y \mathrm{d}z = \mathrm{d}V$ の関係を考慮すると，式 (2.77) は次

のように書いてよい。

$$N = \iiint \mathrm{div}(\rho \boldsymbol{v}) \mathrm{d}V \tag{2.79}$$

そして，式（2.73）と式（2.79）が等しいことから，結局，次の関係式が成立する。

$$\iint \rho v_{\mathrm{n}} \mathrm{d}S = \iiint \mathrm{div}(\rho \boldsymbol{v}) \mathrm{d}V \tag{2.80}$$

密度 ρ は定数だから，式（2.80）の両辺は ρ で割ってもかまわない。また，$\boldsymbol{v}$ を一般のベクトル $\boldsymbol{A}$ とすると，

$$\iint A_{\mathrm{n}} \mathrm{d}S = \iiint \mathrm{div}\, \boldsymbol{A}\, \mathrm{d}V \tag{2.81}$$

の関係が得られる。これがベクトル解析で重要な道具となる，**ガウスの定理**である。ベクトルの計算を学ぶ者にとって大切な定理なので，ぜひよく理解しておいてほしい。

◆ガウスの定理が何の役に立つか

ガウスの定理が数学上の大切な定理であることには疑いはないのだが，そう言われても，何か実際に使えないことには，初心者にはなかなかその意義はわからないものだ。

この定理の大本（おおもと）の法則の発見者，数理物理学者カール・フリードリッヒ・ガウスの主要な研究の１つは，そもそも電磁気学にあった（その成果を称（たた）えて，磁力の単位にガウスの名が残っている）。そこで本当に有益かどうかを見るために，ガウスの定理を電気の問題に応用してみよう。

ガウスの法則が発見されるより以前に，**クーロンの法則**

$$\boldsymbol{E}=\frac{Q}{4\pi\varepsilon_0}\frac{1}{r^2}\left(\frac{\boldsymbol{r}}{r}\right) \tag{2.82}$$

というものがすでに知られていた（ε_0 は真空の誘電率）。

すなわち，真空中に存在する Q クーロンの点電荷は，点電荷からの距離 r の2乗 r^2 に反比例する大きさの電場 $\boldsymbol{E}$ を発生しているという法則である。

「距離の自乗に反比例（＝ 逆比例）する法則」という意味で，ふつう**逆自乗則**という言い方をします。上のクーロンの法則と，ニュートンの万有引力の法則の2つは，物理における最も代表的な逆自乗則です。

したがってクーロンの法則により，固定電荷の Q と距離 r を測れば電場は簡単に求められる……と思われがちだが，実際にはそう甘いものではない。いまは点電荷，つまり大きさのない点が帯電していると仮定したが，実際には電荷は大きさのある物体に帯電するはず。しかし，式（2.82）のクーロンの法則では，物体に大きさがある状況を扱いきれていない。

とはいえ，クーロンの逆自乗則が，最も基本的な電気の法則であることに変わりはない。クーロンの法則をなんとかして，もっと汎用性の高いものに変形できないかを考えよう。そこでガウスの定理が登場するのです。

簡単のために，空間内の原点に点電荷 q が固定されているとする。また閉曲面 Σ を，原点を中心とする半径 r の完全な球面と仮定しよう。閉曲面 Σ に垂直な電場 $\boldsymbol{E}$ の成分を E_{n} とすると，Σ を通る電場の総量は

$$\iint E_{\mathrm{n}}\mathrm{d}S \tag{2.83}$$

で表される。いま，閉曲面Σを半径rの完全な球面と仮定しているから，その表面積は$4\pi r^2$となる。したがって，式(2.83)は

$$\iint E_{\mathrm{n}}\mathrm{d}S=4\pi r^2 E_{\mathrm{n}} \tag{2.84}$$

となる。ここで，球面Σ上，つまり原点からrの距離での電場$\boldsymbol{E}$は，すべて球面Σに垂直方向を向いていて，原点の電荷をQとすると電場$\boldsymbol{E}$の大きさは

$$E=E_{\mathrm{n}}=\frac{Q}{4\pi\varepsilon_0 r^2} \tag{2.85}$$

である。これを使えば，式(2.84)は

$$\iint E_{\mathrm{n}}\mathrm{d}S=\frac{Q}{\varepsilon_0} \tag{2.86}$$

と書いてよいことになる。

また，球内部の電荷が原点の電荷Qのみとすると，この球の内部の電気量Qは，電荷密度ρの電荷分布を球内部の領域全体で積分したものに等しいから，

$$Q=\iiint \rho(x,\,y\,,z)\mathrm{d}V \tag{2.87}$$

の関係も成立している。したがって，式(2.86)と式(2.87)とから，

$$\iint E_{\mathrm{n}}\mathrm{d}S=\frac{1}{\varepsilon_0}\iiint \rho\mathrm{d}V \tag{2.88}$$

という関係式が得られる。この式（2.88）は，密度 ρ で球内に分布した電荷と，そこから発せられる電場 $\boldsymbol{E}$ とを関係付ける物理法則で，**ガウスの法則**と呼ばれている。ガウスの法則とは，ベクトル解析の知識を使って，クーロンの逆自乗則を焼き直した法則ということになる。

ガウスの定理とガウスの法則は全く別のものです。しかし実情としては，ガウスの法則のことを「電気力線に関するガウスの定理」などと呼ぶ慣習もあり，ややこしいところです。電磁気学の本で「ガウスの定理」という言葉が登場した際には，どちらのことを指しているのか注意しながら読み進める必要があります。

ここでガウスの定理を登場させよう。式 (2.81) を使うと，

$$\iint E_{\mathrm{n}}\mathrm{d}S = \iiint \mathrm{div}\,\boldsymbol{E}\mathrm{d}V \tag{2.89}$$

が成り立つことがわかる。式（2.89）を使って，ガウスの法則の式（2.88）の左辺を書き直すと，

$$\iiint \mathrm{div}\,\boldsymbol{E}\mathrm{d}V = \frac{1}{\varepsilon_0}\iiint \rho\mathrm{d}V \tag{2.90}$$

が得られる。よって，上の被積分関数同士は

$$\mathrm{div}\,\boldsymbol{E} = \frac{\rho}{\varepsilon_0} \tag{2.91}$$

という関係を満たしている必要がある。式（2.91）が，**微分形のガウスの法則**と呼ばれているものである。式（2.91）のどこが微分かというと，左辺の div がベクトルの微分演算を

意味しているからです。

要するに，式（2.91）は，ガウスの法則（ひいてはクーロンの法則）を別の表現で書いたものにすぎないが，これはマクスウェル方程式で有名なジェームズ・クラーク・マクスウェル（1831-79）によって，1865年に発表されたものだ。実を言うと，式（2.91）は電磁気学の基本方程式である，4個のマクスウェル方程式のうちの1個になっている。

2.5 ストークスの定理で免許は皆伝

◆ストークスの定理は回転の定理

ガウスの定理は，別名「ガウスの発散定理」ともいわれる。次のストークスの定理は，これに対して「回転定理」とでも呼べるでしょう。

積分には面積分と体積分のほかに，線積分というものがある。ベクトル $\boldsymbol{A}$ の線積分というのは，

$$\int_{\Gamma} \boldsymbol{A} \cdot \mathrm{d}\boldsymbol{s} \tag{2.92}$$

などと書かれるものである。この式の Γ（ガンマ）は積分経路を表し，その意味は，ベクトル $\boldsymbol{A}$ の（接線ベクトルとの）内積を経路 Γ に沿って積分せよという意味です。ここでは $\mathrm{d}\boldsymbol{s}$ が線（曲線）の微小部分となっています。もしも $\boldsymbol{A}$ が力を表すなら，

スカラー積 $\boldsymbol{A}\cdot\mathrm{d}\boldsymbol{s}$ は仕事であるから，この線積分は経路 Γ に沿った仕事の総量を表すことになる。

この積分経路 Γ がもし閉じた形をしている場合，つまり 1 周するともとの位置に戻ってくる場合には，積分記号に丸印をつけた $\oint$ という記号を使って

$$\oint_{\mathrm{C}} \boldsymbol{A}\cdot\mathrm{d}\boldsymbol{s} \tag{2.93}$$

と書くのが一般的です（経路の名前はＣと改めた）。こういう閉じた形の線積分を**周回積分**という。積分の中身のスカラー積 $\boldsymbol{A}\cdot\mathrm{d}\boldsymbol{s}$ は，ベクトルの成分 A_x，A_y，A_z などを用いて

$$\oint_{\mathrm{C}} \boldsymbol{A}\cdot\mathrm{d}\boldsymbol{s}=\int_{\mathrm{C}}(A_x\mathrm{d}x+A_y\mathrm{d}y+A_z\mathrm{d}z) \tag{2.94}$$

と書き直すことができるのはもちろんです。

積分記号が $\oint$ になったり $\int$ になったりしてわずらわしいですが，閉経路Ｃの全体を考えるときは丸印のついた $\oint$ になり，3 成分に分解して考えるときは丸印の外れた $\int$ になると思ってください。

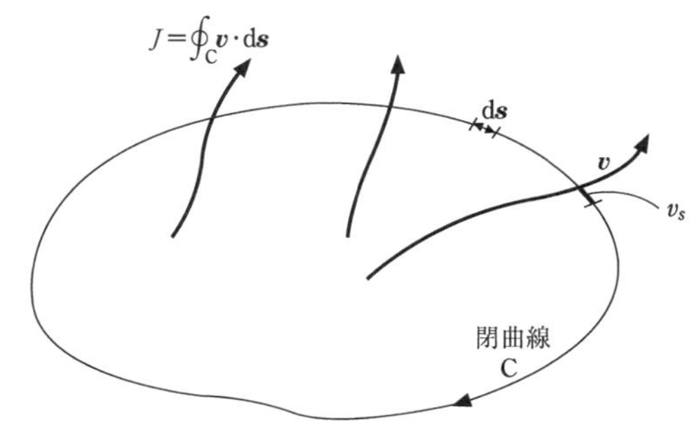

図 2-21　閉曲線と循環

話変わって，次に速度 $\boldsymbol{v}$ で進んでいるある流体を考えよう（図 2-21）。この流体の速度ベクトル $\boldsymbol{v}$ について，任意の閉曲線Cに沿って線積分した値は**循環**と呼ばれる。つまり，循環を J とすると J は

$$J=\oint_{\mathrm{C}}\boldsymbol{v}\cdot\mathrm{d}\boldsymbol{s} \tag{2.95}$$

で表される。式 (2.94) にならって，$\boldsymbol{v}\cdot\mathrm{d}\boldsymbol{s}$ を成分に分けて書くと

$$\boldsymbol{v}\cdot\mathrm{d}\boldsymbol{s}=v_x\mathrm{d}x+v_y\mathrm{d}y+v_z\mathrm{d}z \tag{2.96}$$

となる。

以上のことを念頭において，式 (2.95) で表される循環を考えてみよう。ここでも問題を簡単にするために，2 次元の閉曲面を考えて具体的に計算してみることにする。図 2-22 をご覧いただきたい。ここで，閉曲面 ABCD に沿った $\boldsymbol{v}$ の循環を考えると，循環 J は積分の性質から

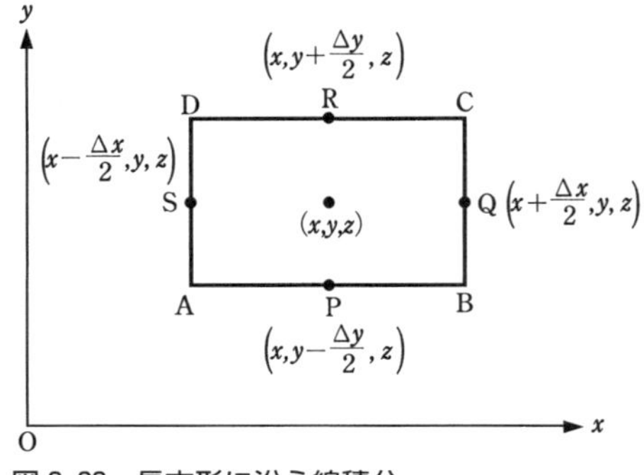

図 2-22　長方形に沿う線積分

$$J=\oint_{\mathrm{C}} \boldsymbol{v}\cdot \mathrm{d}\boldsymbol{s}=\sum_{i=1}^{4} v_i \Delta s_i \tag{2.97}$$

と書ける。ここで，v_i と s_i はそれぞれ，図 2-22 に示す閉曲線 ABCD の各区間における速度成分と，その区間の距離である。式（2.97）の右辺ではこれらの成分をすべて足し合わせてある。

周回積分では，閉曲線 ABCD を反時計回りに 1 周する経路を考えることになっている（右向きをプラス，左向きをマイナス，上向きをプラス，下向きをマイナス）。したがって，式（2.97）の右辺を，Σ 記号（総和記号）を使わずにひとつひとつ書くと，

$$\begin{aligned}\sum_{i=1}^{4} v_i \Delta s_i &= v_x(\mathrm{P})\Delta x + v_y(\mathrm{Q})\Delta y - v_x(\mathrm{R})\Delta x - v_y(\mathrm{S})\Delta y \\ &= \{v_x(\mathrm{P}) - v_x(\mathrm{R})\}\Delta x + \{v_y(\mathrm{Q}) - v_y(\mathrm{S})\}\Delta y \end{aligned} \tag{2.98}$$

となる。ここで，P，Q，R，S は図 2-22 に示すように，それぞれ AB，BC，CD，DA の中点である。P，Q，R，S の座標をあらわに書くことにすると，式（2.98）は

$$\begin{aligned}\sum_{i=1}^{4} v_i \Delta s_i = &\left\{v_x\left(x,\, y-\frac{\Delta y}{2},\, z\right) - v_x\left(x,\, y+\frac{\Delta y}{2},\, z\right)\right\}\Delta x \\ &+ \left\{v_y\left(x+\frac{\Delta x}{2},\, y,\, z\right) - v_y\left(x-\frac{\Delta x}{2},\, y,\, z\right)\right\}\Delta y \end{aligned} \tag{2.99}$$

となる。この右辺に，一般的な偏微分の次の定義式

$$\lim_{\Delta x \to 0} \frac{f\left(x+\dfrac{\Delta x}{2}, y, z\right)-f\left(x-\dfrac{\Delta x}{2}, y, z\right)}{\Delta x}=\frac{\partial f}{\partial x} \quad (2.100)$$

などを適用すると，式（2.99）は次のように書き直せる。

$$\begin{aligned}\sum_{i=1}^{4} v_i \Delta s_i &= -\frac{\partial v_x}{\partial y}\Delta y \Delta x+\frac{\partial v_y}{\partial x}\Delta x \Delta y \\ &= \left(\frac{\partial v_y}{\partial x}-\frac{\partial v_x}{\partial y}\right)\Delta x \Delta y=(\mathrm{rot}\,\boldsymbol{v})_z \Delta x \Delta y \qquad (2.101)\end{aligned}$$

ここで，$(\mathrm{rot}\,\boldsymbol{v})_z$ は，ベクトル $\mathrm{rot}\,\boldsymbol{v}$ の z 成分を表す。$\mathrm{rot}\,\boldsymbol{v}$ はベクトルだが，$(\mathrm{rot}\,\boldsymbol{v})_z$ はベクトルの成分の1つなので，スカラー量であることに注意してほしい。

長方形 ABCD の面積を ΔS とすると $\Delta S=\Delta x \Delta y$ なので，式（2.101）の最後の式はさらに次のように書き直せる。ここで，$\boldsymbol{n}$ は微小面 ABCD に垂直な単位ベクトル（法線ベクトル）とする。

$$(\mathrm{rot}\,\boldsymbol{v})_z \Delta S=\boldsymbol{n}\cdot \mathrm{rot}\,\boldsymbol{v} \Delta S$$

なぜこのような書き換えができるかというと，今の場合，長方形 ABCD が x-y 平面内にあることを思い出してほしい。x-y 平面に垂直な法線ベクトル $\boldsymbol{n}$ とは，z 方向の単位ベクトルに他ならないのです。この $\boldsymbol{n}$ を利用すれば，$\mathrm{rot}\,\boldsymbol{v}$ の z 成分 $(\mathrm{rot}\,\boldsymbol{v})_z$ は，$\boldsymbol{n}$ と $\mathrm{rot}\,\boldsymbol{v}$ とのスカラー積として表すことができるわけです。

すなわち，$\sum_{i=1}^{4} v_i \Delta s_i = \boldsymbol{n} \cdot \mathrm{rot}\, \boldsymbol{v}\, \Delta S$ が成り立つことになる。これを踏まえて式（2.97）に立ち戻れば，微小長方形ABCDでの循環 J は

$$J = \oint_{\mathrm{C}} \boldsymbol{v} \cdot \mathrm{d}\boldsymbol{s} = \boldsymbol{n} \cdot \mathrm{rot}\, \boldsymbol{v}\, \mathrm{d}S \qquad (2.102)$$

と書かれることになる。

ここで注意すべきことは，式（2.102）を導く過程では，x-y 平面上に置かれた微小長方形という特別な面しか考えてこなかった。実際の問題に対応させるには，より一般に，3次元空間内の閉曲線Cを縁（ふち）とする，任意の曲面Sを考える必要がある。

曲面Sの形は任意だから，途方もないグニャグニャの形かもしれない。原理的にはどんな形でも許されるが，限りなく小さい長方形を無限個貼り合わせていけば，どんなグニャグニャの曲面Sでも表しうると思ってよい（この操作がいわゆる積分である）。

したがって，速度ベクトル $\boldsymbol{v}$ の任意の閉曲線Cにおける循環は，面積が $\mathrm{d}S$ から S になるから，式（2.102）の右辺に面積分の記号をかぶせて，

$$J = \oint_{\mathrm{C}} \boldsymbol{v} \cdot \mathrm{d}\boldsymbol{s} = \iint_{\mathrm{S}} \boldsymbol{n} \cdot \mathrm{rot}\, \boldsymbol{v}\, \mathrm{d}S \qquad (2.103)$$

と書くことができる。積分記号が二重に重なっているのは，面積について積分するという意味を表している。積分記号1つで $\int_{\mathrm{S}}$ と書くこともある。

式（2.103）を書き直し，$\boldsymbol{v}$ の代わりに一般のベクトル $\boldsymbol{A}$ を使うと，周回積分と面積分との間に

$$\oint_{\mathrm{C}} \boldsymbol{A} \cdot \mathrm{d}\boldsymbol{s} = \iint_{\mathrm{S}} \boldsymbol{n} \cdot \mathrm{rot}\, \boldsymbol{A}\, \mathrm{d}S \qquad (2.104)$$

という関係式が成り立つことがわかる。これが**ストークスの定理**と呼ばれるものです。一般のベクトル $\boldsymbol{A}$ で表したのは，式（2.104）の $\boldsymbol{A}$ に電場 $\boldsymbol{E}$ が入ろうと磁場 $\boldsymbol{B}$ が入ろうと，あるいは力 $\boldsymbol{F}$ が適用されようとも，つねに成り立つからである。この一般性こそが，ベクトル解析で大きな威力を発揮するのです。

ベクトル $\boldsymbol{A}$ にどんな物理量が代入されるかによって変わってくるのは，循環 J の値である。例えば，$\boldsymbol{A}$ に重力 $m\boldsymbol{g}$ を代入すれば循環の値は必ず 0 になる（循環が 0 になるような力を**保存力**という）が，磁場 $\boldsymbol{B}$ を代入すれば，循環は磁場の中心に通っているはずの電流に関係した値になる。循環の値が 0 になるか否かは，その物理量の特徴を表していて面白い。

◆電気の世界の偉人伝説

そうなのか，楽ではないの 天才（ファラデー）も
人に知られず涙の努力を！

ストークスの定理が活躍する場としては，どうしてもファラデーの電磁誘導の法則をご紹介しておきたい。

英国の物理学者マイケル・ファラデー（1791-1867）といえば，電気工学の父・電気化学の父と呼ばれる大科学者だ。電気分解の法則の発見，モーターの発明，電磁誘導の発見……などなどの，科学史の１ページどころか何ページも書けるような業績を残している。

ファラデー

COLUMN

ファラデーの人物像

ファラデーにはいくつもの実績があるのだから，威張っていようが尊大であろうが不思議ではない。実際，ニュートンはあまり良い人柄ではなかったというし，これら偉人の万分の一の研究成果しか挙げていなくても，現実に威張っている人は目に余るほどいる（？）。しかし，われらのファラデーは，実に穏やかな思いやりのある人だったと言われている。

ファラデーは，晩年は研究のかたわら，一般大衆に科学をやさしく解説することに努めた。子供向けのクリスマス講演をまとめた『ロウソクの科学』（邦訳は角川書店など数社から出ている）は，科学史上の名著の１つである。

とはいえ，ファラデーも何もしないで自然に聖人君子になったのではないらしい。こんな手紙が残っている。少し長くなるが，以下に引用しよう。

《親愛なるチンダル*，

---

*　ジョン・チンダル（1820-93）。英国の物理学者で，ファラデーの直弟子にあたる。「チンダル現象」の発見者として有名。

全体としてはたいへん素晴らしい，こういった立派な学会は，科学者が集い，互いを知り，仲良くなることで，科学を発展させるものでありますが，必ずしもそうでない場合があるのを残念に思います。会議の記録を自分ではまだ見ていませんので，あなたが私に話してくれたこと以外は，何も知りません。こんな齢になると嫌でも経験に富んできますから，年寄りの言葉として聞いて下さい。若かった頃，私は他人の意図をしばしば誤解し，当時彼らが考えていると私が思っていたことが，実は当たっていなかったことに，後で気付くことがありました。さらに，言回しが腹立たしいときには，ゆっくり反応し，逆に好意的なことにはすぐさま反応する方が，たいていの場合良いと気がつきました。本当の真実は究極には必ず浮かび上がってくるものです。もし相手が間違っているのなら，威圧的によりは控え目に対していた方が，説得しやすいでしょう。私が言いたいのは，パルチザンの結果には目をつぶり，善意は素早く見つける方が良いということなのです。平和をつくるための努力をした方が，幸せでいられます。理不尽に傲慢に反対されたと私が感じたとき，どれほど私が腹の中では煮えくり返っているか，ほとんど想像ができないでしょう。しかし私は，努力して，似たようなたぐいのことを言い返さないようにしています。成功しているといいのですが。それによって負けたことはありません。こんなことをあなたにいうのは，わたしはあなたが真の哲学者で友人だと思っているからなのです》（出典：J・M・トーマス著／千原秀昭・黒田玲子訳『マイケル・ファラデー　天才科学者の軌跡』東京化学同人，1994年，pp. 131-132）

チンダルは後年，このような師ファラデーを評して次のように述べている。

《ファラデーの穏やかな，思いやりのある愛らしい性格については多くが語られている。これはどれも間違ってはいない。しかし，不完全極まりない。強い性格を上にあげた要素に分解することはできない。ファラデーの性格に“穏やかな”とか“優しい”といった形容詞とはそぐわない力強さが備わっていなかったなら，それほど賞賛には値しない性格だっただろう。愛らしい優しい性格の下に，火山の熱があった。彼は興奮しやすい火のような性格の男であった。しかし，修養がよくできていたために，この炎を一時的な激情として浪費してしまうことなく，中心的な輝き，命の原動力に変えることができた。賢人いわく，「怒るに遅き人は力強き人よりも偉大であり，自らの精神を抑制できる人は街を征服する人よりも偉大である」 ファラデーは怒るに遅き人ではなかったが，自らの精神を完全に抑制することができた。かくして，街を征服したことはなかったが，人々の心を征服したのだった》（前掲書，pp. 124-125）

後年のファラデーは人格的にも磨きのかかった素晴らし

い人物であったのは確かだが，はじめから聖人君子というわけではなかったようだ。同時に，彼の数々の発見も，長年の努力と忍耐の結果のように思われる。

ちなみに，ファラデーは実験は大の得意だったが，数学は苦手だったらしい。親しみを感じますね！　私たちが教室で習うファラデーの法則は，のちにドイツの物理学者フランツ・エルンスト・ノイマン（1798–1895）によって定式化されたものだそうです。

ファラデーの数々の業績の中でも，とびきり凄いのが電気と磁気の相互作用，いわゆる電磁誘導の発見だ。とびきり凄いというゆえんは，この人が電磁誘導を見つけなければ，現代社会の原動力ともいうべき電気技術は1つも機能しないからである。

電磁誘導とは，ご存知のとおり，導線を巻いたコイルの近くで磁石を動かすと，導線に電流が流れるというものである。

ファラデー以前にも，電流のまわりに磁気が生まれる現象（電流の磁気作用）が，デンマークのハンス・エルステッド（1777–1851）によって発見されていた。導線の上に磁針を置き，導線に電流を流すと磁針が振れるという実験である。いわば，ファラデーの電磁誘導は，その逆の現象になっている。しかし，このあとで述べるように，単純に逆というわけではない！

ファラデーを電磁誘導の発見に導いた先人としては，そのエルステッドのほか，フランスのアンドレ＝マリ・アンペール（1775–1836），そしてビオ（1774–1862）とサバール

(1791-1841) を挙げないわけにはいかない。

アンペールは，2本の導線を平行に並べて置き，同じ方向に電流を流すと導線同士は引き合い，反対方向に電流を流した場合は，導線は反発し合うことを発見した。アンペールの法則である。

電流の単位のアンペア（A）という名前は，もちろん，この実験にちなんで付けられています。アンペールはフランス人ですが，アンペールの英語読みがアンペアです。

ビオとサバールもまた，こうした電流の磁気作用に注目し，これを数学の言葉を使って表現することに成功した。それが今日，ビオ-サバールの法則と呼ばれている。これはファラデーの電磁誘導の発見ともつながりがあるので，少し詳しく見ておこう。

ビオ-サバールの法則は，1820年の論文に発表された。ビオらとは独立にアンペールも，7年後の1827年に，ビオ-サバールの法則と数学的に同等なアンペールの法則を発見している。

図2-23に示すように，大きさ I の電流が x 軸に沿って流れていると，電流はその周囲に磁場を発生させる。磁場の強さと向きは，ベクトル $\boldsymbol{B}$ に比例する物理量です（$\boldsymbol{B}$ は磁束密度と呼ばれる）。

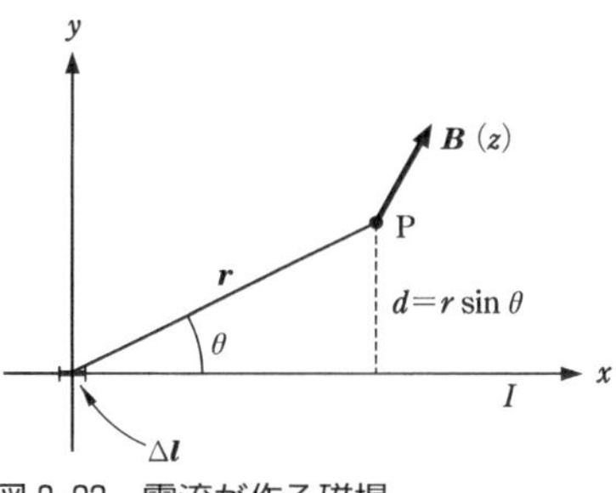

図2-23　電流が作る磁場

ビオとサバールは，この磁束密度 $\boldsymbol{B}$ の変化が，ある数式で表されることを突き止めた。すなわち，電流が流れている導線の微小部分 $\Delta\boldsymbol{l}$ から距離 $\boldsymbol{r}$ だけ離れた位置Ｐで，磁束密度 $\Delta\boldsymbol{B}$ を測定すると，$\Delta\boldsymbol{B}$ は

$$\Delta\boldsymbol{B}=\frac{\mu_0 I}{4\pi}\frac{\Delta\boldsymbol{l}\times\boldsymbol{r}}{r^3} \tag{2.105}$$

のようになるというものです。μ_0 は真空の透磁率という物理定数です。式（2.105）を，ビオ-サバールの法則という。

点Ｐへ向くベクトル $\boldsymbol{r}$ は，図 2-23 に示すように，x 軸と θ の角度をなしている。これを考慮して，式（2.105）を平易に書き直してみよう。式（2.105）の $\Delta\boldsymbol{l}\times\boldsymbol{r}$ は，いうまでもなくベクトル積ではあるが，2 つのベクトルのなす角は θ だから

$$\Delta\boldsymbol{l}\times\boldsymbol{r}=(\Delta l r\sin\theta)\boldsymbol{k}$$

と書くことができる。$\boldsymbol{k}$ というのは，もちろん z 軸向きの単位ベクトルを表している。したがって，ビオ-サバールの法則の式（2.105）は，教科書によってはベクトル記号を使わないで

$$\Delta B=\frac{\mu_0 I}{4\pi}\frac{\Delta l\sin\theta}{r^2} \tag{2.106}$$

とも書かれている場合もある。なお，この式（2.106）は磁場の強さを示しているだけで，方向が示されていない。この式で磁場の向きを指定する $\boldsymbol{k}$ は消えているが，この場合は磁場の向きは z 軸向きに決まっているから省略してあるようです。

注意しておきたいのは，式（2.105）にせよ式（2.106）にせよ，導線の非常に短い部分 $\Delta \boldsymbol{l}$ が作る磁場しか示していないということです。ある程度の長さをもつはずの実在の導線に対して，この式はそのままでは役に立たない。ビオとサバールは，そこのところはよく考えていて，長さのある導線にもビオ-サバールの法則が適用できるように，解析学（微分積分）の手法を使っている。つまり，微小部分を拡張するためには，これを導線全体について積分すればよいという手法をとっている。

ちょっとだけ 数学 2-6

前ページの図 2-23 を見て，点 P における磁場 $\boldsymbol{B}$ の強さと方向を求めてみましょう。

［答え］ 電流 I から発生する磁場 $\boldsymbol{B}$ は，図 2-23 の $\Delta \boldsymbol{l}$ の部分からだけではなく，電流の流れているすべての部分から発生している。そこで，点 P における磁場 $\boldsymbol{B}$ を求めるには，電流経路（導線）のすべての部分から発生する磁場を寄せ集めなければならない。したがって，点 P での磁場の大きさは，式（2.106）を l のすべてにわたって積分して

$$B=\frac{\mu_0 I}{4\pi}\int_{-\infty}^{\infty}\frac{\sin\theta}{r^2}\mathrm{d}l \qquad (2.107)$$

で与えられる。積分範囲を無限大としたのは，実験で磁場を測る場所の範囲 r に比べて，実験に使う導線の全長がきわめて長いという意味です。

今の場合，電流 I は x 軸上を流れているので，図 2-23

を見れば，x 軸上から点 P までの直線距離は $d=r\sin\theta$ となる。また，電流が x 軸上を流れていることから $\mathrm{d}l=\mathrm{d}x$ という関係になるので，$\sin\theta=d/r$ とあわせて考えると，式（2.107）は次のように

$$B=\frac{\mu_0 I}{4\pi}\int_{-\infty}^{\infty}\frac{d/r}{r^2}\mathrm{d}x=\frac{\mu_0 Id}{4\pi}\int_{-\infty}^{\infty}\frac{1}{r^3}\mathrm{d}x$$

$$=\frac{\mu_0 Id}{4\pi}\int_{-\infty}^{\infty}\frac{1}{(\sqrt{x^2+d^2})^3}\mathrm{d}x$$

$$=\frac{\mu_0 Id}{4\pi}\int_{-\infty}^{\infty}\frac{1}{(x^2+d^2)^{3/2}}\mathrm{d}x \tag{2.108}$$

となる。式（2.108）の積分は少しやっかいだが，$x=d\tan\alpha$ とおいて積分変数を x から α に変更すると，

$$\mathrm{d}x/\mathrm{d}\alpha=d(1+\tan^2\alpha),\quad (x^2+d^2)^{3/2}=d^3(1+\tan^2\alpha)^{3/2}$$

になる。あとは，式（2.108）に代入して整理すれば

$$B=\frac{\mu_0 Id}{4\pi}\int_{-\pi/2}^{\pi/2}\frac{d(1+\tan^2\alpha)}{d^3(1+\tan^2\alpha)^{3/2}}\mathrm{d}\alpha$$

$$=\frac{\mu_0 I}{4\pi d}\int_{-\pi/2}^{\pi/2}\frac{1}{\sqrt{1+\tan^2\alpha}}\mathrm{d}\alpha$$

$$=\frac{\mu_0 I}{4\pi d}\int_{-\pi/2}^{\pi/2}\cos\alpha\,\mathrm{d}\alpha=\frac{\mu_0 I}{4\pi d}[\sin\alpha]_{-\pi/2}^{\pi/2}=\frac{\mu_0 I}{2\pi d} \tag{2.109}$$

と計算できる。積分範囲を $-\pi/2$ から $\pi/2$ までに変更したのは，変数を長さ l から角度 α に変えたためで，$\alpha=\pi/2$，$\alpha=-\pi/2$ ならば，l は無限遠方に伸びる。結局，磁場の強さは導線と点 P との間の最短距離 d に反比例した値になる。

磁場 $\boldsymbol{B}$ の向いている方向ですが，これはベクトル積 $\Delta\boldsymbol{l}\times\boldsymbol{r}$ の方向，つまり，$\Delta\boldsymbol{l}$ と $\boldsymbol{r}$ の両方に垂直になることを思い出せばよい。右ネジの法則を考えてもよい。い

ずれにしても，磁場の方向は z 軸方向を向いている。

さて，話をファラデーに戻そう。ファラデーもまた，エルステッドの発見した電流の磁気作用に大変な興味を抱いた。

ファラデーのみならず，当時のヨーロッパの多くの科学者が，電流と磁気の謎の解明に乗り出し，さまざまな角度から研究を始めていた。ファラデーと同じ英国に生きたスタージャン（1783-1850）という人もその１人だ。スタージャンは，エルステッドの発見から５年後の 1825 年に，電磁石を発明したことで有名である。

輪の形に巻いた絶縁導線（外から余計な電流が流れ込むのを防ぐために，絶縁体で覆った導線。エナメル線など）に電流を流すと，磁気が発生し，磁石のような働きをする。これがご存知の電磁石である。

電磁石ができたとき，多くの人々は考えた。「電流から磁気が発生するのなら，磁気からも電流が発生するはずだ！」と。こう考えた研究者たちは，競（きそ）って様々な実験を試みた。しかしながら，導線の近くに磁石を置いておくだけでひとりでに電流が流れるほど，自然界は甘くはない。多くのアイデアが，生まれては消えていった。

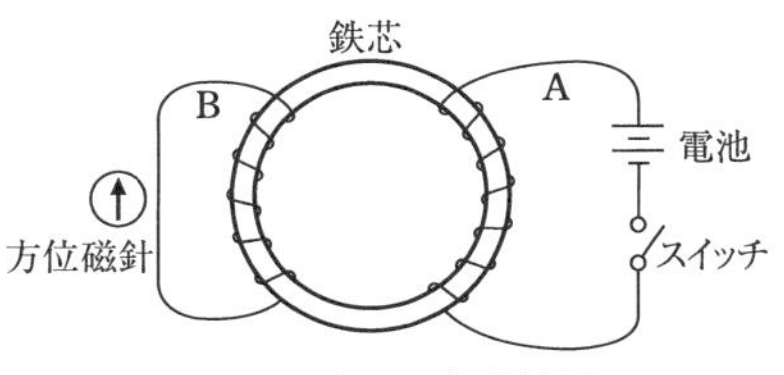

図 2-24　ファラデーの実験装置

ファラデーもまた，それらの人々と同様に実験を繰り返し，電気と磁気の謎に挑んだ。そして10年余の苦闘の末，1831年の夏，独自の着想のもとに実験装置を作り上げる。それは図2-24に示すような，簡単なものだ。

鉄の輪っかの右半分に絶縁導線Aを何回も巻きつけてあり，導線の端には電池とスイッチがついている。また，輪の左半分には導線Bを巻きつけて，その端では，導線を循環して電流が流れるように，端と端とをしっかりと結び付けている。そして，もしこの導線Bに電流が流れたときには，Bのそばに置かれた方位磁針が，それを敏感に検知するという仕掛けだ（現代的に言えば，この磁針は検流計に相当する）。

ファラデーの考えは，「導線Aに電流が流れていれば，磁場が存在する。その影響が導線Bに現れて，Bにも電流が流れるのではないか？」というものであった。

磁針が南北を指すのは当然だが，近くで電流が流れていれば話は別だ。エルステッドの発見のとおり，電流から生じている磁場によって，実験装置に置いた磁針の向きは，南北からずれた方角を指すはずなのだ。

準備を整えたファラデーは実験を開始した。しかし，導線Aに電流を流したまま，待てど暮らせど，導線Bの脇に置いた磁針は，スイッチを入れる前と少しも違わない。目を皿のようにして観察しても，磁針はいつまでも南北を指したままである。ファラデーはがっかりした。「仕方がないな」と思いつつ，彼はスイッチを切った。

そのときである。スイッチを切った瞬間，ファラデーには磁針が少し動いたような気がした。ファラデーはその一瞬を見逃さなかった。「実験机が揺れたのか？」と思いつつも，ファラデーは試しにスイッチをもう一度入れてみることにした。

今度は，スイッチを入れるその瞬間から，ファラデーは磁針を凝視していた。と，どうだろう……磁針は確かに振れたのだ！

不思議なことには，磁針は一瞬振れるだけで，すぐにもとに戻ってしまう。導線Aには電流が流れ続けているにもかかわらず，磁針は以前と同じように南北を指したままなのである。ファラデーはスイッチを開いたり閉じたりを繰り返し，確かな事実をつかんだ。

- **導線Bに電流が流れるのは，スイッチが入る瞬間と切れる瞬間だけである。**
- **スイッチが入る瞬間と切れる瞬間とでは，針の振れる向きが逆である。**

ここからがファラデーの凄い所だ。ファラデーは，電流を発生させる原因は，磁力そのものというより，むしろ磁力の変化なのではないか——と気づいたのだ。どんなに強い磁場を与えても，磁場がただそこにあるだけでは電流を起こさない。それが時間的に変化して初めて，電流が発生するのだ。

ならば，とファラデーは考える。わざわざ電磁石で磁場を作らなくても，永久磁石を近づけたり離したりするだけで，磁場の強さは簡単に変化するではないか！

そこで，らせん状に巻いた導線（コイル）に棒磁石を出したり入れたりして，そのとき導線に電流が流れるかどうかを確かめる——という，この上なく単純な実験を彼は行った。今度の結果は狙いどおりであった。やはり，磁力の変化が，導線に電流を作り出すのだ。

ファラデーがその後考え出したアイデアは，磁力は「磁力線」によって表すと視覚的にわかりやすい，というものだった。すなわち，

「磁力によって導線に電流が流れるのは，磁力線が動いてきて（＝磁場の強さが時間的に変化して）導線を横切ったときだけである」

と解釈したのだ。

磁場とか電場とかの「場」という用語や，電気力線や磁力線といった「力線」の概念を初めて用いたのは，他ならぬファラデー自身です。

ファラデーは，「磁気の変化によって電流が流れる」ことを，磁力線の束，すなわち磁束 Φ の量が変化することで，電圧 V_{I} が生まれる，と解釈した。彼の結論は今日，**ファラデーの法則**（**電磁誘導の法則**）として，ほとんどそのまま受け入れられている。

磁束 Φ の時間変化が，電圧 V_{I} を生む（添え字の I は Induced，つまり誘導を意味する）。これが電磁誘導と呼ばれる現象である。式で書くと，

$$V_{\mathrm{I}} = -\frac{\mathrm{d}\Phi}{\mathrm{d}t} \tag{2.110}$$

というようになる。

この式の意味するところは，磁束 Φ の時間的な変化率は，その回路に生ずる起電力 V_{I} に等しいということです。何ら

かの原因（例えば磁石を近づけたり遠ざけたりすること）によって磁束が変化すると，その変化を妨げる向きに回路には電圧が生まれる。

いま，閉曲線Cに囲まれた曲面Sを磁束 Φ が貫いているとしよう（図2-25）。このとき，単位面積あたりの磁束の数，すなわち磁束密度を $\boldsymbol{B}$ で表すと，磁束 Φ は

$$\Phi=\iint_{\mathrm{S}} \boldsymbol{B} \cdot \mathrm{d}\boldsymbol{S} \qquad (2.111)$$

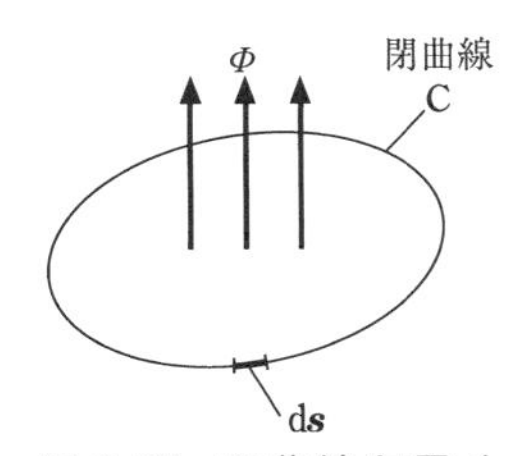

図 2-25　閉曲線を貫く磁束

と書くことができる。d$\boldsymbol{S}$ は微小面積 dS のベクトル表示で，その方向は面に対して垂直（法線方向）である。図2-25で見るとわかるとおり，微小面積 dS を貫く磁束はスカラー積 $\boldsymbol{B}\cdot\mathrm{d}\boldsymbol{S}$ となるので，曲面S全体を貫く磁束は，式（2.111）のような面積分となるわけです。

この Φ を，先の式（2.110）の右辺に代入すると

$$V_{\mathrm{I}}=-\frac{\mathrm{d}}{\mathrm{d}t}\iint_{\mathrm{S}} \boldsymbol{B} \cdot \mathrm{d}\boldsymbol{S} \qquad (2.112)$$

となるはずだ。しかし，ここでは $\boldsymbol{B}$ は多変数関数（x，y，z，t を変数にもつ）なので，t では微分するけれども他の変数では微分しないという意味で，偏微分を使って次のように書いたほうがよい。

$$V_{\mathrm{I}}=-\frac{\partial}{\partial t}\iint_{\mathrm{S}} \boldsymbol{B} \cdot \mathrm{d}\boldsymbol{S} \qquad (2.112')$$

一方，式（2.110）の左辺に見える起電力 V_{I} だが，閉曲線（つまり閉回路）Cに発生する電場を $\boldsymbol{E}$ とおくと，C全体での起電力は

$$V_{\mathrm{I}}=\oint_{\mathrm{C}}\boldsymbol{E}\cdot\mathrm{d}\boldsymbol{s} \tag{2.113}$$

となる。右辺に見える d$\boldsymbol{s}$ とは，閉曲線Cを非常に細かく分けたうちの一部である。したがって，上の積分記号は，閉曲線Cを1周して，$\boldsymbol{E}$ の和をとることを表している。

さてここで，いよいよストークスの定理に登場してもらおう。ストークスの定理は，式（2.112′）のような面積分と，式(2.113)に見る線積分とをつなぐ定理である。それによれば，閉曲線Cに対して成り立つ式（2.113）は，

$$\oint_{\mathrm{C}}\boldsymbol{E}\cdot\mathrm{d}\boldsymbol{s}=\int_{\mathrm{S}}\mathrm{rot}\,\boldsymbol{E}\cdot\mathrm{d}\boldsymbol{S} \tag{2.114}$$

と，rot$\boldsymbol{E}$ についての面積分に等しくなる。ここでSは閉曲線Cに囲まれた任意の曲面である。

式（2.114）は，式（2.113）に等しい。したがって，同じ V_{I} を表す式（2.112′）に等しい。ということで，

$$\int_{\mathrm{S}}\mathrm{rot}\,\boldsymbol{E}\cdot\mathrm{d}\boldsymbol{S}=-\int_{\mathrm{S}}\frac{\partial\boldsymbol{B}}{\partial t}\cdot\mathrm{d}\boldsymbol{S} \tag{2.115}$$

が成り立つ。この両辺の被積分関数を等しいとおいて

$$\mathrm{rot}\,\boldsymbol{E}=-\frac{\partial\boldsymbol{B}}{\partial t} \tag{2.116}$$

もまた成立する。ここでは，p.179で述べたように，積分記

号として簡単に $\int_S$ を使った。電磁誘導の法則をベクトルを使って表すと，このように簡潔になるのである。

実を言うと，式（2.116）も，式（2.91）のガウスの法則と同じく，電磁気学の基本方程式であるマクスウェル方程式の１つです。この式の述べるところは，磁力線の変化のまわりには回転する電気力線が生まれるということです。マクスウェル方程式はすべて（といっても４本だが），こうしてベクトルで表現されるのです。

さて，以上に述べてきたことはベクトル解析のほんの入り口ですが，ベクトル解析を自由自在に操(あやつ)ることができるようになれば，私たちは３次元のいろいろな現象を手中に収めることができそうだ！　こうなってくると，何だか自分も少しは頭が良くなったような気分になるから不思議である。

私たち現代人は，昔の人と比べるとたくさんのことを知っており，賢いと思っている。あえて声に出さなくとも，少なくとも内心ではそのように思っているに違いない。しかし，あに図(はか)らんや弟図るや，昔の人も偉かったのである。いまから１世紀も２世紀も前の人が，私たちにも扱いにくい３次元の世界をエレガントに表現する道具をすでに手にしていたとは，しかも，この道具を実際にあちこち使っていたとは……全くの驚きである。昔の人の賢さには舌を巻くばかりだ。

第 3 章

虚数は好奇の世界への入り口

大空を飛ぶ飛行機（ボーイング 777）。複素関数の理論は流体力学にも広く応用されており，飛行機はその大きな成果のひとつ。

複素関数

3.1 おとぎ話から虚数の世界へ

◆虚数の奇妙な面白さ

> 虚の世界　おとぎの国の話なの？
> それもあるけど　狙(ねら)うは数学

　複素数や複素関数には面白い話が多い。実に多い。それも奇妙な面白さなのだ。だからあるときにはおとぎの国へ行ったような気分にもなり，「数学にもなかなか乙(おつ)なものがあるなぁ」と思ったりする。

　さらに驚くべきことには，虚数とか複素関数といえば，単に数学のためだけの抽象的な道具だろうと思いきや，実はそうではなく，確かな実体を持って活躍しているのだという事実にぶち当たる。これは全くの驚きだが，硬い話の前に，まずはおとぎ話から始めよう。

◆アトムや電子の世界

　物質が非常に小さい原子(アトム)で構成されていることは読者の皆さんもご存知であろう。ここでは，おとぎ話に出てくる一寸法師，いや，それよりもずっとずっと小さくなった「ナノトム博士」にご登場願おう。かのジョージ・ガモフの名著『不思議の国のトムキンス』（邦訳は白揚社）のトムキンスさんではないが，ナノトム博士は小さな小さな原子の世界に潜(もぐ)り込むことができるのだ。

以下は，私とナノトム博士の会話の一部を収録したものである……と思ってください。

私：　原子の中はどうなってるんだろう？

ナノトム博士：　私は毎日原子の中に潜り込んでいるから何でも聞いてくれたまえ。原子がどうなっているかって？　よく聞いてくれました。原子は実に規則正しく並んでいるね。そのように規則正しく3次元に原子が無数に並んだものが，私たちが常日頃接している物質なんだね。原子が立体的に規則正しく並んだ物質は結晶という。

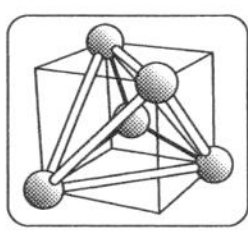
原子は，右上図のように正四面体を構成している

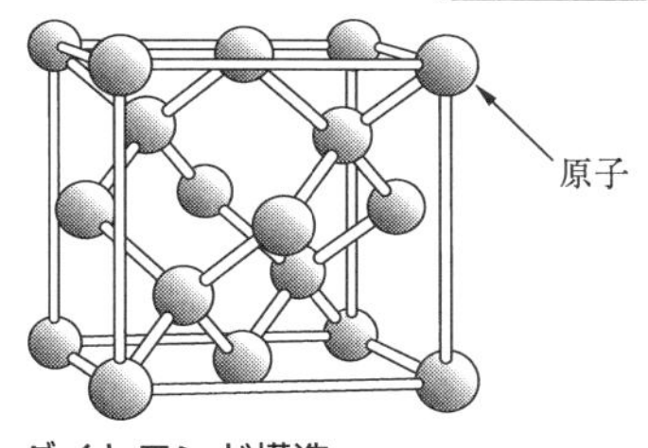
原子

ダイヤモンド構造

昨日は半導体のシリコンという材料の中に潜ったが，この中は原子が実にきれいに並んでいたので感動してしまった。先だって，ピカピカ光る宝石のダイヤモンドに潜ったが，不思議なことにシリコンの中とそっくりだったね。

シリコンもダイヤモンドも結晶構造は同じで，各原子はお互いに1つの原子を中心として，これを囲む4個の隣の原子たちが正四面体のような形をしています。これをダイヤモンド構造と呼びます。強固で対称性のよい結合です。

私：　へえー！　物質の中では，そんなに規則正しく原子が並んでいるの？　私も一度結晶の中に潜ってみたいものだ。ところで，他に何か面白いことはなかったんですか？

ナノトム博士：　そうだね。面白いことだらけだが，特に面白いことと言えば，原子が動いていることだね。原子（アトム）は１つ１つが振動しているんだ。この間，アトムのみんなに聞いてみたんだが，彼らは年がら年中一時（いっとき）も止まることなく動いて（振動して）いるんだそうだ。彼らも時には休みたいんだが，休めないんだとこぼしていたよ。

私：　年がら年中ということは，土曜日も日曜日もないということかなあ。それは大変だ。そんなにいつ何どきも動いているとなると，大量のエネルギーが必要だと思うけど，それはどうなっているんですか？

ナノトム博士：　エネルギー源？　いいところに気づいたね。教えてあげよう。エネルギー源は温度 T だよ。この T にボルツマン定数 k を掛けた kT が，エネルギーになる。

エネルギー kT は温度 T とともに低くなるから，温度が下がるとアトムたちの振動もだんだん緩やかになる。いつだったか，液体ヘリウム温度（−270℃）の結晶に潜ったときには，やけにみんな物静かだったな。それでも，何だかそわそわと落ち着かないようにアトムたちは始終振動はしていたよ。

私：　温度 T がどんどん下がって，ゼロ，つまり絶対零度（0 K＝−273.15℃）になって初めて，アトムたちは静止して休むことができるわけですね。

ナノトム博士：　君，鋭いね。ところがどっこい，不思議なことに，たとえ絶対零度になってもアトムたちの振動は止まらないんだ。先日もアトムたちはこぼしていたものだね。「僕たちには永久に休息はないんです。これもハイゼンベルクという学者が，何だか大した原理を発見したせいだとか。まったく，ハイゼンベルクを恨（うら）みますよ！」と。

私：　あれ？　温度 T がゼロなら，エネルギーは kT だからゼロになるはずだよね。エネルギーの供給もないのに，原子が振動し続けるなんておかしいじゃないですか。もう少し説明してほしいなあ。

ナノトム博士：　絶対零度でも原子が停止しないで振動し続ける現象は，**ゼロ点振動**と呼ばれているんだが，聞いたことはないかい？

私：　初耳です。エネルギーがゼロで振動できるなんて，とても僕には理解できない。

ナノトム博士：　自然界の粒子は完全に静止することができない，という原理があるんだ。この原理は，アトムたちの恨みを買っていた，ハイゼンベルク先生が発見したものだ。

今の場合，原子の振動が完全に止まるということは，振動の速度を v_x とすると，$v_x=0$ になるということだね。だからこのとき，速度の変化 Δv_x も 0 だね。また，振動をやめた原子は静止しているから，原子の位置を x とすると，位置の変化 Δx も 0 になるね。

つまり，原子が静止しているときには，原子の位置や速度にはわずかの変化もないわけだね。だから，Δv_x と Δx との積は $\Delta v_x \Delta x=0$ であるはずだ。

私：　原子が静止していれば，Δv_x も Δx も 0 になるのは当然だけど，なぜそんなことを急に言い出したんです？

ナノトム博士：　鋭い君のことだ，そう来ると思ったよ。これがハイゼンベルク先生の発見なんだが，原子などの自然界の粒子は，次の関係式

$$\Delta p_x \Delta x \geqq \frac{\hbar}{2} \qquad (3.1)$$

を満たさなければならない，という法則があるんだ。ここで p_x は粒子の運動量（の x 成分，すなわち粒子の質量を m として $p_x = mv_x$），x はもちろん粒子の位置だ。

$\hbar$ というのはプランク定数 h を 2π で割ったもの（$\hbar = h/2\pi$）で，その値は 1.05×10^{-34}[J・s]という，非常に小さい値だ。だが，アトムたちの世界では，この小さいプランク定数が決して無視できず，もろに効いてくるんだ。

私： プランク定数がもろに効くと，どうして原子が静止できないことになるのだろう？

ナノトム博士： つまり，上の関係式（3.1）において，$\hbar$ が決してゼロではない。さらに，「ゼロに限りなく近いから無視できる」という，いつもの近似も使えない。

粒子の運動量――ひいては，粒子の運動速度――と粒子の位置との両方に，つねに変化がある。このことを，ハイゼンベルク先生は自然界の大原則として提唱したんだ。これを**ハイゼンベルクの不確定性原理**という。

こういうわけで，原子の振動は絶対零度になっても止まらない。アトムたちには永久に休みがないというわけさ。

私： へえ，そういうものですか。しかし，絶対零度なんて状態は実験では作れないでしょう？　実験で証明したわけでもないのに，自然界の大原則だなんて，何だか眉唾（まゆつば）に聞こえますね。

熱力学の理論によると，物質の温度は絶対零度に限りなく近づくことはできても，絶対零度にたどり着くことは不可能と考えられています。

ナノトム博士：　ハイゼンベルク先生が，純粋に思考実験から不確定性原理を導き出したのは確かだが，しかし……その後のさまざまな実験で，不確定性原理を認めないと，どうにも実験結果を説明できないことが明らかになっているはずで……。

私：　そのハイゼンベルク先生とは会えなかったのですか？

ナノトム博士：　先生は1976年に74歳で鬼籍（きせき）に入られているよ。残念だ。

3.2
複素数と複素平面って何だ？

◆もしも虚数がなかったら

ドイツのヴェルナー・ハイゼンベルク（1901–76）は，量子力学と呼ばれる学問の立役者となった天才物理学者の1人。ハイゼンベルクの生きた20世紀に入って盛んになった量子力学とは，例えば原子の内部のような，超が付くほどミクロな世界の現象を明らかにする学問だ。

ハイゼンベルク

現代の先端科学技術の分野では，量子力学はなくてはならない。私たちの生活に役立っているコンピュータや携帯電話も，実は量子力学のいろいろな原理に従って動いているものだ。現代の便利な生活に，量子力学はどうしても欠かせないものとなっている。

物理学の中でも最も重要な分野の1つである，この量子力学で，虚数が根本的な役割を担っていると聞けば，驚くでしょう。虚数は量子力学の中で,「物理的な意味を持って」主役を演じているのだ。

虚数（イマジナリー・ナンバー）というのは，すでに第1章で顔を出しているものだが(p.73)，もともと2次方程式や3次方程式を解くために，16世紀頃の数学者たちによって使われ出した便法だ。彼らは「2乗すると -1 になる数 i」

$$i^2=-1 \quad \text{あるいは} \quad i=\sqrt{-1} \tag{3.2}$$

という，普通にはありえそうもない奇妙な数を発明した。**虚数**（複素数に対して**純虚数**ともいう）とは，それ自体では実数ではないが，2乗すると負の実数になるような数だ。$i=\sqrt{-1}$ を満たす i は**虚数単位**と呼ばれている。実数 c に i を掛けると，ic はもちろん虚数（純虚数）になる。

ちょっとだけ 数学 3-1

方程式 $z^2=-1$ を満たす z とは何でしょうか。

［答え］ あまり好奇心をもたずに，そのまま方程式 $z^2=-1$ を解けば $z=\pm\sqrt{-1}=\pm i$ となる。これで解答は終わりであるが，これでは少々味気ない。奥深い議論の前に，以下の説明を待つことにしよう。

さて，上記の問題では，$x^2=-1$ ではなく $z^2=-1$ と，普通，未知数に使う x とは違う文字 z がわざわざ書かれている。どうしてこんなことをするのか？　……と，これがまず第一の疑問。

複素数とは，

$$z=x+iy \tag{3.3}$$

のように，実数と純虚数との和として表された数である（x, y はともに実数)。式 (3.3) で，$x=0$, $y=1$ のときには，この z は方程式 $z^2=-1$ の解の１つになっていることがわかるでしょう。

x も y も主に実数として使われる文字だが，２次方程式 $x^2=-1$ の解は，残念ながら実数の世界には存在しない。複素数という新しい世界に入り込むために，改めて文字 z を使いましょう……というのが，複素数の世界の習わしなのだ。

文字の話のついでですが，電気工学などの分野では i という文字で電流を表すので，代わりに記号 j を虚数単位 $j^2=-1$ として用いることがあります。

第１章では，こうして複素数を導入し，足し算や掛け算，実部 $\mathrm{Re}(z)=x$ や虚部 $\mathrm{Im}(z)=y$ などといういろいろな規則を紹介しましたね。

もし i という虚数単位が存在しなかったら，「方程式 $z^2+1=0$ を解きなさい」という問題は「できません」となってしまう。$z^2+1=(z-i)(z+i)=0$ という因数分解を可能にするために，あくまで便宜的に，抽象的に i という数を考えましょう……というのが，第１章での扱いだった。

◆平面図ではっきりと見える複素数

しかし，現在でこそ数学上れっきとした数としての地位を認められている i が，歴史的に**虚数**だの空想上の数（イマジナリー・ナンバー）だのという名前で呼ばれてきたのは，考えてみればカワイソウな話でもある。

もともと虚数は，方程式を解くためだけの便宜的な記号にすぎなかった。３次方程式の解法で有名なカルダノ（1501-76）は虚数解を「ありえない解」と名付けたそうだが，歴史上の数学者にとって，虚数はなかなか実在のものとしては受け入れられなかったようだ。

カルダノ

虚数氏の身にしてみれば理不尽なこの状況を打破したのが，高名な数理物理学者ガウスだそうである。

式 (3.3) で表される複素数 $z=x+iy$ は，x と y という２つの実数を含んでいる。ところで，１つの実数というのは，１本の数直線上の１点で表せるのだった。それならば……と，ガウスの思い至ったのが，次のようなアイデアだ。

「２本の数直線を使えば，２つの実数からなる複素数 z を表せるのではないか？」

これを図に描くと，次のページの図 3-1 に示すようになる。２本の数直線を原点で直角に交わらせて直交座標を作り，式 (3.3) の実部 x を横軸（**実軸**という），虚部 y を縦軸（**虚軸**という）で表すものと約束するというのだ。

こういう２次元の平面は，**複素平面**あるいは**複素数平面**，または発案者の名にちなんで**ガウス平面**と呼ばれる。

フランスの数学者ジャン・ロベール・アルガン（1768-1822）も，ガウスとは独立に複素平面を発案したので，複素平面のことを**アルガン図**ともいいます。

例えば，ある複素数 z が $z=1+2i$ と書けるならば，この z は図3-1のガウス平面上で点 z で表示されることになる。１という数は，実軸上の１の位置に来る点。$2i$ という数は，虚軸上の $2i$ という点に相当する。

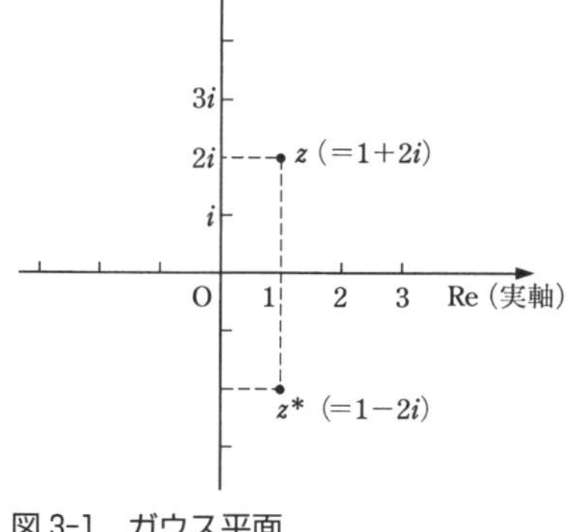

図3-1　ガウス平面

計算の都合上考え出されただけで，得体の知れない存在だった i を，ガウス平面という絵に描くことができる……この着想は実にコロンブスの卵だった。「百聞は一見にしかず」とか「見ることは信じること」という諺（ことわざ）のとおり，人間は目に見えるものを信じ込む習性を確かに持っている。虚数が目に見えるようになったことで，その存在が一気に現実味を帯びたわけです。

◆共役複素数と絶対値

例えば，複素数 $z=1+2i$ に対して，虚数部の符号を $-$（マイナス）にした新たな複素数 $1-2i$ を，文字の右肩に星印をつけて

$$z^*=1-2i \tag{3.4}$$

と書く約束がある。このとき，z^* は z の共役(きょうやく)複素数であるといい，z^* と z とは互いに**複素共役**の関係にあるという。点 z^* は，図 3-1 のガウス平面において，実軸に関して z 点と対称な位置に来る。なお，z^* は「ゼット・スター」と読む。

当然，「z は z^* の共役複素数である」ともいえる。共役とは，英語の conjugate（対をなす）の翻訳である。

COLUMN

複素共役と共役複素数

実は，英語では“z^* is the complex conjugate of z.”という文が正しい英文として成立します。これに倣(なら)って，日本語でも complex conjugate を「複素共役(コンプレックス・コンジュゲート)」というふうに直訳し，「z の複素共役は z^* である」という言い方をすることもあります。

ありますが，あまり日本語らしくはありません。やはり，複素共役は関係性を指す用語，共役複素数は数そのものを指す言葉として

> z の共役複素数は z^* である，z と z^* は複素共役の関係にある

と，使い分けたほうがしっくり来るでしょう。日常会話でも，「太郎の恋人は花子です」とか「太郎と花子は恋愛関係にあります」は正しい日本語ですが，「太郎の恋愛関係は花子です」と言うと変ですね。

共役複素数を使うと便利なことが１つあって，それは複素数の絶対値を表現するのが楽になることだ。

複素数 z の**絶対値**とは，ガウス平面上の**原点から点 z までを測った直線距離**を指す。絶対値は，z を絶対値記号の縦棒で挟んで $|z|$ と表すが，極形式（次項参照）で表す場合には r という文字も慣習的に用いられる。

絶対値を求めるには，ピタゴラスの定理より，次の計算をすればよい。

$$|z|^2(=r^2)=x^2+y^2$$

ここで共役複素数を使うと，$z=x+iy$ と $z^*=x-iy$ との積 zz^* は

$$zz^*=(x+iy)(x-iy)=x^2+y^2=|z|^2(=r^2) \quad (3.5)$$

となり，$|z|^2$ に一致する。もとの複素数の絶対値（の２乗）を表すには，対となった共役複素数同士を単に zz^* と掛け合わせればよいことがわかる。

とはいえ，z の形が具体的に（例えば，$z=1+2i$ というように）わかっているならば，ピタゴラスの定理を素直に使って，$|z|^2=1^2+2^2=5$ と絶対値を計算するほうがずっと楽です。共役複素数の積による絶対値の表現は，文字式を使って理論的な話をするときに便利なのです。

◆極形式とベクトルとの意外な関係

ガウス平面を描くことで，それまでは「2次方程式 $x^2+1=0$ を解く」だけだった複素数の機能が大幅に拡張された。複素数とベクトルとが，非常に近い関係を持っていることが目に見えてわかるからだ。

複素数というと特別で奇妙な数のようにも感じられるが，早い話が，2つの実数 x と y を持ち寄って，z という1つの文字にまとめたものにすぎない。この考え方の根本は，ベクトル $\boldsymbol{r}=(x,\ y)$ と同じである。

再び，図3-1をご覧いただきたい。原点から点 z までを測った長さ r が，z の絶対値 $|z|$ だ。そして，r の乗っている直線が実軸となす角度 θ を，z の**偏角**という。偏角という言葉は，英語の argument（アーギュメント）を翻訳したものだ。略して arg と書き，複素数 z の偏角 θ を

$$\arg z=\theta \tag{3.6}$$

と表示する。

複素数は，しばしば**極形式**（**極座標形式**）という記法で表される。式（3.3）の複素数 z は，$x=r\cos\theta$，$y=r\sin\theta$ という関係を使うと

$$z=r(\cos\theta+i\sin\theta) \tag{3.7}$$

と書くことができる。もちろん，r は z の絶対値で，θ は偏角だ。r と θ とを具体的に書くと，次のようになる。

$$r=\sqrt{x^2+y^2},\ \tan\theta=\frac{y}{x} \tag{3.8}$$

式（3.7）を第１章で述べた**オイラーの公式**
$e^{i\theta}=\cos\theta+i\sin\theta$ を使って書き換えると，次の式（3.7′）になる（こちらのほうが見た目はスッキリするが，「実軸方向＋虚軸方向」というイメージは涌きにくい。一長一短だ）。もちろん，式（3.7′）を極形式と呼んでも構わない。

$$z=re^{i\theta} \tag{3.7′}$$

ちょっとだけ 数学 3-2

複素数 $z=1+\sqrt{3}\,i$ を極形式に直してください。

［答え］　実はこの問題では「z の絶対値 r を求めよ」「z の偏角 θ を求めよ」「z を極形式に直せ」という３つの作業が要求されている。極形式（3.7）に直すには，その前にまず絶対値 r と偏角 θ とがわかっていないといけないからだ。

式（3.8）を利用して，絶対値 r は次のように求まる。

$$r=\sqrt{1^2+\sqrt{3}^{\,2}}=\sqrt{1+3}=\sqrt{4}=2$$

偏角 θ を求めるには，

$$\tan\theta=\frac{\sqrt{3}}{1}=\sqrt{3}$$

を満たすような θ を考えればよい。真っ先に考えられるものとして，$\theta=\pi/3$（$=60°$）は $\tan\theta=\sqrt{3}$ を満たす。

さらに，偏角 θ を 2π ラジアン（360°）回転させた $\theta=\pi/3+2\pi$ も，やはり $\tan\theta=\sqrt{3}$ を満たす。360° を１回まわそうと２回まわそうと n 回まわそうと同じなので，偏角は結局

$$\theta=\frac{\pi}{3}+2n\pi \quad (n=0,\ \pm1,\ \pm2,\ \cdots)$$

となることがわかる。

したがって，複素数 $z=1+\sqrt{3}\,i$ を極形式に直すと

$$z=2\left\{\cos\left(\frac{\pi}{3}+2n\pi\right)+i\sin\left(\frac{\pi}{3}+2n\pi\right)\right\}$$

$$(n=0,\ \pm1,\ \pm2,\ \cdots)$$

である。さらに，オイラーの公式 $e^{i\theta}=\cos\theta+i\sin\theta$ を使った式 (3.7′) の極形式では，$z=2e^{i(\pi/3+2n\pi)}$ というすっきりした形になる。

このように $2n\pi$ を加味すれば，偏角になりうる値は無限個あるのですが，その中でも $0\leqq\theta<2\pi$（360 度）を満たす値は偏角の**主値**と呼ばれます。上記の問題では $\pi/3$ が主値です。

同じような方法で，1 という一番簡単な実数，および i という一番簡単な虚数をそれぞれ極形式に直すと，

$$1=\cos 2n\pi+i\sin 2n\pi,$$
$$i=\cos(\pi/2+2n\pi)+i\sin(\pi/2+2n\pi)$$

という表式になる。これでは見通しが悪いので，ふつう偏角としては主値だけをとって

$$1=\cos 0+i\sin 0,\quad i=\cos\pi/2+i\sin\pi/2$$

とみなすことが多い。これらの式を複素数的に解釈すると，1 の偏角は 0 度，i の偏角は 90 度（$=\pi/2$ ラジアン）というわけです。

ところで，ベクトルとは，2つ以上の数を組み合わせて，大きさと方向とを1文字 $\boldsymbol{r}$ で表す便利な量だった。ベクトルが物理で大きな威力を発揮するのは第2章で見たとおり。複素数もまた，ベクトルと同様，大きさ（絶対値）と方向（偏角）という2つの情報を一気に表す機能を持っている。これこそが複素数の大きな特徴で，2次や3次の方程式を解くことよりも，ずっと物理的な応用範囲が広いわけだ。

もしかしたら「ベクトルさえ使っておけば，複素数なんか改めて持ち出す必要はないんじゃないか？」とお疑いの読者もいるかもしれないが，さにあらず。複素数は，ベクトルよりもさらに便利になる場面がある。中でも代表的なのが，次に説明するように，**原点のまわりで何かを回転させたいとき**なのです。

◆複素数の掛け算はガウス平面上の回転だ

複素数の掛け算は，平面上の回転を表すのにすこぶる便利な代物だ。

例えば，a という実数に虚数単位 i を掛けると，答えは ia になる。このこと自体は単なる掛け算にすぎないが，その様子をガウス平面に描くと，図3-2のように，意味が非常に明確になる。

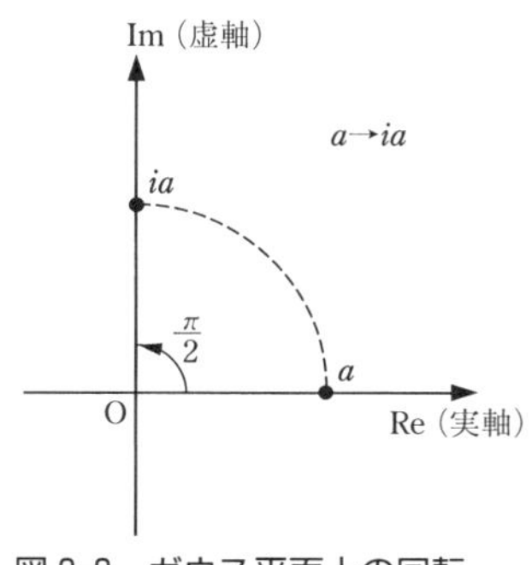

図3-2　ガウス平面上の回転

つまり，この座標で見ると，ia は「a という点を，原点を中心として 90 度回し，ia という点に移動させた」とみなすことができる。**ある点に i を掛けることは，その点を原点のまわりに 90 度回すことと同じ**なのだ。面白いでしょう。

i の偏角が 90 度，つまり $\pi/2$ ラジアンだということも思い出してほしい（偏角としては主値だけを考えることにする）。ia という掛け算は，「点 a という実数の偏角 0 に，i の偏角 $\pi/2$ を足し合わせる操作」と考えるとわかりやすい。

ここで偏角が 90 度になる i に限らず，複素数の偏角の表し方を一般的に調べてみよう。いま，2 つの複素数 $z_1=r_1e^{i\theta_1}$ と $z_2=r_2e^{i\theta_2}$ を想定して，これらの掛け算をやってみる。すると

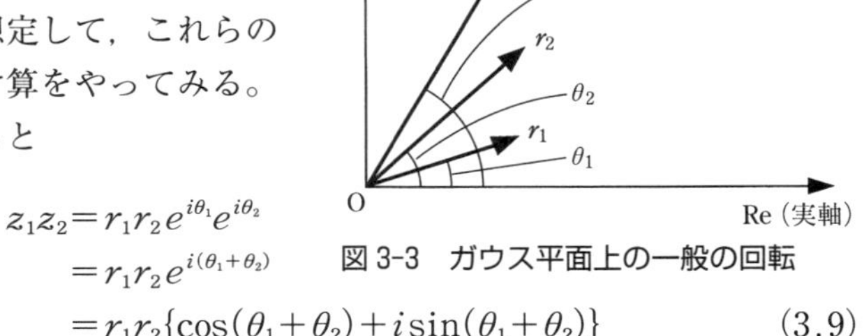

図 3-3　ガウス平面上の一般の回転

$$
\begin{aligned}
z_1z_2&=r_1r_2e^{i\theta_1}e^{i\theta_2}\\
&=r_1r_2e^{i(\theta_1+\theta_2)}\\
&=r_1r_2\{\cos(\theta_1+\theta_2)+i\sin(\theta_1+\theta_2)\}
\end{aligned}
\tag{3.9}
$$

これから，複素数の積 z_1z_2 の絶対値および偏角として

$$|z_1z_2|=r_1r_2=|z_1||z_2| \tag{3.10a}$$

$$\arg(z_1z_2)=\theta_1+\theta_2=\arg z_1+\arg z_2 \tag{3.10b}$$

が得られる。掛け合わせる複素数が3個や n 個に増えても同じようにやればよい。このように，2個以上の複素数の積 $z_1z_2\cdots z_n$ は，

- **絶対値をすべて掛け合わせる。**
- **反時計回りを正として，偏角をすべて足し合わせる。**

という2つの手順によって求めることができるのです。

なお，割り算は掛け算の逆の操作ですから，複素数の割り算はもちろん点を逆回転（時計回りに回転）させると得られます。割り算の計算方法自体は第1章で示しているので，興味のある方は確かめてみて下さい。

ここで述べた演算規則（3.10a），（3.10b）は，不思議な威力を発揮する。複素数ならばこのような単なる掛け算で済むところが，同じ回転操作をベクトルでやろうとすると，回転行列というものを使って非常に手間のかかる計算をしなければいけない。まだ充分呑(の)み込めないかもしれないが，使ってみるとわかることで，複素数さまさまといったところがあるんですよ。

◆ド・モアブルの公式は簡単で便利

回転の話のついでに，ここで**ド・モアブルの公式**と呼ばれる複素数の計算に便利な公式を説明しておこう。ド・モアブルの公式というのは，極形式で表された複素数 $\cos\theta+i\sin\theta$ を n 乗するときの法則で，

$$(\cos\theta \pm i\sin\theta)^n = \cos n\theta \pm i\sin n\theta \tag{3.11}$$

というもので，三角関数のベキ乗が三角関数の和で表されるという驚くべき内容だ。

左辺では右肩に付いていたはずの n が，右辺では三角関数の中身に化けてしまうのだから，一見ギョッとするような公式だが，これは「複素数の掛け算は点の回転だ」ということを考えればそれほど難しいことではない。

複素数 $\cos\theta+i\sin\theta$ を n 乗するということは，n 個の積をとるということだ。$\cos\theta+i\sin\theta$ の絶対値は1だから，絶対値1を n 個掛け合わせ（1を n 回掛ければ結果は1），偏角 θ を n 個足し合わせればよいことを表している。それが式（3.11）の右辺になるということです。

念のためですが，複素数 $\cos\theta+i\sin\theta$ の絶対値は1で，偏角は θ なので，$\cos\theta+i\sin\theta$ は単位円の上に乗ったある1点を表します。

また，この公式（3.11）は，オイラーの公式
$e^{i\theta}=\cos\theta+i\sin\theta$ を使えば，ほとんど証明の必要もないほど簡単に得られる。すなわち，

$$\cos\theta\pm i\sin\theta=e^{\pm i\theta}$$

なので，式（3.11）の左辺は次のようになる。

$$(\cos\theta\pm i\sin\theta)^n=(e^{\pm i\theta})^n=e^{\pm in\theta} \tag{3.12}$$

式（3.12）の最右辺をオイラーの公式によって三角関数に書き直すと，

$$e^{\pm in\theta}=\cos n\theta\pm i\sin n\theta \tag{3.13}$$

となり，これはド・モアブルの公式（3.11）の右辺に等しい。これにて証明終わりである。ド・モアブルの公式を発見したアブラーム・ド・モアブルさん（1667-1754）も，オイラーさんにかかったら形（かた）なし，ということになりそうだ。

ちょっとだけ 数学 3-3

方程式 $z^2=i$ を満たす z を求めてください。

［答え］ これはちょっとややこしそう！ ……だが，ド・モアブルの公式を用いると，この難問がいとも簡単に解けてしまうから楽しい。

まず，右辺の i を極形式で表示すると（p.212 参照），次のようになる。

$$(\text{右辺})=i=\cos(\pi/2+2n\pi)+i\sin(\pi/2+2n\pi)$$
$$(n=0,\ \pm1,\ \pm2,\ \cdots)$$

未知数 z は，絶対値と偏角をそれぞれ $|z|=r$ $(r>0)$，$\arg z=\theta$ $(0\leqq\theta<2\pi)$ とおくと，$z=r(\cos\theta+i\sin\theta)$ と極形式で表示できる。すると，左辺の z^2 はド・モアブルの公式によって，少し計算すると

$$(\text{左辺})=z^2=r^2(\cos\theta+i\sin\theta)^2=r^2\cos2\theta+ir^2\sin2\theta$$

と変形できる。右辺と左辺とが等しいのだから，実部と虚部を比較した次の式が成立する。

$$\text{実部：}\quad \cos(\pi/2+2n\pi)=r^2\cos2\theta$$
$$\text{虚部：}\quad \sin(\pi/2+2n\pi)=r^2\sin2\theta$$

これを満たすような r と θ を求めると，

$$r=1$$

$$\theta=\pi/4+n\pi \qquad (2\theta=\pi/2+2n\pi \text{ より})$$

となり，これで z の絶対値と偏角とが求まった。結局，z は次のようになる。

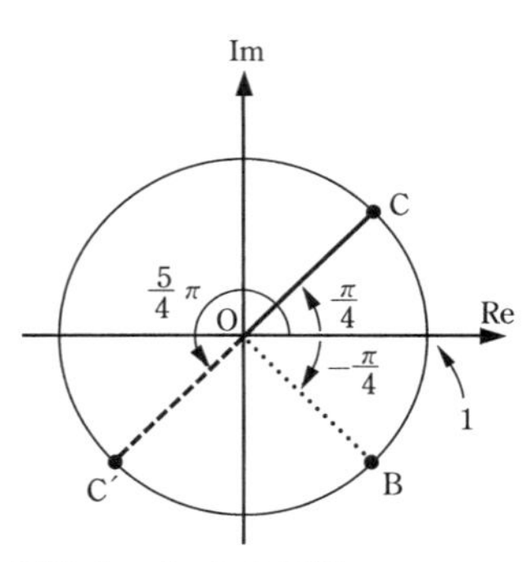

図3-4　$z^2=i$ の2解

$$z=\cos(\pi/4+n\pi)+i\sin(\pi/4+n\pi) \qquad (3.14)$$

z を求めるという目的そのものはこれで達せられたが，ガウス平面上に解 z を表すと，図3-4のようになる。45°（$=\pi/4$ ラジアン）と225°（$=5\pi/4$ ラジアン）という2つの偏角は，方程式 $z^2=i$ を満たす無数の z のうち特別な2つ（主値）を示している。

方程式 $z^2=i$ の解が式(3.14)のようになるのはいかにも不思議だが，式(3.14)の z を2乗すると確かに i になる（$z=\cos 45°+i\sin 45°=(1+i)/\sqrt{2}$ などの関係を使って実際に計算してみてほしい)。複素数とは何とも奇妙な数である。これで数術の1つは免許皆伝です。

3.3 複素数から複素関数へ

◆複素関数って何だろう

ここの箇所はのっけから定義で申し訳ないが，すぐに終わるので我慢してほしい。

複素数 z は，x，y を実数として，$z=x+iy$ と書くことができる。この複素数 z を変数とする関数 $f(z)$ のことを**複素関数**という。

関数に変数値を入れたときに返ってくる値 $w=f(z)$ もまた，一般には複素数 $w=u+iv$ になるはずである。だから，複素関数 $f(z)$ は，次のように実部 $\mathrm{Re}(w)=u$ と虚部 $\mathrm{Im}(w)=v$ に分解して

$$w=f(z)=u(x, y)+iv(x, y) \qquad (u,\ v \text{ は実数}) \quad (3.15)$$

と書くことができる。実部 u と，虚部 v は実数で，それぞれ実変数 x と y の2変数関数となる。

「複素関数」というと何やら神秘的な言葉のようにも聞こえるが，その実体は何のことはない，ただ単に $u(x, y)$，$v(x, y)$ という2つの2変数関数（実数の）を持ち寄って足しただけのものだ。こういってしまうと神秘もヘチマもない，なんだか正体見たり枯れ尾花の感がある。

とはいえ，何の変哲もない2変数関数を考えたいだけなら，わざわざ複素数などという奇妙な道具立てをする必然性はな

い。なのになぜ複素数を導入するかというと，実は，変数 x, y がばらばらではなく，つねに $z=x+iy$ という2つ1組で，1個の z になっているのが複素関数の肝心な点です。このことが，いろいろと数学的に都合のよい性質を生み出しているのです。

◆初等関数も複素数で

しかしながら，数学的に便利な性質がありますよとただ唱えるだけでは，物理数学を実地に使おうとする人々には空念仏(からねんぶつ)にしか聞こえないことになってしまう。複素数 z を変数とする関数 $f(z)$ を考えることに，実際，どういうご利益(りやく)があるのだろうか？

例えば，オイラーの公式 $e^{i\theta}=\cos\theta+i\sin\theta$ というのは，指数関数と三角関数を結びつける重要な関係式だった。指数関数 e^x のようによく知られた初等関数でも，このように変数の部分に虚数を持ち込むと，にわかに新しい性質を帯びてくることがわかる。

ということで，指数関数以外のいろいろな初等関数にも，複素数を取り入れてみたくなるのは人情だろう。また，オイラーの公式では変数が $i\theta$ という純虚数だったが，これは複素数 $z=x+iy$ の特別な場合にすぎない（実部がゼロで，虚部が $i\theta$ としてあるからだ）。ここは，一般の複素数 z を考えてやることにしよう。

初等関数とは，単項式 x^n，三角関数 $\sin x$，$\cos x$，指数関数 e^x，対数関数 $\ln x$ の総称です。これらを互いに四則演算したり，合成関数を作るという操作を有限回施したものもまた，初等関数といいます。

一般的に使われる複素関数としては，以下のようなものが考えられる。z は複素数の変数である。

(1) **多項式**　$a_0+a_1z+a_2z^2+\cdots+a_nz^n$ ($a_0, \cdots, a_n$ は複素数の定数)

(2) **分数関数（有理関数）**　$P(z)/Q(z)$ ($P(z)$，$Q(z)$ は多項式)

(3) **指数関数**　e^z

(4) **三角関数**　$\cos z$，$\sin z$，$\tan z$

(5) **双曲線関数**　$\cosh z$，$\sinh z$，$\tanh z$

(6) **対数関数**　$\ln z$

(7) **ベキ関数**　z^p (p は複素数の定数)

普段なら $\cos x$ などと実数の x が書かれるべきところに，ただ単に複素数の z を持ち込んだだけです。変数が複素数になっても，指数法則によって $e^{\alpha+\beta}=e^{\alpha}e^{\beta}$ であるとか，微分の公式が $\dfrac{\mathrm{d}}{\mathrm{d}z}\sin z=\cos z$ となる，などはそのまま成り立つから，安心して使ってくださいね。

COLUMN

不思議な e の z 乗

多項式は z を n 回掛け合わせたものを加えるだけの単純な操作ですが，その他の初等関数は，いずれも e^z という複素数の指数関数が関係してくる，興味深いものです。

オイラーの公式

$$e^{i\theta}=\cos\theta+i\sin\theta$$

は，e の右肩が純虚数 $i\theta$ になっているものですが，これを一般の複素数 $z=x+iy$ について e^z とするためには，両辺に e^x（実数）を掛けます。

$$e^x e^{i\theta}=e^x(\cos\theta+i\sin\theta)$$

ここで θ を y という文字に直し，指数法則
$e^x e^{iy}=e^{x+iy}=e^z$ を用いると，

$$e^z=e^x(\cos y+i\sin y)$$

が得られます。これが**複素指数関数** e^z の定義式で，実数の指数関数 e^x と実数の三角関数 $\cos y$，$\sin y$ との積の形になっています。自然界には振動しながら指数的に増幅したり減衰したりする現象が数多いので，このような e^z を考えると便利なことがしばしばあります。

いったんこの複素指数関数 e^z を認めてしまえば，複素数の双曲線関数，三角関数，対数関数，ベキ関数などが，次のようにいもづる式に定義できてしまいます。

双曲線関数：　$\cosh z=(e^z+e^{-z})/2$，$\sinh z=(e^z-e^{-z})/2$
三角関数：　$\cos z=(e^{iz}+e^{-iz})/2$，$\sin z=(e^{iz}-e^{-iz})/2i$
対数関数：　$\ln z$ は e^z の逆関数（つまり，$z=e^w$ のとき $w=\ln z$）
ベキ関数：　$z^p=e^{p\ln z}$（$\because$　$z=e^{\ln z}$，ここで p は複素数の定数）

◆正則関数は良い関数

いましばらく定義が続きます。次に，複素関数 $f(z)$ が z 平面上の領域 D に定義されているとしよう。この関数 $f(z)$ が微分可能で，かつ，その導関数 $f'(z)$ が点 $z=a$ の近傍で

連続であれば，関数 $f'(z)$ は点 a で滑らかに変化しているといえます。このとき，数学では，しかつめらしく「関数 $f(z)$ は点 a において**正則**である」と表現する（正則は英語の regular の翻訳）。

また，$f(z)$ が領域D内のあらゆる点において正則であれば，「関数 $f(z)$ は領域Dにおいて正則である」とか，「関数 $f(z)$ は領域Dで定義された**正則関数**である」などという。

一方，$f(z)$ が正則でない点が領域D内に存在するとき，その点は**特異点**と呼ばれます。

ものものしい定義ですが，物理数学で登場する大抵の関数は，複素平面全域で正則か，ごく少数の特異点があるくらいです。$\ln z$ における $z=0$ や，$1/(z-a)$ の $z=a$ などが特異点ですが，微分の操作ではそこを避けて微分しないといけないのです。

◆等角写像

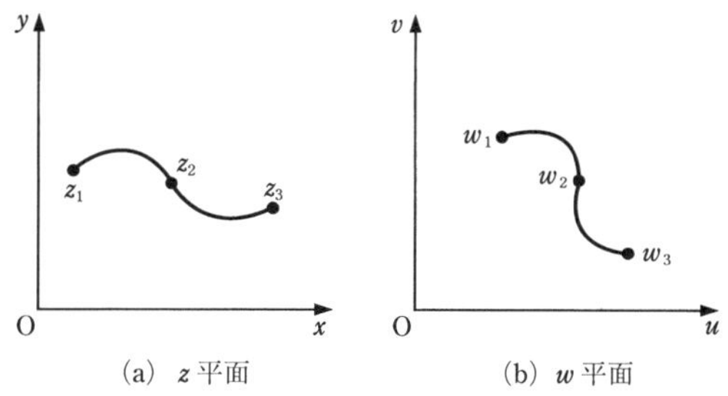

図3-5　z 平面から w 平面への写像

以下に述べるように，複素関数 $w=f(z)$ というものは，

z 平面と w 平面とを対応づける働きを持っている。

まず，複素変数 $z=x+iy$ についてですが，ここで，x 軸を実軸，y 軸を虚軸とする図 3-5(a)のようなガウス平面を描き，これを z 平面と名付けることにする。一方，複素関数 w についても，u 軸を実軸，v 軸を虚軸にとった w 平面を考える（図 3-5(b)）。いま，複素平面 z 上で点 $z=(x, y)$ が決まると，これに対応して複素平面 w 上で点 (u, v) が決まる。このとき，z 平面上の点は，複素関数 $f(z)$ によって，w 平面上の点へと**写像される**というのです。

いま，複素関数 $w=f(z)$ が

$$f(z)=u(x, y)+iv(x, y) \tag{3.16}$$

のように与えられたとしよう。ここで，

$$\begin{cases} u(x, y)=A \\ v(x, y)=B \end{cases} \quad (A,\ B\text{はともに実数の定数}) \tag{3.17}$$

と，ひとまずおいてみる。

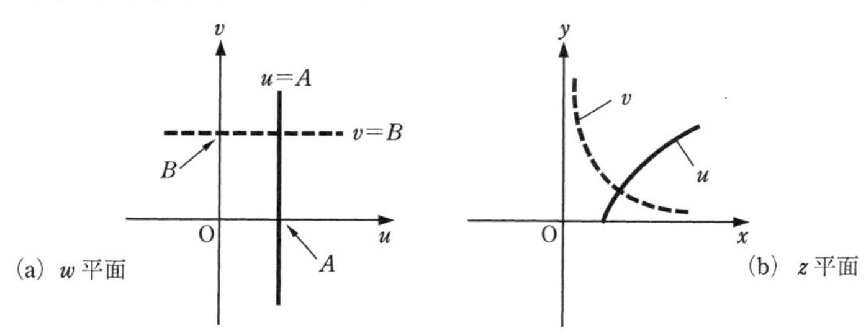

図 3-6　等角写像

この式（3.17）の 2 式が w 平面——u を実軸，v を虚軸とする2次元平面——上に表すものは何かというと，$u=A$ という v 軸に平行な直線と，$v=B$ という u 軸に平行な直線ということになる（図3-6(a)）。これら2直線は，当然ながら，点$(u, v)=(A, B)$ で直角に交わる。

一方，この u，v を z 平面——x を実軸，y を虚軸とする2次元平面——の上で写像するとどうなるか。一般的には，$u(x, y)=A$ と $v(x, y)=B$ は，x-y 平面上の2本の曲線になり，それらの交点での交角は直角になるはずである（図3-6(b)）。ただし具体的には，z と w との関係，つまり関数 $f(z)$ の形にも依存する。ここは，あくまで一般論として）。

このように，一方の交角が他方の交角に等しくなるという条件で，w 平面と z 平面とを結びつける写像 f のことを，**等角写像**と呼ぶ。上の場合，w 平面でも直角，z 平面でも直角だから，2つの角度が等しいというわけである。

ちょっとだけ 数学 3-4

複素関数 w が，次のような形であるとします。

$$w=\frac{1}{z+1}$$

このとき，z 平面上で点 z が $y=x$ という直線上を動けば，w 平面上では対応する点 w はどのように動くでしょうか。

[答え]　与えられた式を z について解くと（「z について解く」とは，$z=$(何がし) という形に直す，という意味です），

$$z=\frac{1-w}{w}$$

が得られる。ここでzとwとを実数部と虚数部に分けて書くことにすると，$z=x+iy$ および $w=u+iv$ となる。これを上の式に代入して，さらに右辺を実数部と虚数部に分けてみよう。すると

$$x+iy=\frac{1-(u+iv)}{u+iv}=\frac{(1-u-iv)(u-iv)}{u^2+v^2}$$
$$=\left(\frac{u-u^2-v^2}{u^2+v^2}\right)+i\left(\frac{-v}{u^2+v^2}\right)$$

ここで，実数部と虚数部をそれぞれ等しいとおけば，

$$x=\frac{u-u^2-v^2}{u^2+v^2},\quad y=-\frac{v}{u^2+v^2}$$

の関係式が得られる。

いま，この問題では，点 $z=x+iy$ は，直線 $y=x$ の上を動くものとしている。したがって，$y=x$ という関係式に，上のx，yを代入してみると

$$\frac{u-u^2-v^2}{u^2+v^2}=-\frac{v}{u^2+v^2}$$

これを整理すると，

$$\left(u-\frac{1}{2}\right)^2+\left(v-\frac{1}{2}\right)^2=\left(\frac{1}{\sqrt{2}}\right)^2$$

というuとvとの関係式が得られる。したがって，点zが直線 $y=x$ 上を動くとき，wは図3-7(b)のような，

点 $(u, v)=\left(\dfrac{1}{2}, \dfrac{1}{2}\right)$ を中心とする，半径 $\dfrac{1}{\sqrt{2}}$ の円の円周上を動くことになる。

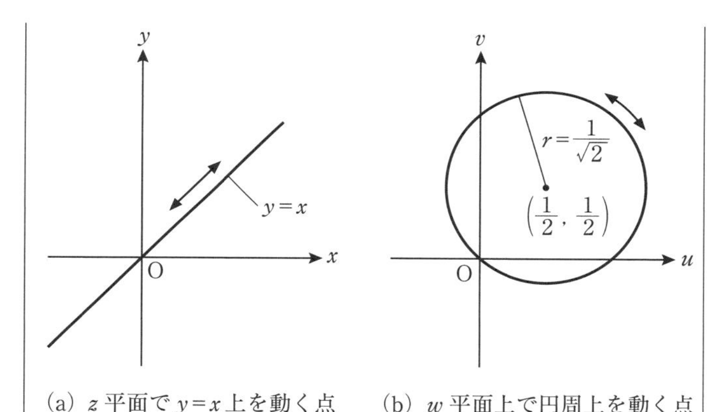

図 3-7　z 平面から w 平面への等角写像

◆コーシー-リーマン方程式を考えたい

実は，正則関数 $f(z)$ を考える限り，2曲線 $u(x, y)=A$ と $v(x, y)=B$ は，必ず交点で直角になっていることが数学的にわかっているのです。

2つのベクトルが直交するかどうかを判定するには，それらのスカラー積をとって，値が0であるかないかを見ればよかった。いまの場合，x-y 平面上で，曲線 $u(x, y)$ と $v(x, y)$ の勾配 grad をとってみるのである。

なお，定数 A，B は外す。ここで示したいのは，「A と B がどう変わっても，交点で u と v は直角」ということだからである。

いま，$w=\ln z$ の関係があるとすると，
$z=x+iy$，$w=u+iv$ だから，

$$\begin{cases} u=\dfrac{1}{2}\ln(x^2+y^2) \\ v=\arctan\dfrac{y}{x}+2n\pi \end{cases}$$

となる。したがって，$\mathrm{grad}\,u$ と $\mathrm{grad}\,v$ は

$$\begin{cases} \mathrm{grad}\,u=\dfrac{\partial u}{\partial x}\boldsymbol{i}+\dfrac{\partial u}{\partial y}\boldsymbol{j}=\dfrac{x}{x^2+y^2}\boldsymbol{i}+\dfrac{y}{x^2+y^2}\boldsymbol{j} \\ \mathrm{grad}\,v=\dfrac{\partial v}{\partial x}\boldsymbol{i}+\dfrac{\partial v}{\partial y}\boldsymbol{j}=-\dfrac{y}{x^2+y^2}\boldsymbol{i}+\dfrac{x}{x^2+y^2}\boldsymbol{j} \end{cases} \tag{3.18}$$

と求められる*。

これら２つのベクトルのスカラー積は，

$$\mathrm{grad}\,u\cdot\mathrm{grad}\,v=\frac{x}{x^2+y^2}\left(-\frac{y}{x^2+y^2}\right)+\frac{y}{x^2+y^2}\,\frac{x}{x^2+y^2}=0 \tag{3.19}$$

を満たし，確かに直交していることがわかる。

なお，先ほど「正則関数 $f(z)$ を考えるかぎり，２曲線 $u(x,y)=A$ と $v(x,y)=B$ は，必ず交点で直角になっている」ことは複素関数の定理だと述べたが，それを説明しておこう。式（3.19）を，式（3.18）を使って具体形を含まない一般的な形で書くと，

---

* ここで，$z=re^{i\theta}$，$r=\sqrt{x^2+y^2}$，$\theta=\arctan\dfrac{y}{x}$ の関係を使うとともに，数学公式 $\dfrac{\mathrm{d}}{\mathrm{d}x}(\arctan x)=\dfrac{1}{x^2+1}$ を使った。

$$\mathrm{grad}\,u\cdot\mathrm{grad}\,v=\frac{\partial u}{\partial x}\frac{\partial v}{\partial x}+\frac{\partial u}{\partial y}\frac{\partial v}{\partial y}=0 \qquad (3.20)$$

となる。この式を式（3.18）と見比べてみると，関係式

$$\frac{\partial u}{\partial x}=\frac{\partial v}{\partial y},\quad \frac{\partial u}{\partial y}=-\frac{\partial v}{\partial x} \qquad (3.21)$$

が成立していることがわかる。式（3.21）の関係式は，**コーシー-リーマン方程式**と呼ばれている。正則関数とは，格調高く定義すると，この関係式（3.21）が成立する複素関数 $f(z)=u+iv$ のことを言うのである。

しかつめらしい定義ですが，物理数学では，コーシー-リーマン方程式を満たして複素平面全域で正則であるような都合のよい関数を考えていれば大抵事足ります。時たま，ごく少数の特異点が問題になるくらいです。$\ln z$ における $z=0$ や，$1/(z-a)$ の $z=a$ などは特異点で，微分するときにはこれらの点を避けてやらないといけないことに注意してください。

3.4 複素積分へのいざない

◆複素積分って何だろう

先ほどまでは，結局は複素関数 $f(z)$ の微分に関する話だった。微分の次には，積分をやったらどうなるかと考えたくなりますね。ということで，次は積分について考えよう。

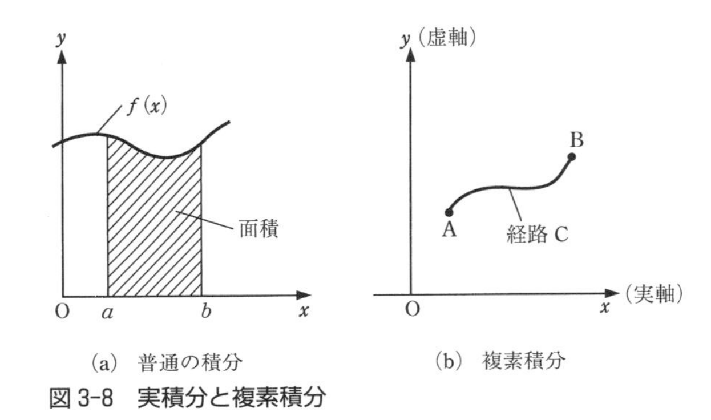

(a) 普通の積分　　(b) 複素積分

図 3-8　実積分と複素積分

複素関数の積分は，普通の（実関数の）積分とは違って，積分した結果が面積や体積にはならないから要注意です。このことはここで特に注意しておきたい。複素積分に付けられたグラフは積分変数 z（$=x+iy$）の変化の仕方のみを表しているから，実関数の積分（図 3-8(a)）のように，どの曲線が被積分関数のグラフなのか，どれが積分値なのかと図上で詮索するのは御門違い（おかどちがい）で，八百屋に行って魚を探すようなものです。この点は要注意ですね。

図 3.8(b)に示したように，複素積分のグラフは複素変数 z の値がどう推移するかを表示していて，これを積分経路と呼ぶ。経路の取り方によって，またその向きの選び方によっても，積分した結果は違ってくるのが一般的です（重要な例外についてはあとで述べる）。

複素積分とはどんなものか，簡単な見本例を挙げてみよう。複素関数を $f(z)=u+iv$ とおいた次の複素積分では，積分経路を C（C は経路の意の contour の頭文字）と書くと，$z=x+iy$ であるから微小変化の間では $\mathrm{d}z=\mathrm{d}x+i\mathrm{d}y$ とな

るので，

$$\int_{C} f(z)\mathrm{d}z = \int_{C} (u+iv)(\mathrm{d}x+i\mathrm{d}y) = \left(\int_{C} u\mathrm{d}x - \int_{C} v\mathrm{d}y\right) + i\left(\int_{C} v\mathrm{d}x + \int_{C} u\mathrm{d}y\right) \tag{3.22}$$

となる。つまり，上の複素関数 $f(z)$ の積分は，通常の場合の 4 つの項の積分になる。

また，図 3-9 に示したのは，反時計回りの経路 C と，時計回りの経路 C′ の 2 つである。この場合の 2 つの積分値を比べると

$$\int_{C} f(z)\mathrm{d}z = -\int_{C'} f(z)\mathrm{d}z \tag{3.23}$$

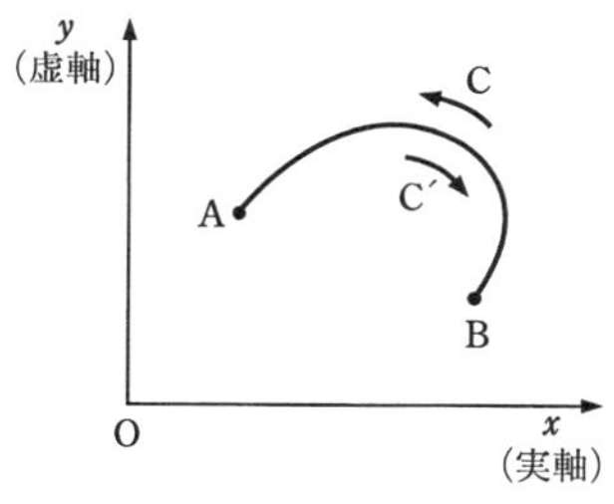

図 3-9　経路が逆向き

と，互いに符号が逆になっていることがわかる。

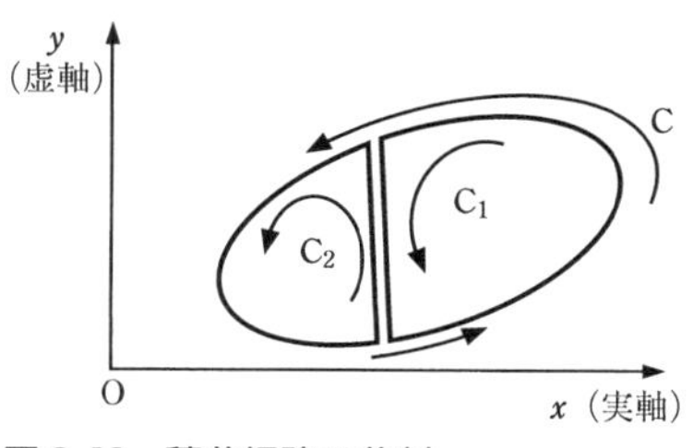

図 3-10　積分経路の分割

さらに，図 3-10 は，閉曲線 C を積分経路とした周回積分を，C_1 と C_2 の 2 つの積分に分けたことを示している。この

とき，積分を２つに分けたのだから，次の等式

$$\oint_{C} f(z)\mathrm{d}z = \oint_{C_1} f(z)\mathrm{d}z + \oint_{C_2} f(z)\mathrm{d}z \qquad (3.24)$$

が成立する。こんな分け方を勝手にやっていいのか，というと，勝手にやっていいのである。

なぜなら，中央付近で C_1 と C_2 の経路が重なっているのがミソなのだが，この部分では経路の向きが互いに逆なので，積分値は互いに相殺される。よって，直線部分は全体の積分値には最終的には影響しない。つまり，経路 C_1 と C_2 での積分値を加えたものは，都合のよいことに，外周 C での周回積分とまったく同じ値になる。

理屈だけ述べたのではいまひとつわかりにくいと思うので，１つ例題をやってみよう。

ちょっとだけ 数学 3-5

次の複素関数 $f(z)$ を考えよう。

$$w = f(z) = z^2$$

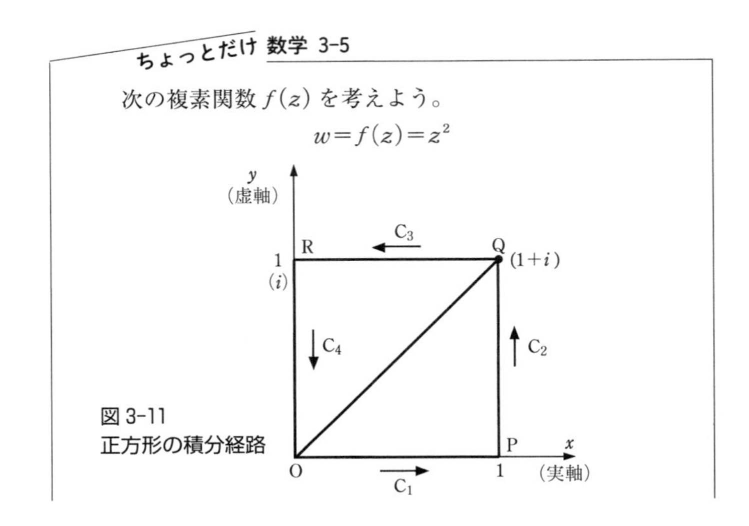

図 3-11
正方形の積分経路

そして，図3-11のように，1辺の長さが1の正方形OPQRの上を1周する経路Cで，とりあえず

$$I=\oint_{C} f(z)\mathrm{d}z$$

という周回積分の値 I を求めてみよう。ヒント：正方形の各辺を C_1, C_2, C_3, C_4 と名付けて（図参照），それぞれの経路で積分を行って足し算すればよい。

［答え］　それぞれの積分を(i), (ii), (iii), (iv)の順に行い，和をとると(v)で示すようになる。

(i)　C_1 の経路は $y=0$ の実軸上であるから，$z=x+iy$ は i の項は消えて $z=x$ になるので，

$$\int_{C_1} z^2\mathrm{d}z=\int_0^1 x^2\mathrm{d}x=\left[\frac{1}{3}x^3\right]_0^1=\frac{1}{3}$$

(ii)　C_2 の経路は $x=1$ であるから，$z=x+iy$ は $z=1+iy$ となり，また，$\mathrm{d}z=i\mathrm{d}y$ なので

$$\int_{C_2} z^2\mathrm{d}z=i\int_0^1 (1+iy)^2\mathrm{d}y=i\int_0^1 \{(1-y^2)+i(2y)\}\mathrm{d}y$$

$$=i\left[y-\frac{1}{3}y^3\right]_0^1-[y^2]_0^1=\frac{2}{3}i-1$$

(iii)　C_3 の経路は $y=1$ であるから，$z=x+iy$ は $z=x+i$ となり，$\mathrm{d}z=\mathrm{d}x$ なので

$$\int_{C_3} z^2\mathrm{d}z=\int_1^0 (x+i)^2\mathrm{d}x=\int_1^0 \{(x^2-1)+i(2x)\}\mathrm{d}x$$

$$=\left[\frac{1}{3}x^3-x+ix^2\right]_1^0=\frac{2}{3}-i$$

(iv)　C_4 の経路は $x=0$ の虚軸上であるから，$z=x+iy$ は $z=iy$ となり，$\mathrm{d}z=i\mathrm{d}y$ なので

$$\int_{C_4} z^2\mathrm{d}z=i\int_1^0 (iy)^2\mathrm{d}y=-i\left[\frac{1}{3}y^3\right]_1^0=\frac{1}{3}i$$

(v)　ゆえに，和は

$$\int_{C} z^2 dz = \int_{C_1} z^2 dz + \int_{C_2} z^2 dz + \int_{C_3} z^2 dz + \int_{C_4} z^2 dz$$
$$= \frac{1}{3} + \frac{2}{3}i - 1 + \frac{2}{3} - i + \frac{1}{3}i = 0$$

◆格調高いコーシーの定理

さて，例題をやり，複素積分にも慣れてきたこの辺りで，少し難しいコーシーの定理に入ろう。複素関数 $f(z)$ が，z の 1 価関数（1 変数につき 1 関数値が決まるもの）であるとする。このとき，先ほどの図 3-11 の正方形の経路でもそうだったが，もっと一般の z 平面上の閉曲線 C に沿った周回積分（1 周）の値が，閉曲線上および内部のいたる所で $f(z)$ が正則（すなわち微分可能）という条件の下で，0 となる。式で書けば次の関係式が成り立つ。

$$\oint_{C} f(z) dz = 0 \qquad (3.25)$$

この関係式が，**コーシーの定理**と呼ばれる，きわめて重要な定理だ。

この式（3.25）の証明は他の定理なども援用する必要があり少々やっかいだが，ひとまずやっておこう。証明のカギは，関数 $f(z)$ が閉曲線の内部で正則である，という条件にある。前にも述べたが，$f(z)$ がその領域内部で正則ならば，次のコーシー-リーマン方程式が成立する。

$$\frac{\partial u}{\partial x}=\frac{\partial v}{\partial y},\quad \frac{\partial u}{\partial y}=-\frac{\partial v}{\partial x} \tag{3.21}$$

式（3.25）の証明は，この式（3.21）を有効に使って行うのがミソである。では，証明に移ろう。式（3.25）の左辺，$\oint_{\mathrm{C}} f(z)\mathrm{d}z$ を書き直すために $f(z)=u+iv$，$z=x+iy$ とおくと，式（3.22）を導いたのと同様にして

$$\oint_{\mathrm{C}} f(z)\mathrm{d}z=\oint_{\mathrm{C}}(u\mathrm{d}x-v\mathrm{d}y)+i\oint_{\mathrm{C}}(v\mathrm{d}x+u\mathrm{d}y) \tag{3.26}$$

が得られる。右辺の各項は，次ページのコラムで説明する２次元のストークスの定理により，次のようになる。

$$\oint_{\mathrm{C}}(u\mathrm{d}x-v\mathrm{d}y)=-\iint_{\mathrm{S}}\left(\frac{\partial v}{\partial x}+\frac{\partial u}{\partial y}\right)\mathrm{d}x\mathrm{d}y \tag{3.27a}$$

$$i\oint_{\mathrm{C}}(v\mathrm{d}x+u\mathrm{d}y)=i\iint_{\mathrm{S}}\left(\frac{\partial u}{\partial x}-\frac{\partial v}{\partial y}\right)\mathrm{d}x\mathrm{d}y \tag{3.27b}$$

なお，式（3.27a）は，次ページのコラムの式③で $A_x=u$，$A_y=-v$ とおくと得られ，式（3.27b）は，同じく式③で $A_x=v$，$A_y=u$ とおくと得られる。

仮定により，$f(z)$ は閉曲線 C の内部で正則なので，式（3.21）のコーシー-リーマン方程式が成立する。したがって式（3.27a）右辺の被積分項は

$$\frac{\partial v}{\partial x}+\frac{\partial u}{\partial y}=0$$

となる。また，式（3.27b）右辺の被積分項も，同様に

$$\frac{\partial u}{\partial x}-\frac{\partial v}{\partial y}=0$$

となる。そのため，式（3.27a，b）の左辺の式は，ともに0になる。よって，式（3.26）の右辺も0となり，式（3.25）のコーシーの定理が成立することがわかる。

COLUMN

ストークスの定理

ストークスの定理は2次元の平面では ds，d$\boldsymbol{r}$ をそれぞれ微小面要素，微小線要素として，次のように書ける。

$$\iint_{\mathrm{S}}(\mathrm{rot}\boldsymbol{A})\cdot\boldsymbol{n}\mathrm{d}s=\oint_{\mathrm{C}}\boldsymbol{A}\cdot\mathrm{d}\boldsymbol{r} \quad ①$$

左辺は平面S上の二重積分で，$\boldsymbol{n}$ は z 方向の単位ベクトルを表している。右辺はS上の閉曲線Cを経路とする周回積分だ。ここで，$(\mathrm{rot}\boldsymbol{A})\cdot\boldsymbol{n}\mathrm{d}s$ は，x–y 平面内では $(\mathrm{rot}\boldsymbol{A})_z\mathrm{d}x\mathrm{d}y$ となるので（添え字の z は，z 方向への射影を表している）

$$(\mathrm{rot}\boldsymbol{A})_z\mathrm{d}x\mathrm{d}y=\left(\frac{\partial A_y}{\partial x}-\frac{\partial A_x}{\partial y}\right)\mathrm{d}x\mathrm{d}y \quad ②$$

となる。また，2次元の平面では $\boldsymbol{A}\cdot\mathrm{d}\boldsymbol{r}=A_x\mathrm{d}x+A_y\mathrm{d}y$ となるので，上の式①から

$$\iint_{\mathrm{S}}\left(\frac{\partial A_y}{\partial x}-\frac{\partial A_x}{\partial y}\right)\mathrm{d}x\mathrm{d}y=\oint_{\mathrm{C}}(A_x\mathrm{d}x+A_y\mathrm{d}y) \quad ③$$

が得られる。

◆コーシーの積分公式が威力を発揮

コーシーの定理は, 複素積分ではもの凄い威力を発揮する。その実例をここで見てみよう。

まず, 任意の積分経路 C に対して次の積分

$$\oint_C \frac{e^z}{z-a}\,dz \tag{3.28}$$

を考える。関数 e^z は閉経路 C 上でも, また C 内の平面でも正則であることは, 指数関数の性質からわかる。

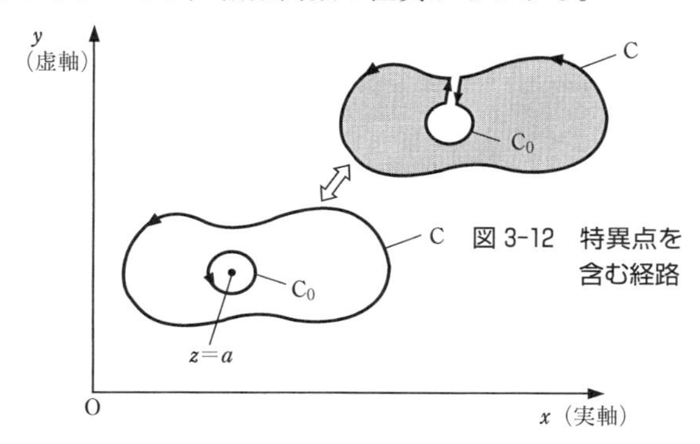

図 3-12　特異点を含む経路

ここで, 被積分関数 $e^z/(z-a)$ は, $z=a$ 以外では正則であるとしよう ($z=a$ は, この関数の特異点である)。すると式 (3.28) は, 図 3-12 に示す $z=a$ を中心とする半径 r の円を積分経路 C_0 とする積分に等しくなる。

なぜならば, 周回経路 C と C_0 をつないで図 3-12 の灰色部分をとりまく 1 本の積分経路を考えたとき, その周上および内部 (灰色部分) には特異点が存在しない (正則である)

ので，コーシーの定理が成立する。つまり，灰色部分での積分値はゼロとなる。したがって経路 C での積分値は C_0 での積分値に等しくなる。式で書けば，次の式

$$\oint_C \frac{e^z}{z-a}\mathrm{d}z=\oint_{C_0}\frac{e^z}{z-a}\mathrm{d}z \tag{3.29}$$

が成立する。また，微小積分経路 C_0 は，中心を $z=a$ とする半径 r の円周上に存在するので，極座標表示で，次の関係

$$\begin{cases} z=a+re^{i\theta} \\ \mathrm{d}z=ire^{i\theta}\mathrm{d}\theta \end{cases} \tag{3.30}$$

が成立する。したがって，経路 C_0 での積分は

$$\oint_C \frac{e^z}{z-a}\mathrm{d}z=i\int_0^{2\pi}\frac{e^{a+re^{i\theta}}}{re^{i\theta}}re^{i\theta}\mathrm{d}\theta=i\int_0^{2\pi}e^{a+re^{i\theta}}\mathrm{d}\theta \tag{3.31}$$

となる。ここで，円の半径 r を限りなく小さくとると，

$$\lim_{r\to 0}\int_0^{2\pi}e^{a+re^{i\theta}}\mathrm{d}\theta=e^a\int_0^{2\pi}\mathrm{d}\theta=2\pi e^a \tag{3.32}$$

となるので，結局，式（3.28）の積分は

$$\oint_C \frac{e^z}{z-a}\mathrm{d}z=i2\pi e^a \tag{3.33}$$

と計算できる。

　ここで，e^z で複素関数を代表させることにして，$e^z=f(z)$ とおくと，式（3.33）より，次の関係式が成立する。

$$\oint_C \frac{f(z)}{z-a}\,dz = i2\pi f(a) \tag{3.34}$$

これは**コーシーの積分公式**と呼ばれるものである。この関係は，内部に特異点を含む経路では，複素関数の値が周回積分によって表される，あるいは逆に，ある点での関数の値がわかれば，周回積分の値がわかるという点で画期的である。次の問題で，コーシーの偉さを実感することにしよう。

ちょっとだけ 数学 3-6

閉曲線Cが，点 $z=a$ を内部に含むとき，次の周回積分をやってみよう。もちろん，コーシーの積分公式を利用する。

① $\oint_C \frac{1}{z-a}\,dz$　　② $\oint_C \frac{\sin z}{z-a}\,dz$

［答え］ ①，②の問題はともに特異点 $z=a$ を内部に含む閉経路による周回積分に帰着することに気づけば，解答はすぐに得られる。すなわち，式（3.34）を見比べて使うと

① $\oint_C \frac{1}{z-a}\,dz = i2\pi \times 1 = i2\pi$

② $\oint_C \frac{\sin z}{z-a}\,dz = i2\pi \sin a$

なんという，簡単さ！　驚くばかりである。

3.5 級数展開の落とし子 これが留数だ

◆積分は難しいものだ？

> 解けるんだ　この難しい積分も
> 数術の魔力・留数(りゅうすう)のワザ

微分，積分なら高校時代に習った。確かに習うことは習ったが，難しい問題になると正直のところ自信がない。そんなことは当たり前だ。習ったことが全部身についているのは天才か化け物だけだ！

いやいや，表現が拙(まず)かった，そんなことを言っているのではないんです。微積（微分と積分）と一口に言うのが普通だが，微分と積分では，どうも難しさが違うように思えるのだ。

微分の方は大抵の関数について，多少は忘れた箇所もあるとはいえ，なんとか計算できそうに思う。ところが積分となると，そんな，大抵は計算できるというような自信は全くない。多少複雑な関数でも解ける場合を何例かは知っているが，その例はきわめて少ない。

これは自分の不勉強と怠け癖(ぐせ)のせいか？　と少し反省して，あるとき偉い先生に聞いてみたら，「それが普通だ！　安心せい」と慰めてくれたので，内心ホッとした経験がある。

私が言っているのはこういうことだ。例えば定積分というと，すぐに思い出すのは

$$\int_0^1 x\,\mathrm{d}x=\left[\frac{1}{2}x^2\right]_0^1=\frac{1}{2}-0=\frac{1}{2} \tag{3.35}$$

とか

$$\int_1^\infty \frac{1}{x^2}\,\mathrm{d}x=\left[-\frac{1}{x}\right]_1^\infty=0+1=1 \tag{3.36}$$

という計算だ。これはまあ，簡単である。しかし，例えば，次の積分

$$I=\int_{-\infty}^{\infty}\frac{1}{x^4+b^4}\,\mathrm{d}x \qquad (b>0) \tag{3.37}$$

を計算しなさい，となると，はたと手が止まる。だいたいこんな難しい積分は高校では出てこなかった。難しいも何も，初めてお目にかかる代物（しろもの）だ。「こんなの解けるわけない！」と一瞬投げ出してしまいそうである。

しかし，この一見難解な積分も，複素関数論の「留数の定理」を使うと，簡単に計算できるから不思議なのだ。では，留数とは何だろう？

実数の世界で強引に式（3. 37）を積分しようと思っても，非常に巧妙な置換積分を思いつけば，確かに不可能ではありません。しかし，その置換をどうやって思いつくのかというと，もはや数学者たちの試行錯誤に頼るしかありません。複雑な積分には万能の解法は存在せず，場当たり的にいろいろな方法を編み出さないといけないのです。以下に述べる留数の定理は，その状況に救いの手を差し伸べるものです。

◆級数展開をどうぞ

少し前に，複素関数の積分についてコーシーの定理と公式の2つの式をお目に掛けた。定理と公式はどっちが偉いんだと聞かれれば，定理は基本的で，公式は使って便利なものだと答えていいだろう。その便利なほうの公式は，

$$\oint_{\mathrm{C}} \frac{f(z)}{z-a}\,\mathrm{d}z = i2\pi f(a) \tag{3.38}$$

という式で，特異点 $z=a$ を囲む閉経路による1周積分が，右辺の関数値によって与えられることを示していた。この式で被積分関数を $F(z)$ とおくと，

$$\oint_{\mathrm{C}} F(z)\mathrm{d}z = i2\pi f(a) \qquad \text{ただし，} F(z) = \frac{f(z)}{z-a}$$

と書ける。つまり，$z=a$ を特異点にもつ関数 $F(z)$ の，a を囲む1周積分の値は，右辺の，$i2\pi$ に $f(a)$ を掛けた値で与えられるのだ。

しかし，これだけでピンと来る人はいない。あと1つ，2つ，例を挙げよう。コーシーの積分公式を使って先ほどの「ちょっとだけ数学」でやった問題と答えは，

$$\oint_{\mathrm{C}} \frac{1}{z-a}\,\mathrm{d}z = i2\pi = i2\pi(\times 1)$$

であり，また，

$$\oint_{\mathrm{C}} \frac{\sin z}{z-a}\,\mathrm{d}z = i2\pi \sin a$$

であった。どちらも，特異点 a を囲む１周積分の値である。それらがいずれも，$i2\pi$ に「ある点での関数の値」にあたる式（3.34）の $f(a)$ を掛けたものになっている。

もうおわかりかと思うが，この「ある点での関数の値」が留数なのである。積分の値を計算するのに，この「ある点での関数の値」＝**留数**がわかれば，一発で答えが出る！　つまり，答えは「ある点での関数の値」に $i2\pi$ を掛ければよいだけだ。

留数は記号で Res（residue の略）と書き，被積分関数を f，特異点を a とするなら，$\mathrm{Res}(f, a)$ とか，$\mathrm{Res}[f(z)]_{z=a}$ などと書く。

留数の留は，留年の留だというと聞こえが悪いでしょうが，要するに「残る」という意味です。他意はありません。

何をどうして，あとに残るかというと，複素関数をベキ級数でローラン展開したものを周回積分したあとに，「ある点での関数の値」が残るのである。またまた，ローラン展開などという，テイラー展開の親戚みたいなのが出てきたが，テイラー展開は第１章で紹介した。関数 $f(x)$ をベキ級数を用いて，

$$
\begin{aligned}
f(x) &= f(a) + \frac{f'(a)}{1!}(x-a) + \frac{f''(a)}{2!}(x-a)^2 + \cdots \\
&\quad + \frac{f^{(n)}(a)}{n!}(x-a)^n + \cdots \\
&= \sum_{n=0}^{\infty} B_n (x-a)^n
\end{aligned}
$$

と展開できることを示したのはテイラーだったが，そのもとになる定理を厳密に証明したのは，またしても，われらがコーシーだった。

さて**ローラン展開**というのは，$z=a$ に特異点を持つ複素関数 $f(z)$ が，

$$f(z)=\cdots+\frac{A_{-2}}{(z-a)^2}+\frac{A_{-1}}{(z-a)}+A_0+A_1(z-a)+A_2(z-a)^2+\cdots+A_n(z-a)^n+\cdots$$

と，$(z-a)$ のベキ級数で展開できることを示している。命名からわかるとおり，19 世紀フランスの数学者ピエール・アルフォンス・ローラン（1813-54）の発見である。級数を Σ 記号で書けば，ローラン展開は

$$f(z)=\sum_{n=-\infty}^{\infty}A_n(z-a)^n$$

となるが，この係数 A_n と，テイラー展開の係数 B_n とは中身が違うので注意する必要がある。ローラン展開の係数は，テイラー展開のように微分によっては与えられない。1 価正則な関数 $f(z)$ が $z=a$ に特異点を持つということも，ローラン展開ができるための条件である。テイラー展開には，特異点の存在など，関係がない。

◆留数は残留する数

さて留年の，いやいや留数の留であるが，ローラン展開をした複素関数 $f(z)$ を，特異点を囲む閉経路で 1 周積分すると，なんと，$n=-1$ の項の係数，すなわち $A_{-1}(z-a)^{-1}$ の

項の係数 A_{-1} だけが残留して，他の項も係数もすべてが消えてなくなるのである。すなわち

$$\oint_C f(z)\mathrm{d}z=\oint_C \sum_{n=-\infty}^{\infty} A_n(z-a)^n \mathrm{d}z=2\pi i A_{-1}$$

となる。これで，係数 A_{-1} を留数と呼ぶ理由がおわかりのことと思う。それにしても不思議だ。なぜ，A_{-1} だけが？と思うのは誰しもであるが，寄り道していては日が暮れるので，先へ進もう。

関数 $f(z)$ を，特異点のまわりで１周積分したい，つまりは $z=a$ における留数を求めたいというとき，最初にわからなければならないのは特異点 a だろう。これまで，単純に特異点，特異点といってきたけれども，留数計算でいう特異点は，一般には**極**（ポール）と呼ばれる。

特異点にも種類があり，**除去可能特異点**，**極**，**真性特異点**という３種類に分類するのがふつうです。ただし，除去可能特異点は必ず正則点に置き換えられるので，おとなしすぎて特徴がなく，これに対して，真性特異点は手のつけようがないほど扱いが難しいじゃじゃ馬です。本書では，手軽に扱えて，しかも面白い性質をもつ極だけを扱うことにします。

特異点を難しくいうと，その点では正則な（１価で微分可能な）関数が正則でなくなってしまうような点のことだ。特異点のうち極というのは，関数 $f(z)$ がその近くで $1/(z-a)^n$ のようにふるまうような点 a のことだ，と教科書などには書いてある。でも，例えば $1/(z^2+1)$ や $1/\{z(z-1)\}$ が $1/(z-a)^n$ と同じようにふるまうとは，どういうことだろ

うか？

ここは手っ取り早く，このような点は関数 $f(z)$ が無限大になってしまう点，と憶えておくのも一手（ひとて）であろう。$1/(z-a)^n$ は $z=a$ で，また $1/(z^2+1)$ は $z=\pm i$ で，いずれも無限大に発散してしまう。

極（ポール）には，源氏物語にでも出てきそうな，1位の極とか2位の極という呼び方がある。例えばローラン展開式が

$$f(z)=\frac{A_{-1}}{(z-a)}+A_0+A_1(z-a)+A_2(z-a)^2+\cdots$$

であるとしよう。$z=a$ は1位の極と呼ばれる。また，分母に $(z-a)^n$ などの項があれば，n 乗になっているので n 位の極になる。だから，

$$f(z)=\frac{A_{-3}}{(z-a)^3}+\frac{A_{-2}}{(z-a)^2}+\frac{A_{-1}}{(z-a)}+A_0+A_1(z-a)+A_2(z-a)^2+\cdots$$

であれば，$z=a$ は3位の極である。何位の極であるかによって，留数の求め方は異なってくるので，単なる位だと，あなどってはいけない。先祖から天下ってくる貴族の位などとはワケが違うのだ。

なお，極が複数，つまり留数が1個でなく k 個ある場合には，それらを囲む1周積分は

$$\oint_C f(z)\mathrm{d}z=i2\pi\times(\text{閉曲線 C 内での } k \text{ 個の留数の総和})$$
$$=i2\pi\sum_{(k\text{ 個の極})}\mathrm{Res}(f,a)$$

となる。正式な呼び方としては，これには**留数の定理**という名前がついている。留数が１つであれば

$$\oint_{\mathrm{C}} f(z)\,\mathrm{d}z = i2\pi \mathrm{Res}(f, a) \tag{3.39}$$

と書けることは簡単にわかりますね。

ちょっとだけ 数学 3-7

次の閉曲線Ｃでの周回積分において，極を示すとともに，それらが何位の極であるかについて答えよ。

① $\oint_{\mathrm{C}} \frac{1}{z^2(z-2)}\mathrm{d}z$ ただし，閉曲線Ｃは図 3-13 に示すように円 $|z|=1$ である。

② $\oint_{\mathrm{C}} \frac{1}{z^2+1}\mathrm{d}z$　ただし，$|z|=1$。

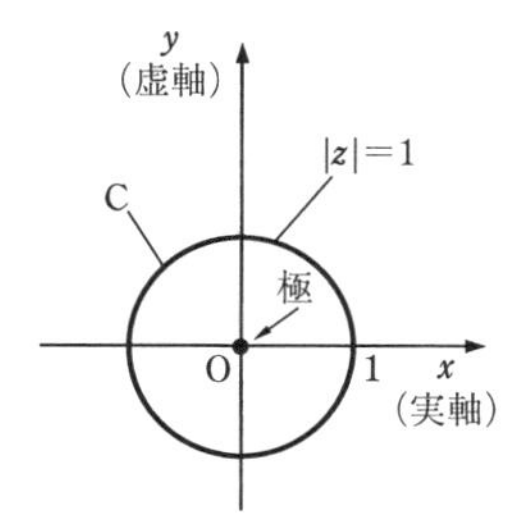

図 3-13　積分経路

［答え］ ①　極の候補としては被積分関数の値が ∞ になる条件から $z=0$ と $z=2$ があるが，$z=2$ は閉曲線Ｃの外にあるので，極は $z=0$ だけだ。z の項は２乗になっているので，$z=0$ は２位の極である。

②　$\frac{1}{z^2+1}=\frac{1}{(z+i)(z-i)}$ なので，$+i$ と $-i$ がともに１位の極となる。

◆留数は計算の道具

積分経路Cの内部に複素関数 $f(z)$ の極が存在するときには，積分値は留数の値で決まる。このことを留数の定理といったのだが，ここでは $z=a$ に1位の極がある場合の留数の計算について，繰り返しをいとわず，少し詳しく述べておこう。

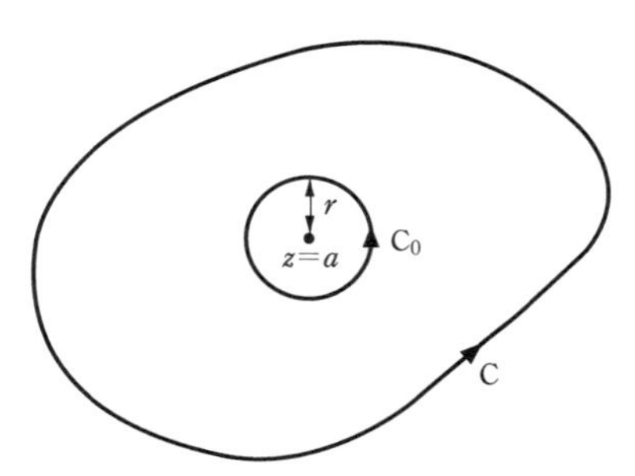

図3-14　極 $z=a$ を囲む経路

いま，複素関数 $f(z)$ の1位の極が図3-14に示すように $z=a$ にあると仮定しよう。この点を中心にした半径 r の円を閉曲線 C_0 とすると，$f(z)$ は $z=a$ 以外では正則だから，コーシーの定理の応用で

$$\oint_{C} f(z)\,dz=\oint_{C_0} f(z)\,dz \tag{3.40}$$

が成立する。また，仮定により

$$\begin{cases} z=a+re^{i\theta} \\ dz=ire^{i\theta}d\theta=i(z-a)d\theta \end{cases} \tag{3.41}$$

である。したがって，z を極表示すると留数は式（3.39）を使って

$$\begin{aligned}\mathrm{Res}(f, a) &= \frac{1}{2\pi i}\oint_{\mathrm{C}} f(z)\mathrm{d}z = \frac{1}{2\pi i}\oint_{\mathrm{C}_0} f(z)\mathrm{d}z \\ &= \frac{1}{2\pi}\int_0^{2\pi}(z-a)f(z)\mathrm{d}\theta\end{aligned} \tag{3.42}$$

となる。仮定により，$f(z)$ は $z=a$ で 1 位の極を持つ，すなわち，$z=a$ で無限大になるので，次の式

$$\lim_{z\to a}(z-a)f(z) = C \quad (C \text{ は定数}) \tag{3.43}$$

が成り立つはずである。また，C_0 の半径 r を 0 に漸近させても（したがって $z\to a$ としても），$f(z)$ の積分値は変わらないので，式（3.42）の留数 $\mathrm{Res}(f, a)$ も変わらず，それは

$$\mathrm{Res}(f, a) = \lim_{z\to a}\frac{1}{2\pi}\int_0^{2\pi}(z-a)f(z)\mathrm{d}\theta = \frac{1}{2\pi}\int_0^{2\pi} C\mathrm{d}\theta = C \tag{3.44}$$

となる。式（3.43）と式（3.44）の定数 C は全く同じものであり，したがって，関数が 1 位の極を持つ場合の留数は，次の式

$$\mathrm{Res}(f, a) = \lim_{z\to a}(z-a)f(z) \tag{3.45}$$

で与えられることがわかる。結局，$f(z)$ の積分値は，留数の定義式（3.39）を使い，留数の値 $\mathrm{Res}(f, a)$ に $2\pi i$ を掛けて求めることができる。

1 位の極での留数は式 (3. 45) から計算できるので，結局，$f(z)$ の積分値は，積分を実行しなくても極限の計算から得られる，というわけです。

以上は，複素関数が 1 位の極を持つときの話であるが，$f(z)$ が n 位の極を持つ場合にも，留数は極限値の計算によって求めることができる。証明は省略するが（もちろん憶える必要もないが），n 位の極を持つ場合の留数は次の式で与えられる。

$$\mathrm{Res}(f,a)=\frac{1}{(n-1)!}\lim_{z\to a}\left[\frac{\mathrm{d}^{n-1}}{\mathrm{d}z^{n-1}}\{(z-a)^n f(z)\}\right] \quad (3.46)$$

厳密な証明をしないまでも，この式がせめて式 (3.45) を含んでいるかどうかぐらいはチェックしておこう。式(3.46) において，$(n-1)!$ は $n=1$ のときに $0!$ となるが，この値は 1 になる（！）ことに注意すると，この式において $n=1$ とおくことにより，式 (3.46) は式 (3.45) に一致する。つまり，式 (3.46) は式 (3.45) を含んでいることがわかる。

COLUMN 飛行機はなぜ飛ぶか

留数の定理 $\mathrm{Res}(f,a)=\frac{1}{i2\pi}\oint_{\mathrm{C}} f(z)\,\mathrm{d}z$ を応用して実数の定積分を，求めなさいという問題は，複素関数論の練習問題として非常によく出題されます。こういう計算が何の役に立っているかというと，いろいろあるのですが，最も際立っているのが飛行機を飛ばす流体力学です。

飛行機を宙に浮かせているのは，翼に働く揚力です。この揚力を計算するのに，実数の周回積分，ひいては留数の定理が使われているのです。

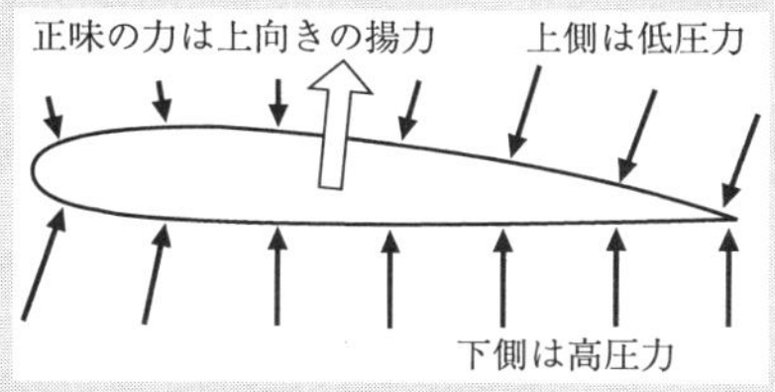

図 3-15　翼面上に働く圧力

かいつまんで説明すると，飛行機のまわりには当然ながら空気があるので，空気は翼に対してたえず圧力を及ぼしています。飛行機が止まっていれば何も起こりませんが，飛行機が滑走路を走ってスピードを得ることにより，翼のまわりの空気に流れが生じて，圧力の分布が変わってきます。

ここで，翼のまわりの圧力を翼の全面にわたって積分すれば，翼の上側より翼の下側のほうが圧力が高くなり，飛行機は下から上へと押し上げられる，これが揚力である……という結果が導かれるわけです。留数の定理は，こうした積分を最も得意としています。

3.6
難しい積分の簡単解法 留数とその応用

◆留数解析という極意

「留数」というと，複素関数論を専門に研究している数学者が仲間内でだけ使う符牒（ふちょう）のように思う人もおられるでしょうね。しかし，さにあらず！　留数を使うと，普通ではとても手に負えないような難しい実数の積分が，すらすらと解けるのである。実に魔法にかかったような気になる。留数のもつ醍醐味（だいごみ）を，実例を見ながら味わうことにしよう。

> クイズ：　次の積分値Iを求めよ。
>
> $$I=\int_{-\infty}^{\infty}\frac{1}{x^4+b^4}\,\mathrm{d}x \qquad (b\text{ は実数で，}b>0) \qquad (3.47)$$

これは，p.241 で紹介しっぱなしになっていた積分の問題だ。見るからに，これは難しい！　という感じがする。しかし，難しい積分，ふつうではとても解けそうにない積分が留数を使うと解ける，ということを実感するには，解く問題は少々難しいほうがよいだろう。そう考えて，この問題に挑戦することにした。

留数を使って実数の積分の値を計算することを，特に**留数解析**と呼ぶことがあります。

マジックを使うには準備が要るし，方針も必要である。式 (3.47) の積分を解く方針として，①留数を求める，②留数の計算結果を実積分の計算に利用する，の 2 つを立てよう。

◆まずは留数が欲しい

では始めよう。留数を使うためには，実関数の被積分関数を複素関数 $f(z)$ に見立てる必要がある。そこで，
$f(z)=1/(z^4+b^4)$ として，まず

$$I'=\oint_C f(z)\,\mathrm{d}z \tag{3.48}$$

を計算してみる。留数を使うには極を求めねばならないが，それには $z^4+b^4=0$ を因数分解する必要がある。これを強引（ごういん）に実行すると

$$z^4+b^4=(z^2+ib^2)(z^2-ib^2)=0 \tag{3.49}$$

となる。この式の因数分解をさらに進めるのは，式の中に虚数が入って来たのでまたしても難題である。次の 2 つの式

$$z^2+ib^2=0,\quad z^2-ib^2=0$$

を解かねばならないのだ。しかし，あっ！　思い出した！この章の初めのほうで，$z^2=i$ の計算をした記憶がある。そのときの答え――「ちょっとだけ数学 3-3」の答え，p.218 の式 (3.14) ――は

$$z=\cos(\pi/4+n\pi)+i\sin(\pi/4+n\pi) \tag{3.14}$$

であった。解は無限個あるが，その中で 0° から 360° に収ま

る偏角 $\arg z$ の主値を書けば，$\arg z=\pi/4$ と $\arg z=5\pi/4$ だ。だから，

$$z=\pm\frac{1+i}{\sqrt{2}}$$

が解となるのだった。この結果を利用すると，$z^2=ib^2$ の解は

$$z=\pm\frac{b}{\sqrt{2}}(1+i)$$

と求まる。次に，$z^2=-ib^2$ の解だが，これも $z^2=ib^2$ の場合と同様に考えると，$z^2=-ib^2$ は

$$z^2=b^2\left(\cos\frac{3}{2}\pi+i\sin\frac{3}{2}\pi\right)$$

と書き換えることが可能だ。すると，$\arg z^2=3\pi/2$ だから，$\arg z=3\pi/4$ になる。また，$|z|^2=b^2$ で $b>0$ であることを考えると

$$z=\pm b\left(\cos\frac{3}{4}\pi+i\sin\frac{3}{4}\pi\right)=\pm\frac{b}{\sqrt{2}}(-1+i)$$

となる。以上の計算の結果，$f(z)$ の分母は

$$\begin{aligned}(z^4+b^4)=&\left(z-\frac{b}{\sqrt{2}}-\frac{b}{\sqrt{2}}i\right)\left(z+\frac{b}{\sqrt{2}}+\frac{b}{\sqrt{2}}i\right)\\&\left(z-\frac{b}{\sqrt{2}}+\frac{b}{\sqrt{2}}i\right)\left(z+\frac{b}{\sqrt{2}}-\frac{b}{\sqrt{2}}i\right)\end{aligned}$$

と因数分解できるので，$f(z)$ には4つの極があることがわかる。そして，これらの極はすべて1位の極である。

式（3.45）により，上の4つの極についての留数の値を順番に計算すると，以下のようになる。すなわち

$$\mathrm{Res}(f, a_1) = \lim_{z \to \frac{b}{\sqrt{2}}(1+i)} \left\{ \left(z - \frac{b}{\sqrt{2}} - \frac{b}{\sqrt{2}}i\right) \right.$$

$$\left. \times \frac{1}{\left(z - \frac{b}{\sqrt{2}} - \frac{b}{\sqrt{2}}i\right)\left(z + \frac{b}{\sqrt{2}} + \frac{b}{\sqrt{2}}i\right)\left(z - \frac{b}{\sqrt{2}} + \frac{b}{\sqrt{2}}i\right)\left(z + \frac{b}{\sqrt{2}} - \frac{b}{\sqrt{2}}i\right)} \right\}$$

$$= \frac{1}{2\sqrt{2}(i+1)ib^3} = \frac{1-i}{4\sqrt{2}\,i} \cdot \frac{1}{b^3}$$

同様にして，他の留数も

$$\mathrm{Res}(f, a_2) = -\frac{1-i}{4\sqrt{2}\,i} \cdot \frac{1}{b^3}, \quad \mathrm{Res}(f, a_3) = \frac{1+i}{4\sqrt{2}\,i} \cdot \frac{1}{b^3},$$

$$\mathrm{Res}(f, a_4) = -\frac{1+i}{4\sqrt{2}\,i} \cdot \frac{1}{b^3}$$

と求まる。計算が少々面倒だったが，$f(z)$ の極についてのすべての留数が計算できた。

これらの極点を図に描いてみると，図 3-16 に示すように，極 a_1 と a_3 は実軸の x 軸より上に，また a_2 と a_4 は下に位置する。

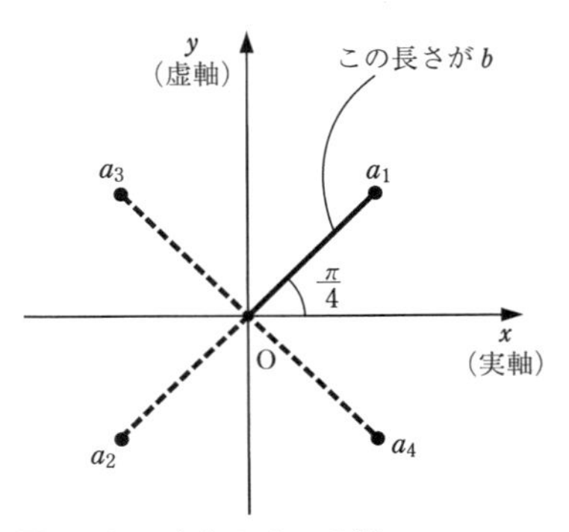

図 3-16　$f(z)$ の 4 つの極

◆積分をやりとげる数術

では，これらの留数を用いて，式 (3.48) の I' を計算してみよう……といっても，上で求まった 4 つの留数を，なりふりかまわず全部使えばいいというものではない。式 (3.48) の積分経路 C は極を囲むように選ぶ必要があるのはもちろんだが，無考え(むかんが)に 4 個の極をすべて囲んでみても，うまくはいかないのだ。

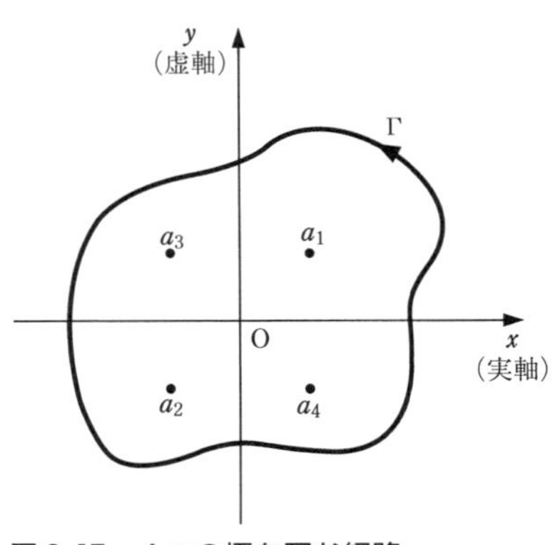

図 3-17　4 つの極を囲む経路

試しに，4個の極をすべて囲むような経路Γ（図3-17）で I' を求めると，留数の定理によって

$$I'=\oint_{\Gamma} f(z)\,\mathrm{d}z$$
$$=2\pi i\cdot\frac{1}{b^{3i}}\left(\frac{-i+1}{4\sqrt{2}}+\frac{i-1}{4\sqrt{2}}+\frac{i+1}{4\sqrt{2}}-\frac{i+1}{4\sqrt{2}}\right)=0$$

が出てきますが，この値は，いま求めたい実積分 I を求めるのには何の役にも立ちません。積分値がゼロという結果は一見エレガントですが……。

だったらどうすればいいのかというと，話は簡単。私たちの当初の目的は，複素積分 I' を利用して，実関数の積分 I を計算することだった。実関数の積分というのは，ガウス平面でいえば，実軸上の経路として積分を行うことに相当する。

そう，複素積分 I' を計算する際，積分経路を一工夫（ひと）して，**実軸が積分経路Cの上に含まれる**ようにとるべきだったのです。

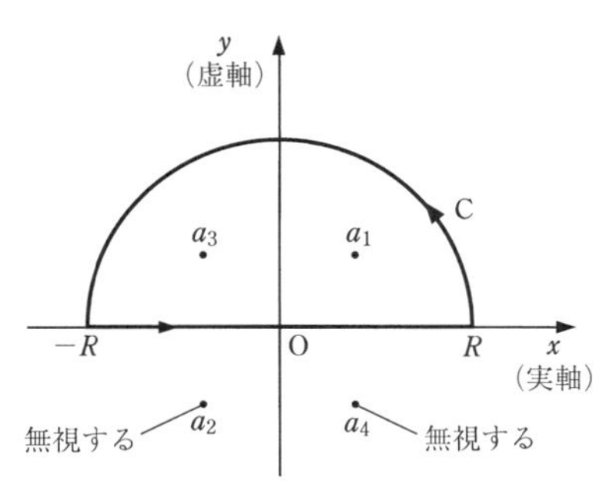

図3-18　半円周の経路

そこで，積分経路が実軸の上に乗るような閉曲線Cで，最も計算が簡単そうな形を考えてみると，図3-18のような半円になるでしょう。この閉曲線は2つの部分からなり，1つは半径Rのお椀（わん）形の半円上で，この半円は極a_1とa_3を含み，x軸より上部にある。また，もう1つは，x軸上の$-R$からRまでの実軸上の直線である。

この半円と直線でもって，閉曲線Cが構成されているとする。いきおい，閉曲線Cは，4つの極のうちa_1とa_3という2つだけを囲むことになる。4つもの留数をせっかく求めた手前もったいない話なのだが，極a_2と極a_4は，私たちの目的には不要なのです。

さて，半円と直線からなる閉曲線Cに沿った1周積分I'は

$$I' = \oint_{\mathrm{C}} \frac{1}{z^4 + b^4} \, \mathrm{d}z \tag{3.50}$$

となるが，この積分I'は，積分経路を2つの領域に分けることができる。一方は，x軸上の$-R$からRまでの実数領域であり，他方はx軸より上の半円部分で，複素数の領域である。これらの積分値をそれぞれI_1とI_2とすると

$$I' = I_1 + I_2 \tag{3.51}$$

である。

まず，実軸上の積分I_1を計算しよう（変数もzでなく，xとする）。これは，積分範囲である半円の半径Rを無限大∞に近づければ，最初に与えられた問題式となる。

すなわち

$$I_1=\int_{-R}^{R}\frac{1}{x^4+b^4}\,\mathrm{d}x \xrightarrow[R\to\infty]{} \int_{-\infty}^{\infty}\frac{1}{x^4+b^4}\,\mathrm{d}x=I \quad (3.52)$$

である。

次に，半円周上の積分 I_2 については，分母で次の関係

$$|z^4+b^4|\geqq|z^4|-b^4=R^4-b^4 \quad (3.53)$$

が成立することにまず注目する。次に極形式で $z=Re^{i\theta}$ とおくと，$\mathrm{d}z=iRe^{i\theta}\mathrm{d}\theta$ となるので，I_2 は次のように書ける。

$$I_2=\int_{C_R}f(z)\,\mathrm{d}z=i\int_0^{\pi}\frac{Re^{i\theta}}{R^4e^{i4\theta}+b^4}\,\mathrm{d}\theta \quad (3.54)$$

なお，C_R は点 R から点 $-R$ までを山なりに進む半円の経路を示す。ここで，I_2 の絶対値を考えると

$$|I_2|=\left|\int_0^{\pi}\frac{Re^{i\theta}}{R^4e^{i4\theta}+b^4}\,\mathrm{d}\theta\right|\leqq\int_0^{\pi}\frac{R}{R^4-b^4}\,\mathrm{d}\theta$$
$$=\frac{R\pi}{R^4-b^4} \xrightarrow[R\to\infty]{} 0 \quad (3.55)$$

となる。つまり，I_2 の絶対値も，半円の半径 R を∞にすると 0 になる。ということは，I_2 の値が 0 になることを示している。すると，式 (3.51) の関係より，結局，$I'=I$ となり，I' を計算すれば I が求まることがわかる。

そこで，いよいよ最後の仕上げとして，式 (3.50) の積分，つまり，I' を計算しよう。I' の積分値は，1 位の極 a_1 と a_3 が閉曲線の内部にあるので，この 2 つの極の留数を求め，これらを加え合わせればよい。

すなわち，

$$I'=2\pi i\{\mathrm{Res}(f, a_1)+\mathrm{Res}(f, a_3)\} \tag{3.56}$$

となる。$\mathrm{Res}(f, a_1)$ と $\mathrm{Res}(f, a_3)$ は，上の I' の計算の際に求めたので，これを利用すると，I' は

$$I'=2\pi i\left(\frac{1-i}{4\sqrt{2}\,i}\cdot\frac{1}{b^3}+\frac{1+i}{4\sqrt{2}\,i}\cdot\frac{1}{b^3}\right)=\frac{\sqrt{2}\,\pi}{2b^3} \tag{3.57}$$

となる。すでに見たように $I=I'$ なのだから，結局，積分値 I は

$$I=\frac{\sqrt{2}\,\pi}{2b^3}$$

と求まる。めでたし，めでたし。

……これほど長い計算を延々と行って，簡単だとは何事かとお叱りを受けそうであるが，留数を使わずに定積分を求めてみると，とてもとても，これくらいの紙数ではラチがあかない。これくらいの労力で解けただけでもありがたいと思わなければいけないし，考えようによっては，簡単な計算なのである。

第 4 章

無数の波から生まれる不思議

昔の携帯電話（1952 年）。重さは 3kg あった。現在の機種はもっと軽量で高性能だが，その基礎となるフーリエ解析の原理は変わらない。

フーリエ解析

4.1
すべては波の重ね合わせ　フーリエ級数

◆数学界に現れた神童

驚いた　三角山をバラしてみれば
なんと出てきた無数の波が！

フーリエ解析のフーリエというのは人物名で，フルネームはジャン・バティスト・ジョゼフ・フーリエ（1768-1830）という。18 世紀末から 19 世紀の人，わが国でいえば江戸時代の中頃にフランスで活躍した有名な数理物理学者である。貧しい仕立て職人の息子に生まれ，8 歳で両親を亡くして孤児になってしまった。それでいて，よく数学などに熱中できたものですね？　と，疑問さえ抱いてしまう。

というのは，古くから数学は貴族趣味の 1 つで，食うや食わずの若僧のやることではなかったからである。そして，数学は貴族の道楽の 1 つというか，楽しい遊びの 1 つだったのである。

フーリエ

ということは，一旦（いったん）やりだすと数学は楽しくて面白くてやめられないものだったに違いない。フーリエだって，無理矢理入れられた修道院で，周囲の司教や神父から「数学を勉強しなさい！」

と，強制されたりしたことは一切なかったはずである。神学の勉強がまず大事なはずだから。

それなのにフーリエは数学をやった。数学は，もともとは楽しいものなのだ。「両親や先生が，僕らをもっと放ったらかしておいてくれたら，僕は，数学がもっともっと好きになったものを！　得意になったものを！」ということもあるかもしれないのだ。

脱線しました。もとに戻ろう。仕立屋の小倅(こせがれ)だったフーリエは，食べるにも事欠くような惨めな環境にもめげず，自分の才能を磨(みが)いて見事に大成した。こう書くと，一見立身出世の美談に聞こえるが，私は思う。フーリエは何かの拍子に，数学の本当の面白さを発見したに相違ない。

誰だって，やることが面白ければ，少々つらくたって辛抱できる。空腹にだって耐えられるかもしれないのだ。孤児になったフーリエは，やがて修道院に引き取られ，そこからさらに修道院の傘下の陸軍士官学校へやられた。おそらく，彼の性格や才能が見込まれたうえでのことだろう。

修道院の話に戻ると，フーリエは頑張った。薄暗いロウソクの明かりの下で数学に没頭した。こんな話もある。修道院の学校だから，門限があり，消灯時間がある。消灯時間以降は部屋の中でロウソクは使えない。しかし，だからといって他の修道院生と同じように寝てしまったのでは，好きな勉強は少しも進まない。フーリエは一生懸命考えた。

「消灯時間でもロウソクを灯(とも)すことのできる場所はないか？火が灯っていても怪しまれない所はないか？」

フーリエは考えた末に，ついにそれを見つけた。皆さん，フーリエの考え付いた良いアイデアとは何だと思いますか？

驚くなかれ，フーリエは便所の中で数学を勉強することを思い付いたというのだ。便所の中ならロウソクを灯しても誰も怪しまない。もっとも，神父さんは思ったかもしれない。「フーリエは便秘かな？　便所に入っている時間がえらく長いねえ……」と。

好きであれば，そして，やる気があれば，お金がなくても時間がなくても勉強はできるものらしい。フーリエはこのことを立派に証明して見せてくれた。

それにしても18世紀のフランスといえば貴族が幅を利（き）かせた社会だ。普通では，貧乏人の倅のフーリエが，士官学校を出たとはいえ将校にはなれず，ましてや数学者として宮廷で活躍できるわけはない。

フランス革命

やはり秘密はあった。18世紀末のフランスといえば，フランス革命（1789年）が起こった。不完全だったとはいえ，貧富の差や階級制度が打破され，市民が平等になりつつあった。革命政府が高等師範学校（エコール・ノルマル・シュペリウール）や理工科学校（エコール・ポリテクニーク）を設立したものだから，修道士をやめてパリに出たフーリエにも理工科学校の助手の職が回ってきた。

フーリエの講義はすばらしかったという。やがてフーリエはそのすばらしい才能を認められて，ナポレオンのエジプト遠征にも随行するようになった。ナポレオンからの信任は篤(あつ)く，彼の創設したエジプト研究所の所長にもフーリエは就任している。フーリエは政治的な才能にも恵まれていたらしく，南仏イゼール県の知事なども歴任している。

半端ではない県知事の仕事をこなしつつも，フーリエはその名を後世にとどめることになった記念碑的論文を書き上げた。その論文は「熱の解析的理論について」というものだ。

フランス学士院はフーリエの研究の有望さを見抜き，1811年度の懸賞問題を「熱の数学的理論」とした。学士院のもくろみどおり，フーリエはこの懸賞問題にさっそく応募して，見事グランプリを手にした。

その懸賞論文の中に，これから述べる「フーリエ級数，フーリエ変換」の基本概念があったのである。熱伝導の研究といっても，結局は，フーリエの目指すところは微分方程式の巧みな解き方であった。

◆中年の主張

「熱の数学的理論」が公募された1811年，男盛(ざか)りの43歳のフーリエは，大胆(だいたん)にも次のように主張した。

どんな関数でも三角関数の級数で表現できる。級数に展開できない関数など，この世に存在しない！

厳密な証明は後世の数学者によることになるのだが，ともかくも，このフーリエの説に従うと，ある関数を $f(x)$ とすると，それは次のように

$$f(x)=\frac{a_0}{2}+a_1\cos x+a_2\cos 2x+\cdots+a_n\cos nx+\cdots$$
$$+b_1\sin x+b_2\sin 2x+\cdots+b_n\sin nx+\cdots$$
$$=\frac{a_0}{2}+\sum_{n=1}^{\infty}(a_n\cos nx+b_n\sin nx) \tag{4.1}$$

と，三角関数の級数に展開できる。そして，フーリエは式(4.1) の各係数 a_0，a_n および b_n は，それぞれ次の式

$$a_0=\frac{1}{\pi}\int_{-\pi}^{\pi}f(x)\mathrm{d}x \tag{4.2}$$

$$a_n=\frac{1}{\pi}\int_{-\pi}^{\pi}f(x)\cos nx\mathrm{d}x \tag{4.3}$$

$$b_n=\frac{1}{\pi}\int_{-\pi}^{\pi}f(x)\sin nx\mathrm{d}x \tag{4.4}$$

で表されるとした。この式 (4.1) が，**フーリエ級数**である。

式 (4.2) から式 (4.4) までの係数 a_0，a_n，b_n がこのような式で表されることの証明は，「4.3　知っておくと便利な基礎事項」のところでゆっくりやることにする。ここではフーリエの主張していることが正しいかどうか，簡単な例を用いて確かめてみよう。そこで，図 4-1 に示す三角山がフーリエ級数で表されるかどうか見てみよう。

図 4-1　三角山

おっと,「三角山は関数のグラフではないんじゃないですか？」ですって，それはないでしょう！　フーリエさんの言い草ではないですが，今や，どんな形でも関数で表すことができるんです。だから,三角山なんて簡単に関数で表せます。

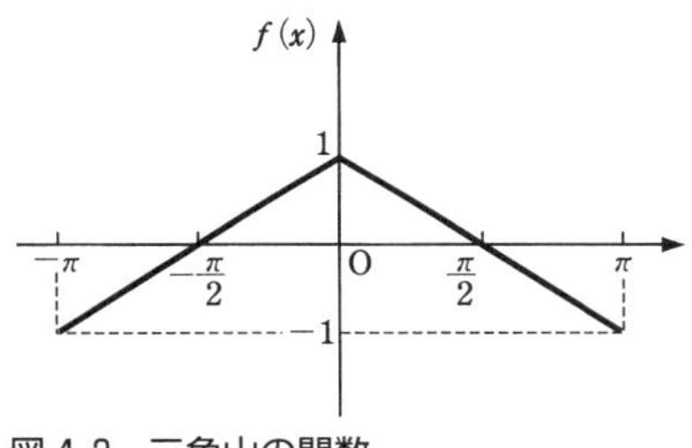

図 4-2　三角山の関数

ここでは，今後の都合も少し考慮して，三角山の関数を図 4-2 に示すように，1 周期が $-\pi$ から π までの周期関数とし，これから考えるのは 1 周期の範囲内で，横軸に示される変数 x の値は $-\pi$ から π まで，また，縦軸に表される関数 $f(x)$ の値は -1 から 1 までとしよう。すると，三角山を表す関数 $f(x)$ は，$x=0$ を境として次のような 2 つの直線の式で表すことができる。

$$f(x)=\begin{cases} 1+\dfrac{2}{\pi}x & (-\pi \leqq x \leqq 0) \\ 1-\dfrac{2}{\pi}x & (0 \leqq x \leqq \pi) \end{cases} \tag{4.5}$$

◆欲しいのは係数だ

フーリエの説に従い，この関数 $f(x)$ が式（4.1）のフーリエ級数に展開できるとして，係数 a_0, a_n, b_n を求めてみよう。この a_0, a_n, b_n を，**フーリエ係数**という。

まず，図 4-2 を見ればわかるように，この式 $f(x)$ は $x=0$ に関して対称な形をしている。しかも，この関数 $f(x)$ は周期関数であると仮定した。

グラフが $x=0$ に対して対称な関数は，偶関数と呼ばれます。また，グラフが原点（0, 0）に対して点対称な形をしているような関数は，奇関数と呼ばれます。$\cos x$ は偶関数の例，$\sin x$ は奇関数の例です。詳しくは次ページのコラムを参照してください。

フーリエ係数 a_n, b_n は式 (4.3), 式 (4.4) を見ればわかるように，関数 $f(x)$ に $\cos nx$ または $\sin nx$ を掛けて $-\pi$ から π まで積分したものだ。この場合，もしも関数 $f(x)$ が偶関数なら，これと $\cos nx$ との積は偶×偶で偶関数となり，それを $-\pi$ から π まで積分するとゼロでない積分値を得る。つまり，式（4.3）の a_n の項はすべて残る。

しかし偶関数 $f(x)$ と奇関数 $\sin nx$ との積は奇関数となり，それの $-\pi$ から π までの積分値はゼロである。すなわち b_n の項はすべてゼロになって，消えてしまう。

整理すると，$f(x)$ が偶関数なら，フーリエ級数は a_n の項だけになり，（同様に考えて）$f(x)$ が奇関数なら，フーリエ係数 b_n だけを計算すればよいということになる。

COLUMN

偶関数と奇関数

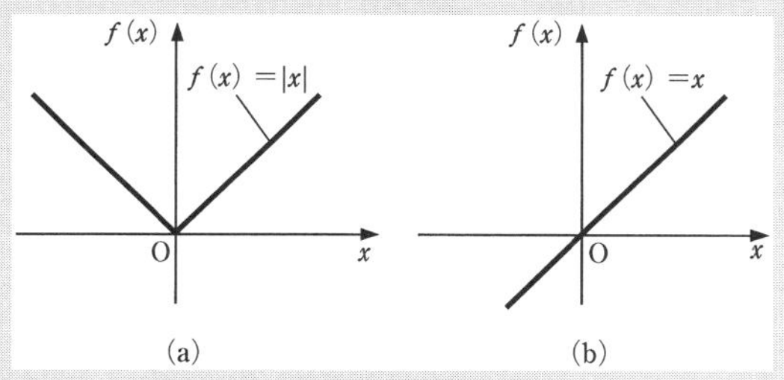

図 4-3　偶関数と奇関数

偶関数（イーブン・ファンクション）(even) というのは，式で表すと

$$f(-x)=f(x)$$

のようになる関数です。この式は，原点（$x=0$）に対してプラス側でもマイナス側でも同じ形をしているという意味で，例えば，図 4-3(a)に示すように，$x=0$ に関して対称な関数です。また，このような偶関数を even の頭(かしら)文字 e を使って $f_{\mathrm{e}}(x)$ とすると，周期が $-\pi$ から π までを最短の周期とする周期関数であれば，この周期 $[-\pi, \pi]$ の間で積分すると，次のように

$$\int_{-\pi}^{\pi} f_{\mathrm{e}}(x)\mathrm{d}x=2\int_{0}^{\pi} f_{\mathrm{e}}(x)\mathrm{d}x$$

となります。

また，奇関数（オッド・ファンクション）(odd) は，同じように $f_{\mathrm{o}}(x)$ と書くと，

$$f_{\mathrm{o}}(-x)=-f_{\mathrm{o}}(x)$$

と表され，図 4-3(b)に示すように，原点に対して点対称に

なります。また，この関数が周期関数ならば，一般に奇関数はこれを周期の間で積分すると，その値は次のように

$$\int_{-\pi}^{\pi} f_o(x)\mathrm{d}x=0$$

ゼロとなります。

したがって，偶関数の三角山の例では，式（4.1）の係数 a_0 と a_n のみを計算すればよい。これらは，次のようになることは式（4.5）から明らかだ。

$$\begin{aligned} a_0&=\frac{1}{\pi}\int_{-\pi}^{0}\left(1+\frac{2}{\pi}x\right)\mathrm{d}x+\frac{1}{\pi}\int_{0}^{\pi}\left(1-\frac{2}{\pi}x\right)\mathrm{d}x \\ &=\frac{1}{\pi}\left\{\left[x+\frac{1}{\pi}x^2\right]_{-\pi}^{0}+\left[x-\frac{1}{\pi}x^2\right]_{0}^{\pi}\right\}=0 \end{aligned} \tag{4.6}$$

$$a_n=\frac{1}{\pi}\int_{-\pi}^{0}\left(1+\frac{2}{\pi}x\right)\cos nx\,\mathrm{d}x+\frac{1}{\pi}\int_{0}^{\pi}\left(1-\frac{2}{\pi}x\right)\cos nx\,\mathrm{d}x \tag{4.7}$$

もちろん，上の議論から，$b_n=0$ である。

式（4.7）を計算するには，部分積分を使う必要がある。第1章（p.34）でご紹介した部分積分の公式は，

$$\int_a^b f(x)g'(x)\mathrm{d}x=\Big[f(x)g(x)\Big]_a^b-\int_a^b f'(x)g(x)\mathrm{d}x$$

であったから，式（4.7）の右辺の第1項を部分積分すると

$$\frac{1}{\pi}\int_{-\pi}^{0}\left(1+\frac{2}{\pi}x\right)\cos nx\,\mathrm{d}x=\frac{1}{\pi}\left[\frac{1}{n}\left(1+\frac{2}{\pi}x\right)\sin nx\right]_{-\pi}^{0}-\frac{2}{n\pi^2}\int_{-\pi}^{0}\sin nx\,\mathrm{d}x \quad (4.8)$$

となる。この定積分の値は，n が偶数か奇数かによって異なる。すなわち，式（4.8）の右辺第1項は（定積分の上端でも下端でも $\sin nx$ は0となるので）n の奇偶にかかわらず0であるが，第2項を計算してみると n が偶数のときは0で，奇数のときのみ $4/(n\pi)^2$ となる。

さらに，式（4.7）の右辺の第2項は

$$\frac{1}{\pi}\int_{0}^{\pi}\left(1-\frac{2}{\pi}x\right)\cos nx\,\mathrm{d}x=\frac{1}{\pi}\left[\frac{1}{n}\left(1-\frac{2}{\pi}x\right)\sin nx\right]_{0}^{\pi}+\frac{1}{n\pi^2}\int_{0}^{\pi}\sin nx\,\mathrm{d}x \quad (4.9)$$

となるが，これも同様に n の奇偶で値が変わり，n が奇数のときのみ $4/(n\pi)^2$ となる。したがって係数 a_n は，式（4.8）と式（4.9）で得られる結果を加えて，まとめると

$$a_n=\begin{cases} 0 & : n\text{ が偶数のとき} \\ \dfrac{8}{(n\pi)^2} & : n\text{ が奇数のとき} \end{cases} \quad (4.10)$$

と求まる。

ところで，部分積分というのは第1章でも取り上げはしたが，特に三角関数の絡んだ部分積分がこの章ではたびたび出てくるので，次に演習問題として取り上げよう。面倒でも，やってみて計算に慣れてほしい。

ちょっとだけ 数学 4-1

次の積分を実行してください（積分定数は省略してよい）。

(1) xe^x　　(2) $x\cos x$

(3) $x\cos^2 x$　　(4) $x^2\cos x$

[答え] (1) 少し難しそうに見えるが，部分積分を使えば，そうでもない。部分積分というのは一般的に書くと次のようになる。

$$\int f(x)g'(x)\mathrm{d}x = f(x)g(x) - \int f'(x)g(x)\mathrm{d}x$$

この問題では，$f(x)=x$，$g'(x)=e^x$ とおくと，$g(x)=e^x$ なので，

$$\int xe^x\mathrm{d}x = xe^x - \int e^x\mathrm{d}x = xe^x - e^x = e^x(x-1)$$

(2) $f(x)=x$，$g'(x)=\cos x$ とおくと，$g(x)=\sin x$ なので，

$$\int x\cos x\,\mathrm{d}x = x\sin x - \int \sin x\,\mathrm{d}x = x\sin x + \cos x$$

(3) $f(x)=x$，$g'(x)=\cos^2 x=(\cos 2x+1)/2$ とおくと，

$$g(x)=\{(1/2)\sin 2x + x\}/2$$

なので

$$\int x\cos^2 x\mathrm{d}x = \frac{1}{2}x\left(\frac{\sin 2x}{2}+x\right) - \frac{1}{2}\int\left(\frac{\sin 2x}{2}+x\right)\mathrm{d}x$$

$$= \frac{1}{2}x\left(\frac{\sin 2x}{2}+x\right) - \frac{1}{2}\left(-\frac{\cos 2x}{4}+\frac{1}{2}x^2\right)$$

$$= \frac{1}{4}x\sin 2x + \frac{1}{8}\cos 2x + \frac{1}{4}x^2$$

(4)　$f(x)=x^2$, $g'(x)=\cos x$ とおくと $g(x)=\sin x$ なので

$$\int x^2\cos x\,dx = x^2\sin x - \int 2x\sin x\,dx$$

となり，右辺第２項にもう一度部分積分を適用すると

$$\int 2x\sin x\,dx = -2x\cos x + 2\int \cos x\,dx$$
$$= -2x\cos x + 2\sin x$$

となるので，この結果を代入して

$$\int x^2\cos x\,dx = x^2\sin x + 2x\cos x - 2\sin x$$

さて，上で実行したような係数 a_0，a_n，b_n についての計算結果を，最初の式（4.1）に入れると，（三角山の）求めるフーリエ級数は，cos 関数の奇数項のみになって，次の式

$$f(x)=\frac{8}{\pi^2}\left(\cos x+\frac{1}{3^2}\cos 3x+\frac{1}{5^2}\cos 5x+\frac{1}{7^2}\cos 7x+\frac{1}{9^2}\cos 9x+\cdots+\frac{1}{(2n-1)^2}\cos(2n-1)x+\cdots\right) \quad (4.11)$$

で表されることになる。

◆計算と図で確かめてみる

しかし，式（4.11）で表される cos 関数の級数の和は，本当に図 4-1 に示した三角山を表しているのだろうか？　式（4.11）だけを見ていたのでは，いくら目を皿にしてもなかなか納得できそうにない。私は騙（だま）されませんよ！　という不満の声が聞こえてきそうである。

そこで，式（4.11）で表される級数の和を具体的に計算してみよう。その結果が図 4-4 だ。

面倒なようでも，パソコンで表計算ソフトを使えば，この程度の計算はなんでもありません。

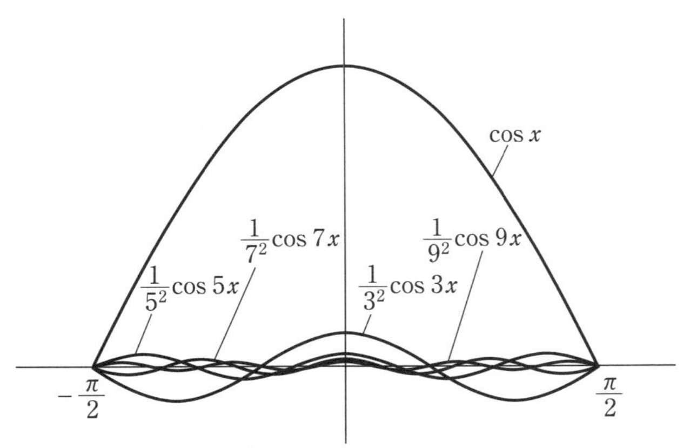

図 4-4　cos の種々のグラフ

ここの計算では少しサボッて，x の範囲を $-\pi/2$ から $\pi/2$ までとした。次に，それら $\cos x$ から $(1/9^2)\cos 9x$ までについての 5 つの項を加え合わせた結果を図 4-5 に示した。この結果は式（4.11）で表されるフーリエ級数 $f(x)$ に対応するはずである（ただし，頭につく係数 $8/\pi^2$ は便宜上除く）。

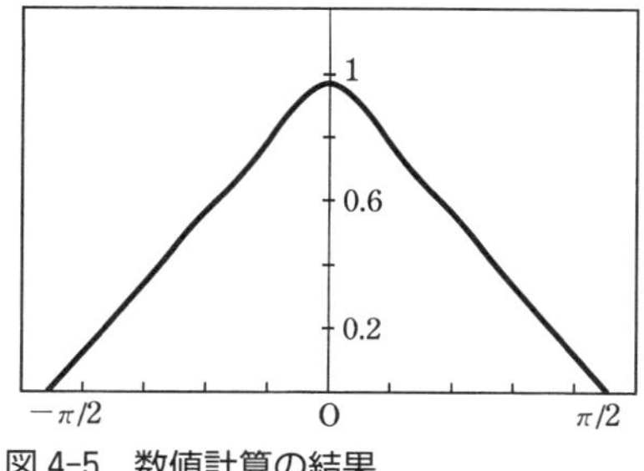

図 4-5　数値計算の結果

確かに図 4-5 に示した計算結果は，図 4-2 に示した三角山によく似ている。しかし，一見してわかるように $x=0$ 付近では，両者は少し食い違っているようである。この食い違いはどうしてくれる？　という苦情が出てきてもおかしくはない。

確かに計算結果はもとの三角山と一致していない。この $x=0$ 付近の食い違いを，もう少し詳しく検討してみることにしよう。図 4-5 の結果を見ると，三角山の頂点が丸くなっていて，先が尖っていない。ここで，

「三角関数の級数の和が三角山に一致していない……ということは，つまりは，関数 $f(x)$ がフーリエ級数で完全には表されていないということではないか？」

と疑念を持つ方がおられるかもしれないが，まあ待ってください。$x=0$ 付近で食い違いが出ているのにはちゃんとした理由があるのです。

図 4-5 に描いたグラフは，フーリエ級数の前から 5 番目にある，$(1/9^2)\cos 9x$ までのたった 5 個の項の和だ。この級数は，このあとも

$$+\frac{1}{11^2}\cos 11x+\frac{1}{13^2}\cos 13x+\frac{1}{15^2}\cos 15x+\cdots \quad (4.12)$$

と無限に続くのだ。ここで，次のような疑問が涌いてくるかもしれない。

「それはわかった。しかし，もしそうなら，これらの級数を無限項めまで加えると，現在合致している原点以外の部分が逆にズレてくるのではないか？　$x=0$ の近傍の関数値にだけ，無限項までの和が寄与するというのは考えが甘すぎませんか？」

それが，そうではないんだなあ。

実際に級数項の数を次々と加え上げて計算してみるとわかるのだが，無限項までの級数和が一番効いてくるのは，原点付近であることは確かなのだ。

では実行してみよう。ずばり原点の $x=0$ でどうなるか，調べてみる。図 4-5 に示した計算結果によれば，$x=0$ での三角山の頂点と計算結果（曲線）との差は約 0.04 だ。この数値をシッカリと頭に入れておこう。

さて，式（4.11）の $\cos x$ 関数の係数のみの和は

$$1+\frac{1}{3^2}+\frac{1}{5^2}+\frac{1}{7^2}+\frac{1}{9^2}+\cdots+\frac{1}{(2n-1)^2}+\cdots \quad (4.13)$$

である。これはフーリエ級数の式（4.11）において，頭の係数 $8/\pi^2$ をとりあえず除いた $\cos x$ の無限級数において $x=0$ とおいたときの値である。この無限級数（4.13）の計算はちょっと面倒なので，数学公式集を覗（のぞ）くことにすると，答えは $\pi^2/8(\fallingdotseq 1.2337)$ と出ている。

出典：森口繁一ほか『岩波数学公式Ⅱ』，岩波書店，1957 年，p.41。数学公式集は手元に置いておくと大変に便利です。

この値を使うと，式 (4.11) で表されるフーリエ級数 $f(x)$ の $x=0$ における値は，確かに

$$f(0)=\frac{8}{\pi^2}\times\frac{\pi^2}{8}=1 \tag{4.14}$$

と，1 になる。一方，図 4-5 のグラフを描くのに使った第 5 項までの cos 級数の係数の和は

$$1+\frac{1}{3^2}+\frac{1}{5^2}+\frac{1}{7^2}+\frac{1}{9^2}\fallingdotseq 1.1838 \tag{4.15}$$

となる。この和の値と，式 (4.13) の無限級数の和の値である $\pi^2/8(\fallingdotseq 1.2337)$ との差は

$$1.2337-1.1838=0.0499$$

である。この 0.0499 という値を，式 (4.11) 冒頭の係数 $\pi^2/8$ で割ると，その値は約 0.0404 となる。この数値は最初に計算した三角山とフーリエ級数との差 0.04 と，ほぼ一致する。これで，はたしてフーリエの級数が三角山を表しているかどうかの疑惑は，めでたく氷解したことでしょう。

それでは，次の問題を解いてみて，フーリエ級数の力の一端を検証してみることにしよう。

ちょっとだけ 数学 4-2

次の無限級数の和を計算せよ。

$$1+\frac{1}{3^2}+\frac{1}{5^2}+\frac{1}{7^2}+\frac{1}{9^2}+\cdots+\frac{1}{(2n-1)^2}+\cdots$$

ヒントとして，偶関数 $f(x)=|x|$（図 4-6 参照）のフーリエ級数展開がカギである。

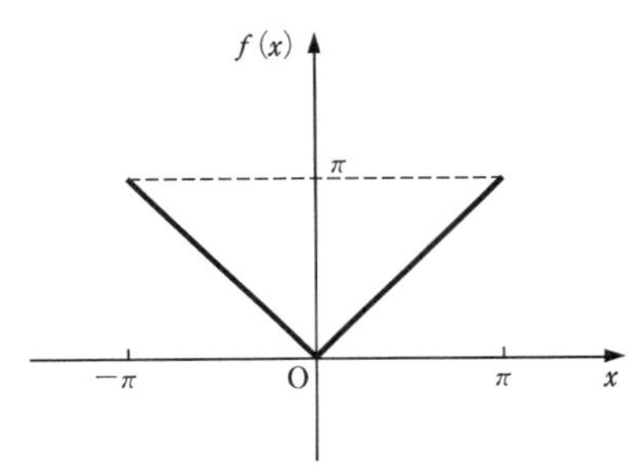

図 4-6　$f(x)=|x|$ のグラフ

［答え］　ともかくヒントに従い，図 4-6 に示した関数 $f(x)=|x|$ を $-\pi \leqq x \leqq \pi$ の範囲でフーリエ級数展開してみよう。それにはフーリエ係数 a_0, a_n, および b_n を求める必要がある。この係数の中で b_n は，関数 $f(x)$ が偶関数であるから 0 となる。だから，a_0 および a_n のみを求めればよい。

$$a_0=\frac{1}{\pi}\int_{-\pi}^{\pi} f(x)\mathrm{d}x \tag{4.2}$$

$$a_n=\frac{1}{\pi}\int_{-\pi}^{\pi} f(x)\cos nx\,\mathrm{d}x \tag{4.3}$$

であったから，図 4-6 を参照して，

$$a_0=\frac{1}{\pi}\left\{\int_{-\pi}^{0}(-x)\mathrm{d}x+\int_{0}^{\pi}x\,\mathrm{d}x\right\}=\frac{2}{\pi}\int_{0}^{\pi}x\,\mathrm{d}x$$

$$=\frac{2}{\pi}\left[\frac{1}{2}x^2\right]_0^{\pi}=\pi$$

$$a_n=\frac{1}{\pi}\left\{\int_{-\pi}^{0}(-x\cos nx)\mathrm{d}x+\int_{0}^{\pi}x\cos nx\,\mathrm{d}x\right\}$$
$$=\frac{2}{\pi}\int_{0}^{\pi}x\cos nx\,\mathrm{d}x$$

となるが，これを計算するには部分積分を使って

$$a_n=\frac{2}{\pi}\int_{0}^{\pi}x\cos nx\,\mathrm{d}x$$
$$=\frac{2}{\pi}\left\{\left[\frac{x}{n}\sin nx\right]_0^{\pi}-\frac{1}{n}\int_{0}^{\pi}\sin nx\,\mathrm{d}x\right\}$$
$$=\frac{2}{\pi}\left\{0+\frac{1}{n^2}\Big[\cos nx\Big]_0^{\pi}\right\}$$

と計算できるが，$\cos n\pi$ の値は n の値が偶数のときには 1，奇数のときには -1 になるので，a_n は

$$a_n=\begin{cases}\dfrac{2}{\pi n^2}(-1-1)=-\dfrac{4}{\pi n^2} & (n：\text{奇数})\\[2mm] \dfrac{2}{\pi n^2}(1-1)=0 & (n：\text{偶数})\end{cases}$$

と求まる。したがって，$f(x)$ のフーリエ級数は

$$f(x)=\frac{a_0}{2}+\sum_{n=1}^{\infty}a_n\cos(2n-1)x$$
$$=\frac{\pi}{2}-\frac{4}{\pi}\left(1+\frac{\cos 3x}{3^2}+\frac{\cos 5x}{5^2}+\frac{\cos 7x}{7^2}+\cdots\right.$$
$$\left.+\frac{\cos(2n-1)x}{(2n-1)^2}+\cdots\right)$$

ここで，$x=0$ とおくと，図 4-6 から明らかなように $f(0)=0$ なので

$$f(0)=\frac{\pi}{2}-\frac{4}{\pi}\left(1+\frac{1}{3^2}+\frac{1}{5^2}+\frac{1}{7^2}+\frac{1}{9^2}+\cdots\right)=0$$

となる。この式を整理すると

$$1+\frac{1}{3^2}+\frac{1}{5^2}+\frac{1}{7^2}+\frac{1}{9^2}+\cdots=\frac{\pi^2}{8}$$

と無限級数の公式が導けた。ちょっと凄いでしょう！

4.2 不思議な威力を発揮するディラックのデルタ関数

◆ゼロと無限をさまよう関数

驚いた　こんな関数見たことない
ある点のみで意味があるとは！

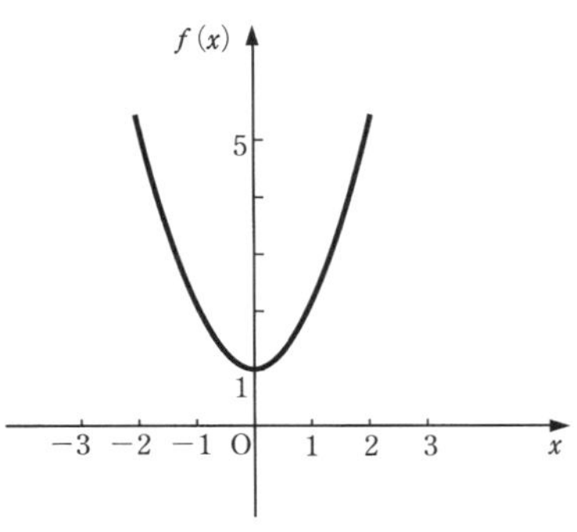

図 4-7　$f(x)=x^2+1$ のグラフ

私たちはいろいろな関数 $f(x)$ を知っている。よくある実数関数はもちろんのこと，第 3 章では複素数を変数とする複素関数までも学んだ。これらの関数 $f(x)$ の値は，変数 x の値を変えれば，それぞれ別の値を持つようになっている。例えば，$f(x)$ が次の式

$$f(x)=x^2+1$$

で表されるならば，変数の値 x が，$x=1$ なら $f(1)=2$，また $x=2$ なら $f(2)=5$，さらに $x=3$ なら $f(3)=10$ というふうに，変数 x のいろいろな値に対して，ある特定の関数値が決まるようにできている。

ところが，である。これから紹介する関数はすこぶる奇妙であって，ある1つの値，例えば，$x=0$ だけで関数値が決まり，しかも，その値は驚いたことに無限大（∞）となる。そして，その点（$x=0$）の前後で関数を積分すると積分値が1になるという。さらに，0以外の x の値では，関数の値はすべて0だというのだ。式で書くと

$$\delta(x)=\begin{cases}0 & (x\neq 0)\\ \infty & (x=0)\end{cases} \qquad \int_{-\infty}^{\infty}\delta(x)\mathrm{d}x=1$$

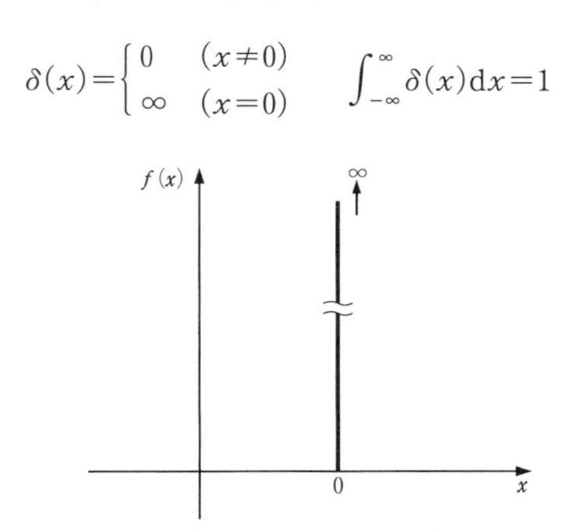

図4-8　ディラックのデルタ関数

である。図に描けば，図 4-8 に示すようになる。「こんな関数見たことない！　一体，なんなの？　なんの役に立つの？」と誰もが不思議に思ってしまう。

この変な関数は**デルタ関数**と呼ばれ，記号$\delta(x)$（デルタ）で表される。使い道は実に多様であって，もちろんフーリエ変換でも活躍する。このデルタ関数 $\delta(x)$ は次の式，

$$\int_{-\infty}^{\infty} f(x)\delta(x)\mathrm{d}x = f(0) \tag{4.16a}$$

で定義される。このように積分式の中に入り込んでいるのがデルタ関数の定義の特徴である。この式で変数を x から定数 a だけずらした $(x-a)$ を変数とするデルタ関数 $\delta(x-a)$ は，よく使われる次の式

$$\int_{-\infty}^{\infty} f(x)\delta(x-a)\mathrm{d}x = f(a) \tag{4.16b}$$

で表すことができる。

この式からは，例えば変数 x が a のとき $(x=a)$ の $f(x)$ の値である $f(a)$ を，左辺の積分によってたちどころに求めることができる。これも，デルタ関数の便利な使い道の１つと言えよう。なお，式（4.16b）が成り立つことは次のように簡単に理解できる。$\delta(x-a)$ は $x \neq a$ のときは単にゼロ，したがって式（4.16b）の被積分関数はゼロになるが，$x=a$ のとき式（4.16b）は，$x-a=0$ の点を含む積分を表し，

$$\int_{-\infty}^{\infty} f(x)\delta(x-a)\mathrm{d}x = f(a)\int_{-\infty}^{\infty}\delta(x-a)\mathrm{d}x = f(a)\times 1$$

となるからである。

このデルタ関数$\delta(x)$というのは，英国の物理学者ポール・ディラック（1902-84）が量子力学の演算を行う中で新しく導入したもので，しばしば**ディラックのデルタ関数**と呼ばれる。ディラックは，量子力学の確立に多大な貢献をしたことで特に有名だ。他にも陽電子（ポジトロン）の予言や「磁気モノポール」の提唱などが有名だが，量子力学では無数の功績を残している。

ディラック

COLUMN　大発見も最初は世間で認められない

ディラックがデルタ関数を最初に提案したときには，世の専門家たち，すなわち数学者たちはこれを異端とみなして白眼視した。ところがディラックの提唱から15年以上も経った1945年頃になって，フランスのローラン・シュワルツ（1915-2002）という数学者が，この関数を詳しく検討したという。

その結果，この関数はそれまでのふつうの関数の範疇（はんちゅう）には入らないが，超関数とみなせば，数学的にもちゃんと取り扱える（例えば微分方程式でも扱える）ということが証明された。今でも，デルタ関数 $\delta(x)$ は超関数の代表例とされる。超関数のことを英語でディストリビューション（分布）というのは面白い。これはシュワルツが，デルタ関数をイメージのうえで電荷の「分布」と関連づけたからであるという。詳しいことは，超関数の専門の本を見てもらいたい。

この例でも見られるように，世間の人々の常識から逸脱した新しいアイデアや新理論は同時代の人々に受け入れられない場合が多い。天才の悲劇である。芥川龍之介はこうした事情をうまく表現している。

> 天才とは僅(わず)かに我我(われわれ)と一歩を隔(へだ)てたもののことである。同時代は常にこの一歩の千里であることを理解しない。後代は又この千里の一歩であることに盲目である。同時代はその為に天才を殺した。後代は又その為に天才の前に香を焚(た)いている。(芥川龍之介『侏儒(しゅじゅ)の言葉』)

量子力学に限らず，音響工学や電気工学でよく出てくるノコギリ波などのフーリエ級数展開も，実は，このディラックのデルタ関数を使うとうまく処理できる。またデルタ関数そのもののフーリエ展開もしばしば物理や工学の問題として現れてくる。

4.3
知っておくと便利な基礎事項

◆関数の周期とフーリエ係数

(1)　周期が 2π のとき

すでに述べたように，フーリエによればどんな関数 $f(x)$ でも三角関数の級数で表現することができ，それは次の式

$$f(x)=\frac{a_0}{2}+a_1\cos x+a_2\cos 2x+\cdots+a_n\cos nx+\cdots$$
$$+b_1\sin x+b_2\sin 2x+\cdots+b_n\sin nx+\cdots$$
$$=\frac{a_0}{2}+\sum_{n=1}^{\infty}(a_n\cos nx+b_n\sin nx) \tag{4.1}$$

$$a_0=\frac{1}{\pi}\int_{-\pi}^{\pi}f(x)\mathrm{d}x \tag{4.2}$$

$$a_n=\frac{1}{\pi}\int_{-\pi}^{\pi}f(x)\cos nx\,\mathrm{d}x \tag{4.3}$$

$$b_n=\frac{1}{\pi}\int_{-\pi}^{\pi}f(x)\sin nx\,\mathrm{d}x \tag{4.4}$$

で表されるというものであった。なぜ係数（フーリエ係数と呼ばれる）a_0，a_n，b_n が式（4.2），式（4.3），式（4.4）に見るように $-\pi$ から π までの積分式で表されるかというと，$f(x)$ が周期 2π の周期関数であるから，ということであった。

ここでは，フーリエ係数がなぜこう表されるかの証明をしておこう。まず，a_0 から始めよう。証明には式 (4.1) で表される関数 $f(x)$ を $-\pi$ から π まで積分する。実行すると

$$\begin{aligned}\int_{-\pi}^{\pi} f(x)\mathrm{d}x = \frac{a_0}{2}\int_{-\pi}^{\pi}\mathrm{d}x + a_1\int_{-\pi}^{\pi}\cos x\,\mathrm{d}x + a_2\int_{-\pi}^{\pi}\cos 2x\,\mathrm{d}x \\ +\cdots+a_n\int_{-\pi}^{\pi}\cos nx\,\mathrm{d}x+\cdots \\ +b_1\int_{-\pi}^{\pi}\sin x\,\mathrm{d}x+b_2\int_{-\pi}^{\pi}\sin 2x\,\mathrm{d}x \\ +\cdots+b_n\int_{-\pi}^{\pi}\sin nx\,\mathrm{d}x+\cdots \\ = a_0\pi \qquad (4.17)\end{aligned}$$

となる。これは，上式の右辺第 2 項以降が，すべてゼロになるからだ。

なぜかというと，三角関数 $\sin x$ や $\cos x$ は，図 4-9 にそれぞれ実線と破線で示すような周期関数だからです。それらを $-\pi$ から π までの積分範囲で積分すると，x 軸より上の面積（正の積分値）と下の面積（負の積分値）とが等しくなり，互いに相殺して結局，積分値は 0 になるわけです。

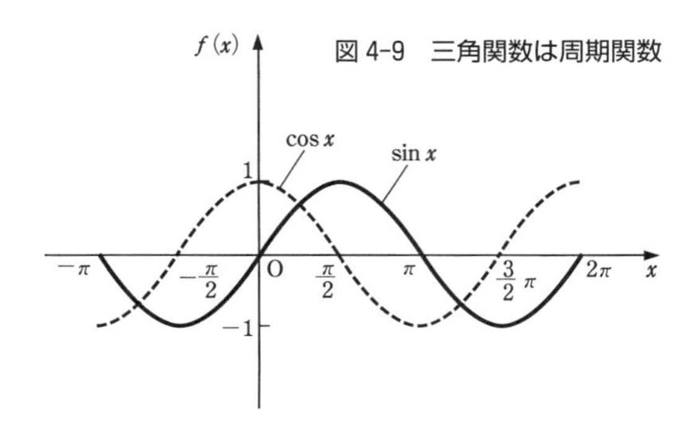

図 4-9　三角関数は周期関数

式（4.17）より，ただちに

$$a_0=\frac{1}{\pi}\int_{-\pi}^{\pi}f(x)\mathrm{d}x \tag{4.2}$$

が導かれる。さらに，積分範囲を０から 2π までに変更しても，積分して得られる面積の正負の関係は変わらないので，a_0 は次の式でも表すことができる。

$$a_0=\frac{1}{\pi}\int_{0}^{2\pi}f(x)\mathrm{d}x \tag{4.2a}$$

次に，係数 a_n を見てみよう。それには，式（4.1）の $f(x)$ の両辺に $\cos mx$ を掛けて積分してやる。すると

$$\begin{aligned}\int_{-\pi}^{\pi}f(x)\cos mx\,\mathrm{d}x=&\frac{a_0}{2}\int_{-\pi}^{\pi}\cos mx\,\mathrm{d}x\\&+\cdots+a_n\int_{-\pi}^{\pi}\cos nx\cos mx\,\mathrm{d}x\\&+\cdots+b_n\int_{-\pi}^{\pi}\sin nx\cos mx\,\mathrm{d}x+\cdots\end{aligned} \tag{4.18}$$

となる。右辺第１項の値は先ほどの議論により０になる。残りは

$$\int_{-\pi}^{\pi}\cos nx\cos mx\,\mathrm{d}x \text{ と } \int_{-\pi}^{\pi}\sin nx\cos mx\,\mathrm{d}x \tag{4.19}$$

の２つの項である。まず，前者の $\cos nx\cos mx$ の積分を検討しよう。この場合には $n=m$ と $n\neq m$ とで結果が異なるので，分けて考える必要がある。$n\neq m$ の場合には，三角関数の加法定理を使って

$$\int_{-\pi}^{\pi} \cos nx \cos mx \, \mathrm{d}x$$

$$= \frac{1}{2} \int_{-\pi}^{\pi} \{\cos(n+m)x + \cos(n-m)x\} \mathrm{d}x$$

$$= \frac{1}{2} \left[\frac{\sin(n+m)x}{n+m} + \frac{\sin(n-m)x}{n-m} \right]_{-\pi}^{\pi} = 0$$

となる。また，$n=m$ なら（途中で倍角の公式を使い）

$$\int_{-\pi}^{\pi} \cos nx \cos mx \, \mathrm{d}x = \int_{-\pi}^{\pi} \cos^2 nx \, \mathrm{d}x$$

$$= \frac{1}{2} \int_{-\pi}^{\pi} (\cos 2nx + 1) \mathrm{d}x = \frac{1}{2} \left[\frac{1}{2n} \sin 2nx + x \right]_{-\pi}^{\pi} = \pi$$

となる。これらの 2 つの結果をまとめて書くと次のようになる。

$$\int_{-\pi}^{\pi} \cos nx \cos mx \, \mathrm{d}x = \pi \delta_{nm} \tag{4.20}$$

ここで δ_{nm} は，クロネッカーのデルタ記号と呼ばれるものであり，$n=m$ なら 1，$n \neq m$ なら 0 になる。

一言触(ふ)れておきますと，この式（4.20）によれば $n \neq m$ のとき積分値が 0 になりますが，こんな場合，$\cos nx$ と $\cos mx$ は**直交する**といいます。

他方，式 (4.19) の後者の $\sin nx \cos mx$ のほうは，上と同様に，$n \neq m$ のときは

$$\int_{-\pi}^{\pi} \sin nx \cos mx \, dx$$

$$= \frac{1}{2} \int_{-\pi}^{\pi} \{\sin(n+m)x + \sin(n-m)x\} dx$$

$$= -\frac{1}{2} \left[\frac{\cos(n+m)x}{n+m} + \frac{\cos(n-m)x}{n-m} \right]_{-\pi}^{\pi} = 0$$

また，$n=m$ のときも

$$\int_{-\pi}^{\pi} \sin nx \cos mx \, dx = \frac{1}{2} \int_{-\pi}^{\pi} \sin 2nx \, dx$$

$$= -\frac{1}{2} \left[\frac{\cos 2nx}{2n} \right]_{-\pi}^{\pi} = 0$$

となり，まとめると，n，m が互いに等しいかそうでないかにかかわらず，次のように

$$\int_{-\pi}^{\pi} \sin nx \cos mx \, dx = 0 \qquad (4.21)$$

つねにゼロとなる。ゆえに，係数 a_n は，式 (4.18)，式 (4.20) および式（4.21）より

$$a_n = \frac{1}{\pi} \int_{-\pi}^{\pi} f(x) \cos mx \, dx \qquad (4.3a)$$

となる。

次に，係数 b_n の証明に進もう。これも今までと同様に考えて，式（4.1）の両辺に $\sin mx$ を掛けて，両辺を $-\pi$ から π まで積分すればよいので，実行すると

$$\int_{-\pi}^{\pi} f(x)\sin mx\,\mathrm{d}x = \frac{a_0}{2}\int_{-\pi}^{\pi}\sin mx\,\mathrm{d}x + \cdots$$
$$+ a_n\int_{-\pi}^{\pi}\cos nx\sin mx\,\mathrm{d}x$$
$$+ \cdots + b_n\int_{-\pi}^{\pi}\sin nx\sin mx\,\mathrm{d}x + \cdots \tag{4.22}$$

となる。これまでの議論により，a_0 の項と a_n の項は 0 になるので，残るのは b_n の項のみである。これを計算しよう。まず，$n \neq m$ のときは

$$\int_{-\pi}^{\pi}\sin nx\sin mx\,\mathrm{d}x$$
$$= -\frac{1}{2}\int_{-\pi}^{\pi}\{\cos(n+m)x - \cos(n-m)x\}\mathrm{d}x$$
$$= -\frac{1}{2}\left[\frac{\sin(n+m)x}{n+m} - \frac{\sin(n-m)x}{n-m}\right]_{-\pi}^{\pi} = 0$$

となる。また，$n = m$ のときは

$$\int_{-\pi}^{\pi}\sin nx\sin mx\,\mathrm{d}x = \int_{-\pi}^{\pi}\sin^2 nx\,\mathrm{d}x$$
$$= \frac{1}{2}\int_{-\pi}^{\pi}(1 - \cos 2nx)\mathrm{d}x$$
$$= \frac{1}{2}\left[x - \frac{1}{2n}\sin 2nx\right]_{-\pi}^{\pi} = \pi$$

これらの結果をまとめて書くと

$$\int_{-\pi}^{\pi} \sin nx \sin mx \, \mathrm{d}x = \pi \delta_{nm} \tag{4.23}$$

となる。この式からは，$n \neq m$ のとき，$\sin nx$ と $\sin mx$ とを掛け合わせたものの積分が0になるので，2つの三角関数が直交していることがわかる。結局，自分自身と異なる三角関数同士の間に直交性が成立していることがわかる。難しくいうと，直交関数列による展開の1つが，フーリエ級数であるということもできるのであるが，それはともかくとして，こうして

$$b_n = \frac{1}{\pi} \int_{-\pi}^{\pi} f(x) \sin mx \, \mathrm{d}x \tag{4.4a}$$

となって係数 b_n の証明ができた。さらに，積分範囲を同じ 2π で，周期を0から 2π までに変更しても，上の積分値は変化しないので，フーリエ係数は次のようにも表すことができる。

$$a_0 = \frac{1}{\pi} \int_{0}^{2\pi} f(x) \mathrm{d}x \tag{4.2a}$$

$$a_n = \frac{1}{\pi} \int_{0}^{2\pi} f(x) \cos nx \, \mathrm{d}x \tag{4.3b}$$

$$b_n = \frac{1}{\pi} \int_{0}^{2\pi} f(x) \sin nx \, \mathrm{d}x \tag{4.4b}$$

(2)　周期が $2L$ のとき

フーリエ級数に展開できる関数の周期が $-\pi$ から π までとか，0から 2π までのように周期が角度だけに限られるよ

うでは，どんな関数でもフーリエ級数で表せる，というのは誇大宣伝ではないか！　とお叱りを受けそうである。確かにそんな気がする。

しかし，待てよ！　そこは数学には巧みな術があって，変数 x を上手に使ってやれば，$-L$ から L までの周期（長さの周期）を，$-\pi$ から π までの周期（角度の周期）に変更することなどは朝飯前なのだ。

いま，x' という変数を持ち込もう。そして

$$x=\frac{\pi}{L}x' \iff x'=\frac{L}{\pi}x \qquad (4.24)$$

とおこう。すると，x' が $-L$ から L まで変化すると，x は $-\pi$ から π まで変わる。これを微分すると

$$\mathrm{d}x=\frac{\pi}{L}\mathrm{d}x' \iff \mathrm{d}x'=\frac{L}{\pi}\mathrm{d}x \qquad (4.25)$$

という関係が得られる。この 2 つの式（4.24）と式（4.25）を使って，先のフーリエ展開の式（4.1）

$$f(x)=\frac{a_0}{2}+\sum_{n=1}^{\infty}(a_n\cos nx+b_n\sin nx) \qquad (4.1)$$

を書き換えると

$$f(x')=\frac{a_0}{2}+\sum_{n=1}^{\infty}\left(a_n\cos\frac{n\pi}{L}x'+b_n\sin\frac{n\pi}{L}x'\right) \qquad (4.26)$$

となる。また，係数 a_n，b_n は

$$a_n=\frac{1}{L}\int_{-L}^{L}f(x')\cos\frac{n\pi}{L}x'\mathrm{d}x' \tag{4.27}$$

$$b_n=\frac{1}{L}\int_{-L}^{L}f(x')\sin\frac{n\pi}{L}x'\mathrm{d}x' \tag{4.28}$$

と書ける。

x' ではなんとなくシックリ来ないので，$x' \to x$ として，$f(x)$ をフーリエ級数に展開した形に直すと

$$f(x)=\frac{a_0}{2}+\sum_{n=1}^{\infty}\left(a_n\cos\frac{n\pi}{L}x+b_n\sin\frac{n\pi}{L}x\right) \tag{4.29}$$

$$a_0=\frac{1}{L}\int_{-L}^{L}f(x)\mathrm{d}x \tag{4.30}$$

$$a_n=\frac{1}{L}\int_{-L}^{L}f(x)\cos\frac{n\pi}{L}x\,\mathrm{d}x \tag{4.27a}$$

$$b_n=\frac{1}{L}\int_{-L}^{L}f(x)\sin\frac{n\pi}{L}x\,\mathrm{d}x \tag{4.28a}$$

となる。

ちょっとだけ 数学 4-3

x の範囲を図 4-10 に示すように $-2 \leqq x \leqq 2$ として，関数 $f(x)=x$ をフーリエ級数に展開してみよう。

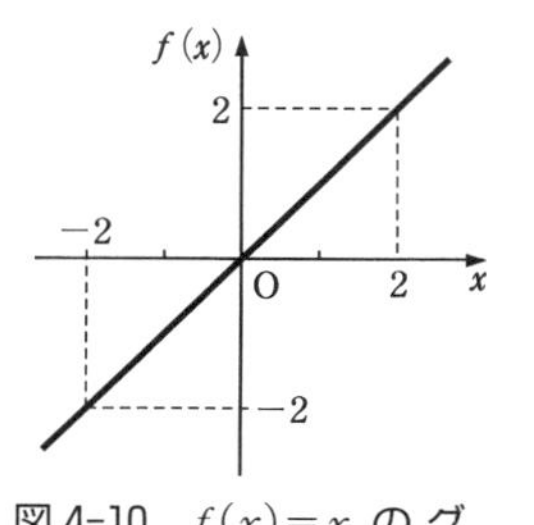

図 4-10　$f(x)=x$ のグラフ

［答え］　フーリエ級数は式 (4.29) の形になるのだから，係数 a_0，a_n および b_n を求めればよい。

$$a_0=\frac{1}{2}\int_{-2}^{2}x\,\mathrm{d}x=\frac{1}{2}\left[\frac{1}{2}x^2\right]_{-2}^{2}=0$$

$$a_n=\frac{1}{2}\int_{-2}^{2}x\cos\frac{n\pi}{2}x\,\mathrm{d}x$$

$$=\frac{1}{2}\left\{\left[\frac{2x}{n\pi}\sin\frac{n\pi}{2}x\right]_{-2}^{2}-\frac{2}{n\pi}\int_{-2}^{2}\sin\frac{n\pi}{2}x\,\mathrm{d}x\right\}$$

$$=\frac{1}{2}\left\{0+\left(\frac{2}{n\pi}\right)^2\left[\cos\frac{n\pi}{2}x\right]_{-2}^{2}\right\}=0$$

もちろん，ここでは部分積分の公式を使っている。b_n の計算にも部分積分を使うと次のようになる。

$$b_n=\frac{1}{2}\int_{-2}^{2}x\sin\frac{n\pi}{2}x\,\mathrm{d}x$$

$$=\frac{1}{2}\left\{\left[-\frac{2x}{n\pi}\cos\frac{n\pi}{2}x\right]_{-2}^{2}-\frac{2}{n\pi}\int_{-2}^{2}\left(-\cos\frac{n\pi}{2}x\right)\mathrm{d}x\right\}$$

$$=\frac{1}{2}\left\{-\frac{4}{n\pi}(\cos n\pi+\cos n\pi)+\left(\frac{2}{n\pi}\right)^2\left[\sin\frac{n\pi}{2}\right]_{-2}^{2}\right\}$$

$$=-\frac{4}{n\pi}\cos n\pi$$

$\cos n\pi$ は n が奇数のとき -1，偶数のとき 1 なので

$$b_n=\begin{cases}\dfrac{4}{n\pi} & (n\text{ が奇数})\\[2ex] -\dfrac{4}{n\pi} & (n\text{ が偶数})\end{cases}$$

ゆえに，$f(x)=x$ のフーリエ展開は

$$f(x)=x=\frac{4}{\pi}$$

$$\left(\sin\frac{\pi}{2}x-\frac{1}{2}\sin\pi x+\frac{1}{3}\sin\frac{3\pi}{2}x-\frac{1}{4}\sin 2\pi x+\cdots\right)$$

$$=\frac{4}{\pi}\sum_{n=1}^{\infty}\frac{(-1)^{n-1}}{n}\sin\frac{n\pi}{2}x$$

となる。

◆フーリエ級数も微分と積分ができる

フーリエ級数は，何度も書くが

$$f(x)=\frac{a_0}{2}+\sum_{n=1}^{\infty}(a_n\cos nx+b_n\sin nx) \tag{4.1}$$

なので，この式を使ってフーリエ級数の微分をやってみよう。ほかの関数と同様，フーリエ級数だって微分・積分の演算ができなくては話にならないからだ。いま，微分してから和をとること（項別微分という）が許されるならば，式（4.1）の形でそのまま微分してよいので，微分すると

$$f'(x)=\sum_{n=1}^{\infty}(-na_n\sin nx+nb_n\cos nx) \tag{4.31}$$

となる。式（4.1）と式（4.31）を比べてみよう。$f'(x)$ もフーリエ級数に展開できたとして，そのフーリエ係数を a_n'，b_n' とすると

$$a_n'=nb_n,\quad b_n'=-na_n \tag{4.32}$$

とおけば，通常のフーリエ級数と同じになる。以上の結果から，フーリエ級数の微分は非常に簡単にできることがわかる。つまり，普通の微分操作をしなくても，係数に n とか $-n$ を掛けるだけでよいのだ。しかし，これができるためには，関数のフーリエ級数が項別微分できるという仮定が成立する必要がある。これは，微分した関数 $f'(x)$ が，積分範囲の周期内で連続であって，関数 $f'(x)$ がフーリエ級数に展開可能でなければならない，ということだ。なんだかややこしいので，演習をやって実際に体得してみよう。

ちょっとだけ 数学 4-4

次の2つの関数を $-\pi$ から π までの周期で考え，フーリエ級数に展開して，式（4.31）のような方法で微分することが可能かどうか，確かめてみよう。

(1) $f(x)=x$　　　(2) $f(x)=x^2$

［答え］(1) $f(x)=x$ をフーリエ級数に展開してみよう。それにはフーリエ係数を求める必要がある。これを実行すると以下のようになる。

$$a_0=\frac{1}{\pi}\int_{-\pi}^{\pi}x\,\mathrm{d}x=\frac{1}{\pi}\left[\frac{1}{2}x^2\right]_{-\pi}^{\pi}=0$$

$$a_n=\frac{1}{\pi}\int_{-\pi}^{\pi}x\cos nx\,\mathrm{d}x$$

$$=\frac{1}{\pi}\left\{\left[x\frac{\sin nx}{n}\right]_{-\pi}^{\pi}-\frac{1}{n}\int_{-\pi}^{\pi}\sin nx\,\mathrm{d}x\right\}=0$$

$$b_n=\frac{1}{\pi}\int_{-\pi}^{\pi}x\sin nx\,\mathrm{d}x$$

$$=\frac{1}{\pi}\left\{\left[-x\frac{\cos nx}{n}\right]_{-\pi}^{\pi}-\frac{1}{n}\int_{-\pi}^{\pi}\cos nx\,\mathrm{d}x\right\}$$

$$=-\frac{1}{n}(\cos n\pi+\cos n\pi)=-\frac{2}{n}\cos n\pi$$

一見してわかるとおり，b_n のみを考えればよく，n が奇数のときは $b_n=2/n$，偶数のときは $b_n=-2/n$ となる。したがって，$f(x)=x$ のフーリエ級数展開は次のように

$$f(x)=2\left(\sin x-\frac{1}{2}\sin 2x+\frac{1}{3}\sin 3x-\frac{1}{4}\sin 4x+\cdots\right)\tag{4.33}$$

となる。両辺を微分すると，左辺はもともと x なので 1 となり，右辺の微分は

$$\text{右辺の微分} = 2(\cos x - \cos 2x + \cos 3x - \cos 4x + \cdots)$$

となる。右辺の微分値が 1 になるかどうか，このままではわからないので，x の値が周期（$-\pi$ から π）内にある x の 1 つの値 $x=0$ を代入してみよう。すると

$$\text{右辺} = 2(1-1+1-1+1-1+\cdots)$$

となり，1 には収束しないことがわかる。だから，$f(x)$ を微分すると右辺と左辺が等号でつながらない。つまり，式（4.31）の方法では，この $f(x)$ は微分できないことがわかる。

この理由を考えよう。関数 $f(x)=x$ を微分すると，$f'(x)=1$ となるので，$-\pi$ から π までの周期で連続ではある。しかし，$f'(x)=1$ という関数は，フーリエ級数には展開できないのである。無理やり実行しようとして係数を計算すると，$a_0=1$，$a_n=0$，$b_n=0$ となるだけである。確かにこれではフーリエ級数とは言えない。これで⑴の $f(x)=x$ には，この微分方式は適用できないことがわかる。

⑵ $f(x)=x^2$ も同様にフーリエ級数に展開するために係数を求めると

$$a_0 = \frac{1}{\pi}\int_{-\pi}^{\pi} x^2 \mathrm{d}x = \frac{1}{\pi}\left[\frac{1}{3}x^3\right]_{-\pi}^{\pi} = \frac{2}{3}\pi^2$$

$$\begin{aligned} a_n &= \frac{1}{\pi}\int_{-\pi}^{\pi} x^2 \cos nx \,\mathrm{d}x \\ &= \frac{1}{\pi}\left\{\left[x^2 \frac{\sin nx}{n}\right]_{-\pi}^{\pi} - \frac{2}{n}\int_{-\pi}^{\pi} x \sin nx \,\mathrm{d}x\right\} \\ &= -\frac{2}{n^2\pi}\left\{-\Big[x\cos nx\Big]_{-\pi}^{\pi} + \int_{-\pi}^{\pi} \cos nx \,\mathrm{d}x\right\} \end{aligned}$$

$$=\frac{4}{n^2}\cos n\pi-\left[\frac{1}{n^3\pi}\sin nx\right]_{-\pi}^{\pi}=(-1)^n\frac{4}{n^2}$$

$$b_n=\frac{1}{\pi}\int_{-\pi}^{\pi}x^2\sin nx\,\mathrm{d}x$$

$$=\frac{1}{\pi}\left\{\left[-x^2\frac{\cos nx}{n}\right]_{-\pi}^{\pi}+\frac{2}{n}\int_{-\pi}^{\pi}x\cos nx\,\mathrm{d}x\right\}$$

$$=\frac{2}{n^2\pi}\left\{\left[x\sin nx\right]_{-\pi}^{\pi}-\int_{-\pi}^{\pi}\sin nx\,\mathrm{d}x\right\}$$

$$=\frac{2}{n^3\pi}\left[\frac{\cos nx}{n}\right]_{-\pi}^{\pi}=0$$

ゆえに，$f(x)=x^2$ のフーリエ級数展開は

$$f(x)=\frac{2}{3}\pi^2+\sum_{n=1}^{\infty}(-1)^n\frac{4}{n^2}\cos nx \qquad (4.34)$$

となる。確認のために，式（4.50）を微分すると，

$$(\text{左辺})=2x,\ (\text{右辺})=\sum_{n=1}^{\infty}(-1)^{n+1}\frac{4}{n}\sin nx$$

$$=4\{\sin x-(1/2)\sin 2x+(1/3)\sin 3x-(1/4)\sin 4x+\cdots\}$$

となる。ゆえに，

$$2x=4\left(\sin x-\frac{1}{2}\sin 2x+\frac{1}{3}\sin 3x-\frac{1}{4}\sin 4x+\cdots\right)$$

となり，x のフーリエ級数は式（4.33）と一致するので，この場合は式（4.31）の方法で微分可能であることがわかる。

次に，積分範囲を同じく $-\pi$ から π までとし，周期が 2π の関数 $f(x)$ のフーリエ展開を定積分することを考えよう。まず，少し細工しておこう。積分したあとの関数の変数を x

とするために，被積分関数は $f(x)$ であるが，便宜上 $f(t)$ と書くことにして，この関数の0から x までの定積分を考えよう。つまり，積分して得られる関数 $F(x)$ は

$$F(x)=\int_0^x f(t)\mathrm{d}t \tag{4.35}$$

と書けるとする。すると $f(x)$ として次のフーリエ級数

$$f(x)=\frac{a_0}{2}+\sum_{n=1}^{\infty}(a_n\cos nx+b_n\sin nx) \tag{4.36}$$

を考えて，変数を x から t に変更し，0から x までの範囲で定積分すると

$$\begin{aligned}F(x)&=\frac{a_0}{2}\int_0^x \mathrm{d}t+\sum_{n=1}^{\infty}\left(a_n\int_0^x \cos nt\,\mathrm{d}t+b_n\int_0^x \sin nt\,\mathrm{d}t\right)\\&=\frac{a_0}{2}x+\sum_{n=1}^{\infty}\left(\frac{a_n}{n}\Big[\sin nt\Big]_0^x-\frac{b_n}{n}\Big[\cos nt\Big]_0^x\right)\\&=\frac{a_0}{2}x+\sum_{n=1}^{\infty}\frac{b_n}{n}+\sum_{n=1}^{\infty}\left(\frac{a_n}{n}\sin nx-\frac{b_n}{n}\cos nx\right)\end{aligned}$$

となる。ここで，$G(x)=F(x)-(a_0/2)x$ とおくと

$$G(x)=\sum_{n=1}^{\infty}\frac{b_n}{n}+\sum_{n=1}^{\infty}\left(\frac{a_n}{n}\sin nx-\frac{b_n}{n}\cos nx\right) \tag{4.37}$$

となる。だから，式（4.36）で表される $f(x)$ と式（4.37）で表される $G(x)$ を比較すると

$$\frac{a_0}{2}\Leftrightarrow\sum_{n=1}^{\infty}\frac{b_n}{n},\quad a_n\Leftrightarrow-\frac{b_n}{n},\quad b_n\Leftrightarrow\frac{a_n}{n} \tag{4.38}$$

の対応関係があり,定数 a_0 を別にすれば,積分計算は係数の置き換えのみで済み,きわめて簡単に実行できることがわかる。

しかしながら，このことが可能であるためには，関数 $f(x)$ が積分してから和をとってもよい，つまり，項別積分が可能であるという条件が必要であることを付記しておきましょう。

COLUMN 角(つの)の出る話―ギブス現象―

角(つの)が出る　フーリエさんも驚いた
鬼になるとは　方形波が！

バロン・ド・フーリエ（仕立屋の息子も，最後には男爵になったのだ！）は，どんな関数でもフーリエ級数，つまり，三角関数の重ね合わせで表すことができると言った。ここでは少し意地悪をして，粗探(あらさが)しをしてみよう。

いま，図 4-11 に示すような方形波（矩形(くけい)波ともいう）があるとして，これがフーリエ級数で正しく表せるかどうか，調べてみようというのだ。この方形波を未知の関数と見立てて，これを $f(x)$ としよう。すると $f(x)$ の値は図 4-11 からわかるように，x 軸が $-\pi$ から 0 までの間では -1 となり，0 から π までの間では 1 である。つまり式で書くと

$$f(x)=\begin{cases} -1 & (-\pi \leqq x < 0) \\ 1 & (0 \leqq x < \pi) \end{cases} \quad ①$$

と表される。

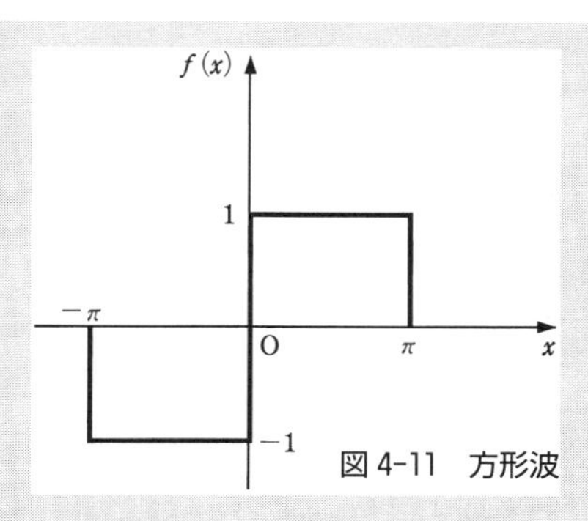

図 4-11　方形波

フーリエによると，式①をフーリエ級数に展開すると

$$f(x)=\frac{a_0}{2}+a_1\cos x+a_2\cos 2x+\cdots+a_n\cos nx+\cdots$$
$$+b_1\sin x+b_2\sin 2x+\cdots+b_n\sin nx+\cdots$$

$$a_0=\frac{1}{\pi}\int_{-\pi}^{\pi}f(x)\mathrm{d}x,$$

$$a_n=\frac{1}{\pi}\int_{-\pi}^{\pi}f(x)\cos nx\,\mathrm{d}x,$$

$$b_n=\frac{1}{\pi}\int_{-\pi}^{\pi}f(x)\sin nx\,\mathrm{d}x$$

で表される。

係数 a_0，a_n は，式①の x の変域を考慮すると

$$a_0=\frac{1}{\pi}\left(-\int_{-\pi}^{0}\mathrm{d}x+\int_{0}^{\pi}\mathrm{d}x\right)=\frac{1}{\pi}(-[x]_{-\pi}^{0}+[x]_{0}^{\pi})$$

$$=\frac{1}{\pi}(-\pi+\pi)=0$$

$$a_n=\frac{1}{\pi}\left(-\int_{-\pi}^{0}\cos nx\,\mathrm{d}x+\int_{0}^{\pi}\cos nx\,\mathrm{d}x\right)$$

$$=\frac{1}{\pi}\left(-\left[\frac{\sin nx}{n}\right]_{-\pi}^{0}+\left[\frac{\sin nx}{n}\right]_{0}^{\pi}\right)$$

$$=\frac{1}{\pi}(0+0)=0$$

となり，ともに 0 になる。b_n は必ずしも 0 にはならないで，n が奇数のときと偶数のときで異なるようである。だから，2 つの場合に分けて考えよう。偶数の場合，$n=2m$ とおくと，

$$b_{2m}=\frac{1}{\pi}\left(-\int_{-\pi}^{0}\sin 2mx\,\mathrm{d}x+\int_{0}^{\pi}\sin 2mx\,\mathrm{d}x\right)$$

$$=\frac{1}{\pi}\left(\left[\frac{\cos 2mx}{2m}\right]_{-\pi}^{0}-\left[\frac{\cos 2mx}{2m}\right]_{0}^{\pi}\right)$$

$$=\frac{1}{\pi}\left(\frac{1-1}{2m}-\frac{1-1}{2m}\right)=0$$

となり，n が偶数のときには b_n も 0 になる。しかし，n が奇数の場合を $n=2m+1$ とおいて b_{2m+1} を計算すると

$$b_{2m+1}=\frac{1}{\pi}\left(-\int_{-\pi}^{0}\sin(2m+1)x\,\mathrm{d}x+\int_{0}^{\pi}\sin(2m+1)x\,\mathrm{d}x\right)$$

$$=\frac{1}{\pi}\left(\left[\frac{\cos(2m+1)x}{2m+1}\right]_{-\pi}^{0}-\left[\frac{\cos(2m+1)x}{2m+1}\right]_{0}^{\pi}\right)$$

$$=\frac{1}{\pi}\left(\frac{1+1}{2m+1}-\frac{-1-1}{2m+1}\right)$$

$$=\frac{4}{(2m+1)\pi}$$

と，0 ではない。ゆえに，方形波の関数 $f(x)$ のフーリエ級数は，$\sin nx$ の奇数番目の項のみが残り次のようになる。

$$f(x)=\frac{4}{\pi}\left(\sin x+\frac{1}{3}\sin 3x+\frac{1}{5}\sin 5x+\cdots\right) \quad ②$$

フーリエの考えに従って，図 4-11 で表される関数 $f(x)$ をフーリエ級数で表すと，図 4-12 (a)，(b)，(c)に見るようになる。フーリエ級数は無限に続くが，ここでは無限項の計

算をすることはできないので，大幅に端折(はしょ)って，加える級数の個数を(a)，(b)，(c)でそれぞれ 4 個，8 個および 30 個とした。(a)に示したように，加えた級数の個数が少ない場合には，$f(x)$ の形は大きく波打ち，方形波を正しく再現していない。しかし，加える級数の数を増して 8 個，30 個とすると，波打ちも小さくなっていく。ことに，加える級数が 30 個にもなると，図 4-12 (c)から明らかなように，全体の形が図 4-11 に示したものとほぼ一致してくる。めでたし，めでたし……ではない。

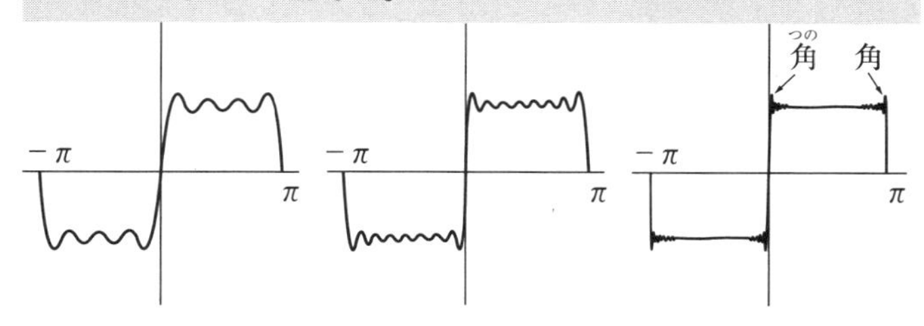

(a) 級数4個　(b) 級数8個　(c) 級数30個

図 4-12　角の出た方形波

なぜなら，図 4-12 (c)をじっとよく観察すると，$x=-\pi$，0，π の位置で，それほど小さいとも言えない角(つの)が出ている。級数の項の数が少ない(a)を見るとこの角(つの)は単に波の 1 つに見えるが，加える項の数を増して 8 個，30 個にしても，$x=-\pi$，0，π の 3 ヵ所での角(つの)の高さは変わっていない。角(つの)の太さが細くなっているだけである。実はこの角(つの)は，加える級数の数をいくら増大させても，その高さが低くならないのである。さすがのフーリエ男爵も少し顔を赤らめているかもしれない。しかし，フーリエさんの名誉のために強調しておきたいが，このような角(つの)が出るという事態が起こるのは，以下に示すように，級数展開する関数が不連続な関数のときだけで，連続関数のときにはきれいに三角関数の級数になるのだ。

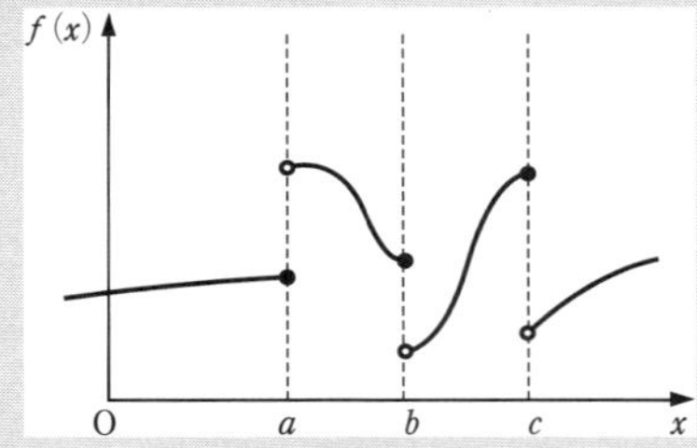

図 4-13　不連続点のある関数

そうなのだ。このようにフーリエ級数に角（つの）が出る現象は，関数 $f(x)$ が図 4-13 に示すように不連続点（例えば，関数 $f(x)$ に飛びの見られる a，b，c 点など）が存在するときだけなのだ。このような関数のときには，どんな関数でもフーリエ級数に展開すると角（つの）が出ることがわかってきた。このことを最初に指摘したのは米国のジョサイア・ギブス（p.127 参照）である。このため，この角（つの）の出る現象は**ギブス現象**と呼ばれている。この角（つの）の高さは，加算する級数の項数を増大させていくと，一定の値に漸近する。そして，その値 ΔC は次の式で表されるそうである。

ギブス

$$\Delta C = -\frac{1}{\pi}\int_{\pi}^{\infty} \frac{\sin x}{x}\mathrm{d}x \fallingdotseq 0.09 \qquad ③$$

◆もっと便利な複素フーリエ級数

フーリエ級数には**複素フーリエ級数**もある。というか，実は物理現象の解釈にフーリエ級数を使うといえば，ほとんどの場合が複素フーリエ級数を扱うことになる。ここでは，例のオイラーの公式に活躍してもらうことになる。

オイラーの公式によると

$$e^{inx}=\cos nx+i\sin nx \tag{4.39a}$$

$$e^{-inx}=\cos nx-i\sin nx \tag{4.39b}$$

これら2つの式を加えて2で割ると

$$\cos nx=\frac{e^{inx}+e^{-inx}}{2} \tag{4.40a}$$

また，式（4.39a）から式（4.39b）を引いて $2i$ で割ると

$$\sin nx=\frac{e^{inx}-e^{-inx}}{2i} \tag{4.40b}$$

が得られる。関数 $f(x)$ をフーリエ級数に展開したものは，お馴染みの次の式

$$f(x)=\frac{a_0}{2}+\sum_{n=1}^{\infty}(a_n\cos nx+b_n\sin nx) \tag{4.1}$$

なので，この式の $\cos nx$ と $\sin nx$ の箇所に，式（4.40a），（4.40b）を代入すると

$$f(x)=\frac{a_0}{2}+\sum_{n=1}^{\infty}\left\{\frac{1}{2}(a_n-ib_n)e^{inx}+\frac{1}{2}(a_n+ib_n)e^{-inx}\right\} \quad (4.41)$$

となる。ここで，フーリエ係数として c_n を使って

$$c_0=\frac{a_0}{2},\ c_n=\frac{1}{2}(a_n-ib_n),\ c_{-n}=\frac{1}{2}(a_n+ib_n) \quad (4.42)$$

とおくと，これら，複素数からなるフーリエ係数 c_n は，複素フーリエ係数と呼ばれる。この複素フーリエ係数を使うと，式（4.41）は，簡単に

$$f(x)=\sum_{n=-\infty}^{\infty}c_n e^{inx} \quad (4.43)$$

と書き表すことができる。これが複素数のフーリエ級数である。実にスマートでしょう。

式（4.42）で定義される**複素フーリエ係数** c_n は，具体的には次の式

$$c_n=\frac{1}{2\pi}\int_{-\pi}^{\pi}f(x)e^{-inx}\mathrm{d}x \quad (4.44)$$

で与えられる。なぜなら，フーリエ係数のもともとの定義（p.266，式（4.2）〜（4.4））

$$a_n=\frac{1}{\pi}\int_{-\pi}^{\pi}f(x)\cos nx\,\mathrm{d}x,\ b_n=\frac{1}{\pi}\int_{-\pi}^{\pi}f(x)\sin nx\,\mathrm{d}x$$

に基づいて式（4.42）の c_n を計算すると，次のようになるからである。

$$c_n=\frac{1}{2}a_n-\frac{1}{2}ib_n=\frac{1}{\pi}\int_{-\pi}^{\pi}f(x)\frac{\cos nx}{2}\mathrm{d}x$$
$$-\frac{i}{\pi}\int_{-\pi}^{\pi}f(x)\frac{\sin nx}{2}\mathrm{d}x$$
$$=\frac{1}{\pi}\int_{-\pi}^{\pi}f(x)\left(\frac{\cos nx-i\sin nx}{2}\right)\mathrm{d}x$$
$$=\frac{1}{2\pi}\int_{-\pi}^{\pi}f(x)e^{-inx}\mathrm{d}x$$

この式（4.44）はまた，式（4.43）から直接導くこともできる。それには，フーリエ係数 a_n，b_n を導いたのと同じ手法を使い，式（4.43）の両辺に e^{-imx}（m は整数）を掛けて，その両辺を $-\pi$ から π までの範囲で積分してやる。これを実行すると，

$$\int_{-\pi}^{\pi}f(x)e^{-imx}\mathrm{d}x=\int_{-\pi}^{\pi}\sum_{n=-\infty}^{\infty}c_ne^{inx}e^{-imx}\mathrm{d}x \quad (4.45)$$

となるが，和（Σc_n）は積分に関係ないので，これを積分記号の外にくくり出すことができて，

$$\int_{-\pi}^{\pi}\sum_{n=-\infty}^{\infty}c_ne^{inx}e^{-imx}\mathrm{d}x=\sum_{n=-\infty}^{\infty}c_n\int_{-\pi}^{\pi}e^{inx}e^{-imx}\mathrm{d}x \quad (4.46)$$

となる。積分は

$$\int_{-\pi}^{\pi}e^{inx}e^{-imx}\mathrm{d}x=\int_{-\pi}^{\pi}e^{i(n-m)x}\mathrm{d}x$$
$$=\left[\frac{e^{i(n-m)x}}{i(n-m)}\right]_{-\pi}^{\pi}=\frac{e^{i(n-m)\pi}-e^{-i(n-m)\pi}}{i(n-m)}$$
$$=\frac{2\sin(n-m)\pi}{n-m} \quad (4.47)$$

とオイラーの公式の助けを借りると簡単になる。2つの整数 n, m が $n \neq m$ なら $\sin(n-m)\pi$ はつねにゼロであるから，式 (4.47) はゼロとなる。また $n=m$ ならば式 (4.47) の右辺は

$$\sum_{m=-\infty}^{\infty} c_m \int_{-\pi}^{\pi} e^{imx} e^{-imx} \mathrm{d}x = c_m \int_{-\pi}^{\pi} 1\, \mathrm{d}x = c_m \cdot 2\pi \quad (4.48)$$

となるのは明らかである。ここで $m=n$ と置き換えれば

$$\int_{-\pi}^{\pi} f(x) e^{-inx} \mathrm{d}x = c_n \cdot 2\pi$$

したがって，結局

$$c_n = \frac{1}{2\pi} \int_{-\pi}^{\pi} f(x) e^{-inx} \mathrm{d}x \quad (4.44)$$

となり，求める式にたどりつく。

なお，クロネッカーの δ 記号を使えば式 (4. 48) は $2\pi\delta_{nm}$ と書くことができ，このとき指数関数系 e^{inx} ($n=0$, ± 1, ± 2, …) は直交関数系をなすといいます。

関数 $f(x)$ の周期が $-\pi$ から π の 2π でなくて，周期が $-L$ から L までの $2L$ のときにも複素フーリエ級数の展開はできる。このときの複素フーリエ級数および係数は，関数の周期とフーリエ係数の議論を参照して，次のように表される。

$$f(x) = \sum_{n=-\infty}^{\infty} c_n e^{i\frac{n\pi}{L}x} \quad (4.49)$$

$$c_n = \frac{1}{2L} \int_{-L}^{L} f(x) e^{-i\frac{n\pi}{L}x} \mathrm{d}x \quad (4.50)$$

実例で考えましょう　4-1

物理学や工学の分野では，ここで述べた複素フーリエ係数 c_n は，しばしばスペクトルと呼ばれる。光にしろ，電気にしろ，信号はいろいろな周波数の成分で構成されているが，それを複素フーリエ級数で表すと，その係数 c_n はスペクトル，すなわち周波数ごとの分布（割合）を表すからである。さて問題であるが，図 4-14 に示すノコギリ波は，x を 0 から T までに限った数式では次の式

$$f(x)=\frac{a}{T}x \quad (0 \leqq x \leqq T)$$

で表される関数で，この関数は全体としては周期関数になっている。したがって，周期を T として，この関数は次のように書くことができる。

$$f(x+T)=f(x)$$

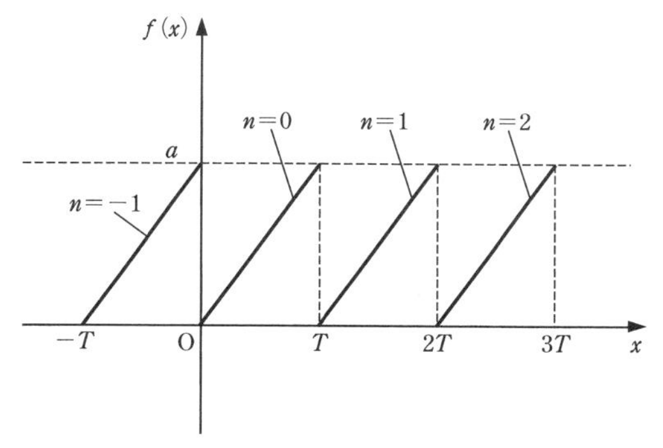

図 4-14　ノコギリ波

このような関数で表されるノコギリ波のスペクトルを求めてほしい。

［答え］ ノコギリ波のスペクトルを求めるには複素フーリエ係数 c_n を求めればよい。ノコギリ波を表す関数 $f(x)=(a/T)x$ が周期を T （$=2L$） とすることを考慮して，式（4.50）をそのまま使用すると，係数 c_n は次のようになる。

$$c_n=\frac{1}{2L}\int_0^T f(x)e^{-i\frac{2n\pi}{T}x}\mathrm{d}x=\frac{a}{T^2}\int_0^T xe^{-i\frac{2n\pi}{T}x}\mathrm{d}x$$

まず，$n=0$ のときを考えると，$e^0=1$ だから

$$c_0=\frac{a}{T^2}\left[\frac{1}{2}x^2\right]_0^T=\frac{a}{2}$$

次に，$n\neq0$ のときを考えよう。部分積分を使って，積分計算のみを行うと

$$\begin{aligned}\int_0^T xe^{-i\frac{2n\pi}{T}x}\mathrm{d}x&=-\frac{T}{i2\pi n}\left[xe^{-i\frac{2n\pi}{T}x}\right]_0^T\\&\quad+\frac{T}{i2\pi n}\int_0^T e^{-i\frac{2n\pi}{T}x}\mathrm{d}x\\&=\frac{iT^2}{2\pi n}e^{-i2n\pi}+\frac{T}{i2\pi n}\left[-\frac{T}{i2\pi n}e^{-i\frac{2n\pi}{T}x}\right]_0^T\\&=\frac{iT^2}{2\pi n}e^{-i2n\pi}+\frac{T^2}{4\pi^2n^2}(e^{-i2n\pi}-1)=\frac{iT^2}{2\pi n}\end{aligned}$$

となる。なぜなら，n は整数なので

$$e^{-i2\pi n}=\cos 2\pi n-i\sin 2\pi n=1-0=1$$

の関係が成立するからである。したがって，$n\neq0$ のときの c_n の値は

$$c_n=\frac{a}{T^2}\cdot\frac{iT^2}{2\pi n}=\frac{ia}{2\pi n}$$

ここで，c_n の絶対値を求めると

$$|c_n|=\frac{a}{2\pi n}$$

となり，$|c_n|$ をスペクトルとして描くと図 4-15 に示すように，$n=0$ で ∞ のピークを持ち，n の絶対値が大きくなると，n の値に依存してスペクトルの値は小さくなっていく。

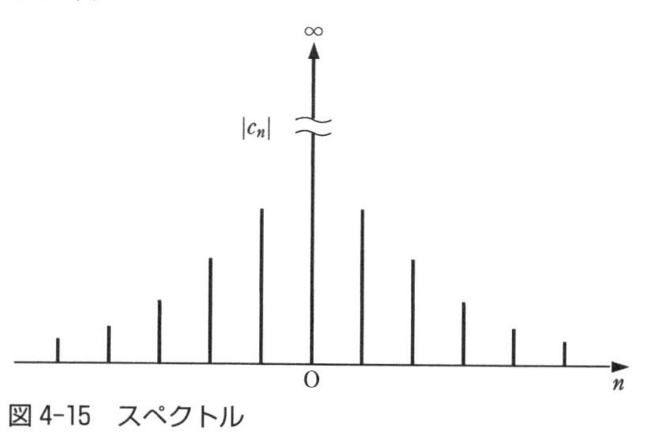

図 4-15　スペクトル

4.4
フーリエ変換へ肉薄！

◆いたるところで役に立つ

フーリエ級数の理論をもっと推し進めると，やがてフーリエ変換というものに到達する。このフーリエ変換というのはまことに便利なもので，私たちの食卓に上る鰯（いわし）や鰊（にしん）のようなもので，捨てるところがない。頭からはらわたまで，役に立たない部分がないのだ。

もともとフーリエ変換は，熱伝導方程式の壁を突破するために，フーリエが考え付いた道具だ。フーリエ変換を使うと面倒な偏微分方程式が常微分方程式に変わり，微分方程式がフツーの代数方程式に変わる。こういう話は，読者の皆さんが先へ進まれると必ず学ぶことである。

しかし，そこまで行かなくとも，その手前にあるフーリエ級数やその係数の式までもが，立派にそれぞれの使い道がある（例えばフーリエ級数で電波の波形解析ができてしまう，とか）というのは凄いことだ。われらがフーリエは偉い！と今さらながら思ってしまう。「こんなもの習って，何の役に立つの？」と言いたくなる項目も，中にはそりゃ，あるかもしれないが，ことフーリエ変換については，そういう言い方はさせませんぞ。

さて，ここでは，一気呵成にフーリエ変換にまで到達しよう！

複素フーリエ級数と複素フーリエ係数は，すでに述べたように，式（4.49）と式（4.50）で表される。しかし，ここでは計算の都合を考え，$n\pi/L=\omega_n$ とおくことにすると，複素フーリエ級数 $f(x)$ と係数 c_n は

$$f(x)=\sum_{n=-\infty}^{\infty} c_n e^{i\omega_n x} \tag{4.51}$$

$$c_n=\frac{1}{2L}\int_{-L}^{L} f(x)e^{-i\omega_n x}\mathrm{d}x \tag{4.52}$$

と書くことができる。また便宜上，式（4.52）の変数 x を y

に変更すると，係数 c_n は次のようになる。

$$c_n=\frac{1}{2L}\int_{-L}^{L}f(y)e^{-i\omega_n y}\mathrm{d}y \tag{4.53}$$

次に，式（4.51）で表される $f(x)$ に式（4.53）の c_n を代入し，また $n\pi/L=\omega_n$ に対して $\pi/L=\Delta\omega$ とおくと次の式が得られる。

$$f(x)=\sum_{n=-\infty}^{\infty}\left[\frac{1}{2\pi}\int_{-L}^{L}f(y)e^{-i\omega_n y}\mathrm{d}y\right]e^{i\omega_n x}\Delta\omega \tag{4.54}$$

ここで，$\Delta\omega=\pi/L$ の L を大きくすると，$\Delta\omega$ は小さくなる。いま，$L\to\infty$ とすると，式（4.54）の積分は

$$\int_{-L}^{L}f(y)e^{-i\omega_n y}\mathrm{d}y=\int_{-\infty}^{\infty}f(y)e^{-i\omega_n y}\mathrm{d}y \tag{4.55}$$

と書けるが，式（4.55）右辺の式を ω_n の関数と見立てて，右辺を $F(\omega_n)$ とおくと，次のようになる。

$$F(\omega_n)=\int_{-\infty}^{\infty}f(y)e^{-i\omega_n y}\mathrm{d}y \tag{4.56}$$

ここで，積分の原理を思い出してみよう。いま，関数 $f(n\pi/L)$ を図4-16に示すように等間隔に分割して，これに，分割した間隔 π/L を掛けて総和をとったものは，関数 $f(n\pi/L)$ すなわち $f(\omega_n)$ の積分となり，間隔 π/L を無限小にすると次のように書ける。

$$\sum_{n=-\infty}^{\infty}\frac{\pi}{L}f\left(\frac{n\pi}{L}\right)\xrightarrow{L\to\infty}\int_{-\infty}^{\infty}f(\omega_n)\mathrm{d}\omega$$

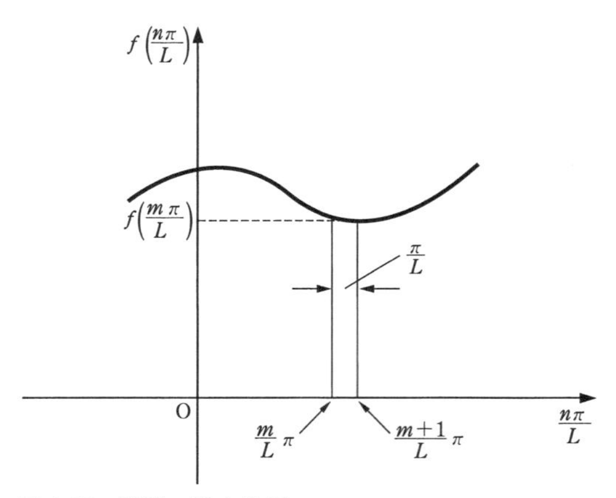

図 4-16　関数の微小分割

ここで，再び私たちの問題に戻ろう。以上の議論にならって，次の式

$$\lim_{\Delta\omega\to 0}\Delta\omega\sum_{n=-\infty}^{\infty}F(\omega_n)=\int_{-\infty}^{\infty}F(\omega_n)\mathrm{d}\omega \qquad (4.57)$$

が成立することは容易に理解できるだろう。同様に考えて，式（4.54）のフーリエ級数は $L\to\infty$ の条件で，次のように書ける。

$$f(x)=\frac{1}{2\pi}\int_{-\infty}^{\infty}\int_{-\infty}^{\infty}f(y)e^{-i\omega_n(y-x)}\mathrm{d}y\mathrm{d}\omega \qquad (4.58)$$

この式は関数 $f(x)$ に対するフーリエ積分表示と呼ばれる。つまり，フーリエ級数という「和」を，積分に変えた表示法ということだ。

そして，式（4.56）において $\omega_n \to \omega$ とおいた次の式

$$F(\omega)=\int_{-\infty}^{\infty} f(y)e^{-i\omega y}\mathrm{d}y \tag{4.59}$$

は関数 $f(x)$ の**フーリエ変換**（Fourier transform）と呼ばれる。関数記号の F はもちろん，フーリエの頭（かしら）文字をあてたものだ。また，式（4.58）を，$\omega_n \to \omega$ として，式（4.59）を用いて書き換えた次の式

$$f(x)=\frac{1}{2\pi}\int_{-\infty}^{\infty} F(\omega)e^{i\omega x}\mathrm{d}\omega \tag{4.60}$$

は**フーリエ逆変換**（inverse Fourier transform）と呼ばれる。なんだか，頭が混乱してきそうだが，それらの式の役割分担は，実際に使ってみることによっておのずと明らかになってくる（と思う）。

なお，関数 $f(x)$ のフーリエ変換には，$\mathfrak{F}[f(x)]$ という表示記号が使われることがしばしばある。したがって，次の等式が成立する。

$$\mathfrak{F}[f(x)]=\int_{-\infty}^{\infty} f(x)e^{-ikx}\mathrm{d}x=F(k) \tag{4.61}$$

ここでは ω の代わりに k もよく使われるので，k を使ってみた。また，フーリエ逆変換には $\mathfrak{F}^{-1}$ の記号が使われ，

$$\mathfrak{F}^{-1}[F(k)]=\frac{1}{2\pi}\int_{-\infty}^{\infty} F(k)e^{ikx}\mathrm{d}k=f(x) \tag{4.62}$$

と表示される。

$\mathfrak{F}$は，アルファベットのFの飾り文字です。本格的な物理や数学の数式では，普通の数量に使うようなアルファベットでは表せない新しい概念を表すのに，飾り文字がよく用いられます。

さて，百の説法よりも何とやらで，さっそく演習をやってみよう。

ちょっとだけ 数学 4-5

次の関数 $f(x)$ のフーリエ変換 $F(\omega)$ を求めてみよう。

$$f(x)=e^{-a|x|} \quad (a>0 \text{ とする})$$

［答え］ 素直にフーリエ変換の式（4.59）を使えばよいわけだが，$e^{-a|x|}$ は $x>0$ のとき e^{-ax}，また $x<0$ のときには e^{ax} になる，つまり x が正と負の2つの場合に分かれることに注意する必要がある。これに注意して計算していくと，$f(x)$ のフーリエ変換 $F(\omega)$ は以下のようになる。

$$\begin{aligned}
F(\omega)&=\int_{-\infty}^{\infty} e^{-a|x|}e^{-i\omega x}\mathrm{d}x \\
&=\int_{-\infty}^{0} e^{ax}e^{-i\omega x}\mathrm{d}x+\int_{0}^{\infty} e^{-ax}e^{-i\omega x}\mathrm{d}x \\
&=\int_{-\infty}^{0} e^{(a-i\omega)x}\mathrm{d}x+\int_{0}^{\infty} e^{-(a+i\omega)x}\mathrm{d}x \\
&=\left[\frac{e^{(a-i\omega)x}}{a-i\omega}\right]_{-\infty}^{0}+\left[-\frac{e^{-(a+i\omega)x}}{a+i\omega}\right]_{0}^{\infty} \\
&=\frac{1}{a-i\omega}-0-0+\frac{1}{a+i\omega}=\frac{a+i\omega+a-i\omega}{(a-i\omega)(a+i\omega)} \\
&=\frac{2a}{a^2+\omega^2}
\end{aligned}$$

◆特殊な関数もフーリエ変換してみよう

ディラックの話に出てきたデルタ関数 $\delta(x)$ は，実は次の式でも表される。

$$\delta(x-x_0)=\frac{1}{2\pi}\int_{-\infty}^{\infty}e^{i(x-x_0)k}\mathrm{d}k \tag{4.63}$$

この式において $x_0=0$ とすると

$$\delta(x)=\frac{1}{2\pi}\int_{-\infty}^{\infty}e^{ixk}\mathrm{d}k \tag{4.64}$$

となる。そして，この $\delta(x)$ は，$x\neq0$ のときに 0 で，$x=0$ のときは ∞ になり，$x=0$ を含む区間で積分すると 1 になる関数である。この関数 $\delta(x)$ のフーリエ変換は，公式（4.61）に従って

$$\mathfrak{F}[\delta(x)]=\int_{-\infty}^{\infty}\delta(x)e^{-ikx}\mathrm{d}x \tag{4.65}$$

となる。

しかし式（4.65）の計算を実行するには，いささかの考察が必要である。いま，$\delta(x)$ を積分したものを $F(x)$ とすると，すでに述べたように積分範囲が $x=0$ を含むときには $F(x)$ は 1，含まなければ 0 になる。したがって，$F(x)$ は $x\geqq0$ なら 1 で，$x<0$ のときは 0 になる。このことを考慮しながら式（4.65）を部分積分すると

$$\int_{-\infty}^{\infty}\delta(x)e^{-ikx}\mathrm{d}x=\Big[e^{-ikx}F(x)\Big]_{-\infty}^{\infty}-\int_{-\infty}^{\infty}\left(\frac{\mathrm{d}e^{-ikx}}{\mathrm{d}x}\right)F(x)\mathrm{d}x$$

$$=e^{-ik\infty}-0-\left[e^{-ikx}\right]_0^\infty=e^{-ik\infty}-e^{-ik\infty}+e^0=1 \tag{4.66}$$

と計算できる。この答えが正しいかどうか，チェックしてみよう。それには，答えの値1をフーリエ逆変換してみればよい。関数 $\delta(x)$ のフーリエ変換が1で，そのフーリエ変換の逆変換が再び $\delta(x)$ になればよいのだ。式（4.62）を使って計算すると

$$\mathfrak{F}^{-1}[1]=\frac{1}{2\pi}\int_{-\infty}^{\infty}1\cdot e^{ikx}\mathrm{d}k=\delta(x) \tag{4.67}$$

となり，結果は式（4.64）と同じになる。1という答えは正しかったのだ。めでたし，めでたし。

次に，三角関数 $\cos x$ と $\sin x$ のフーリエ変換を考えよう。まず，$\cos x$ のフーリエ変換は，式（4.60）に従い

$$\mathfrak{F}[\cos x]=\int_{-\infty}^{\infty}\cos x\, e^{-ikx}\mathrm{d}x \tag{4.68}$$

となる。この式には三角関数と指数関数が混在するが，$\cos x$ はオイラーの公式を用いると

$$\cos x=\frac{e^{ix}+e^{-ix}}{2}$$

と書けるので，これを式（4.68）に代入して積分を実行すると，次のようになる。

$$\int_{-\infty}^{\infty}\frac{1}{2}(e^{ix}+e^{-ikx})e^{-ikx}\mathrm{d}x$$
$$=\frac{1}{2}\left\{\int_{-\infty}^{\infty}e^{i(1-k)x}\mathrm{d}x+\int_{-\infty}^{\infty}e^{-i(1+k)x}\mathrm{d}x\right\}$$

この式に少し細工を加え，式（4.64）を使うと，次のように書ける。

$$=\pi\left\{\frac{1}{2\pi}\int_{-\infty}^{\infty}e^{i(1-k)x}\mathrm{d}x+\frac{1}{2\pi}\int_{-\infty}^{\infty}e^{-i(1+k)x}\mathrm{d}x\right\}$$
$$=\pi\delta(1-k)+\pi\delta(1+k) \tag{4.69}$$

つまり，右辺の２つの積分はともに超関数のデルタ関数になっている。ここで，$\delta(-1-k)=\delta(1+k)$ とおいた。なぜなら，デルタ関数は式（4.64）からわかるように偶関数だからである。

同様にして，$\sin x$ のフーリエ変換は，この計算においても $\sin x$ をオイラーの公式を使って展開し，積分を実行すると，次のように計算できる。

$$\mathfrak{F}[\sin x]=\int_{-\infty}^{\infty}\sin x\, e^{-ikx}\mathrm{d}x$$
$$=\int_{-\infty}^{\infty}\frac{1}{2i}(e^{ix}-e^{-ix})e^{-ikx}\mathrm{d}x$$
$$=i\pi\left\{\frac{-1}{2\pi}\int_{-\infty}^{\infty}e^{i(1-k)x}\mathrm{d}x+\frac{1}{2\pi}\int_{-\infty}^{\infty}e^{-i(1+k)x}\mathrm{d}x\right\}$$
$$=-i\pi\delta(1-k)+i\pi\delta(1+k) \tag{4.70}$$

こうして，三角関数のフーリエ変換は，$\cos x$ も $\sin x$ も，ともにデルタ関数の和で表されることがわかった。三角関数はフーリエ変換では特殊な（正式に言えば，絶対可積分でない）関数であり，ここに見た関係は，単純だが重要なものだ。

◆フーリエ変換の微分と重ね合わせの原理

関数 $f(x)$ のフーリエ変換は

$$\mathfrak{F}[f(x)]=\int_{-\infty}^{\infty} f(x)e^{-ikx}\mathrm{d}x=F(k) \qquad (4.61)$$

だったが，$f(x)$ の微分，$f'(x)$ のフーリエ変換はどのようになるのだろうか？　ともかく，上の定義に当てはめてみると，

$$\mathfrak{F}[f'(x)]=\int_{-\infty}^{\infty} f'(x)e^{-ikx}\mathrm{d}x \qquad (4.71)$$

となる。しかし，これでは何のことだかわからないので，内容のハッキリしない $f'(x)$ を消去することを試みよう。それには部分積分を使って

$$\int_{-\infty}^{\infty} f'(x)e^{-ikx}\mathrm{d}x=\Big[f(x)e^{-ikx}\Big]_{-\infty}^{\infty}+ik\int_{-\infty}^{\infty} f(x)e^{-ikx}\mathrm{d}x \qquad (4.72)$$

とする。ここで，関数 $f(x)$ がフーリエ変換可能（正式には絶対可積分）ならば，$f(\infty)$ および $f(-\infty)$ はともに0としてよいことがわかっているので（これは頭から認めてやれば），式 (4.72) は第2項のみとなり，$f(x)$ の微分 $f'(x)$ のフーリエ変換は，次の式

$$\mathfrak{F}[f'(x)]=ik\int_{-\infty}^{\infty} f(x)e^{-ikx}\mathrm{d}x=ik\mathfrak{F}[f(x)]=ikF(k) \qquad (4.73)$$

で表される。つまり，$f(x)$ を微分した $f'(x)$ のフーリエ変換は，$f(x)$ のフーリエ変換 $F(k)$ に ik を掛けたものになる。この論理に従うと n 回微分した $f^{(n)}(x)$ のフーリエ変換は

$$\mathfrak{F}[f^{(n)}(x)]=(ik)^n F(k) \tag{4.74}$$

となり，$F(k)$ に ik を n 回掛ければよいことになる。「微分」という操作が,「掛ける」という代数の操作に変わるところが，フーリエ変換のうまみであることが，よくわかる例であるといえるだろう。

次に，これもよく使われる，重ね合わせの原理に移ろう。2つの関数 $f_1(x)$ と $f_2(x)$ をフーリエ変換した関数をそれぞれ $F_1(x)=\mathfrak{F}[f_1(x)]$ と $F_2(x)=\mathfrak{F}[f_2(x)]$ とすると，任意の定数 a，b をそれぞれ $f_1(x)$ および $f_2(x)$ に掛けた $af_1(x)$ と $bf_2(x)$ の和のフーリエ変換は，次の式

$$\mathfrak{F}[af_1(x)+bf_2(x)]=aF_1(k)+bF_2(k) \tag{4.75}$$

で表される。この式はフーリエ変換の線形性を表しており，関数の定数 a，b はそのまま，それぞれの関数のフーリエ変換の定数となる。また，関数の定数倍のフーリエ変換を求めるには，その関数のフーリエ変換を定数倍すればよいことがわかる。ここでは，式 (4.75) が成立することを簡単に証明しておこう。関数の和 $(af_1(x)+bf_2(x))$ のフーリエ変換は，定義に従って

$$\begin{aligned}\mathfrak{F}[af_1(x)+bf_2(x)]&=\int_{-\infty}^{\infty}\{af_1(x)+bf_2(x)\}e^{-ikx}\mathrm{d}x\\&=a\int_{-\infty}^{\infty}f_1(x)e^{-ikx}\mathrm{d}x+b\int_{-\infty}^{\infty}f_2(x)e^{-ikx}\mathrm{d}x\end{aligned}$$

$$= aF_1(k) + bF_2(k) \tag{4.76}$$

と証明できる。

実例で考えましょう　4-2

あるパルス信号の波形が図 4-17 に示すような形であった。このパルス波形のフーリエ変換を求め，それを図示してみよう。

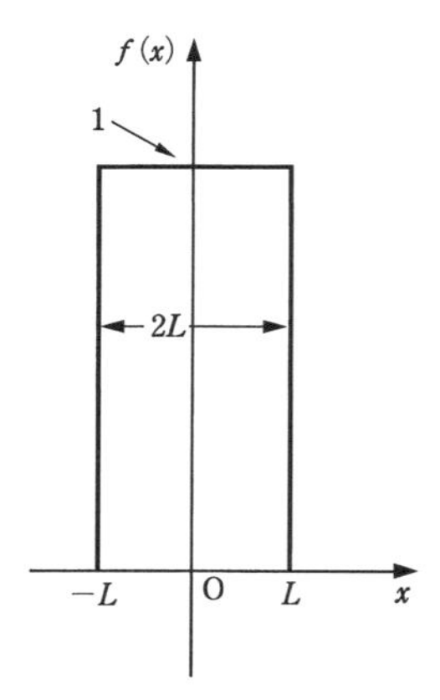

図 4-17　パルス関数

［答え］　このパルスを表す関数を $f(x)$ とすると，図 4-17 から，$f(x)$ は次のようになる。

$$f(x) = \begin{cases} 1 & (|x| \leqq L) \\ 0 & (|x| > L) \end{cases}$$

この関数 $f(x)$ のフーリエ変換 $F(k)$ は，定義式 (4.59) に従って計算すると

$$F(k)=\mathfrak{F}[f(x)]=\int_{-\infty}^{\infty}f(x)e^{-ikx}\mathrm{d}x$$
$$=\int_{-L}^{L}e^{-ikx}\mathrm{d}x=-\frac{1}{ik}\left[e^{-ikx}\right]_{-L}^{L}$$
$$=-\frac{1}{ik}(e^{-iLk}-e^{iLk})$$
$$=\frac{2}{k}\cdot\frac{e^{iLk}-e^{-iLk}}{2i}=\frac{2}{k}\sin Lk=2L\cdot\frac{\sin Lk}{Lk}$$

となる。なお，$|x|>L$ では $f(x)$ はつねにゼロであるから，積分範囲は$\pm\infty$ でなく $|x|\leqq L$ に変えている。$k=0$ とすると上式は成立しないので極限値をとると，

$$\lim_{k\to 0}\frac{\sin Lk}{Lk}=1$$

となるので

$$F(0)=2L \tag{4.77}$$

となる。

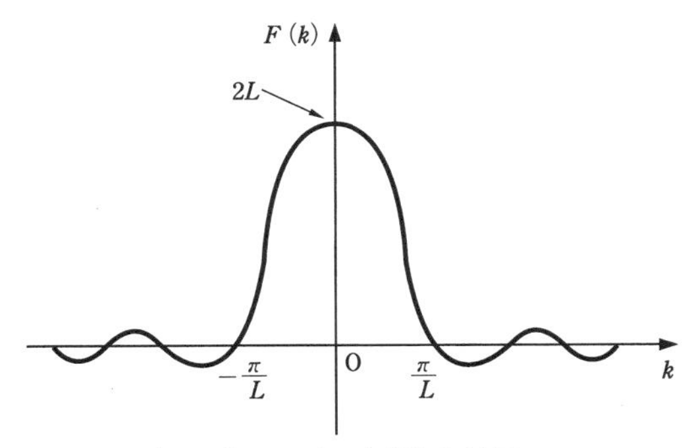

図 4-18　パルスをフーリエ変換した結果

以上に基づいて $F(k)$ を図示すると，図 4-18 のようになる。$(\sin k)/k$ のグラフは一般に図 4-18 のように

なるわけだが，ここではそれは既知のものとした。図4-18の波形と図4-17のパルス波形との対応関係は，パルスの幅 $2L$ を狭くすると，図4-18に示すように，$F(k)$ の値は $2L$ だから小さくなり，$F(k)$ の半値幅は広くなる，ということになる。逆にパルス幅が広くなると，$F(k)$ の半値幅は狭くなる。

4.5 ラプラス変換のエッセンス

◆フーリエ変換の兄弟分

フーリエ変換とよく似た形をしていて，よく似た使われ方をする関数変換に，**ラプラス変換**がある。フーリエ変換では関数に e^{-ikx} を掛けて積分したが，ラプラス変換では関数に e^{-sx} を掛けて積分する。ここで，s は複素数で

$$s=s_{\mathrm{r}}+is_{\mathrm{i}} \tag{4.78}$$

で表される。

関数 $f(x)$ のラプラス変換 $L(s)$ は

$$L(s)=\mathfrak{L}[f(x)]=\int_{0}^{\infty}f(x)e^{-sx}\mathrm{d}x \tag{4.79}$$

で定義される（$\mathfrak{L}$ はアルファベットのLの飾り文字）。定積分の下端が，フーリエ変換では $-\infty$ であったが，ラプラス変

換では0であることに注意しよう。また，ラプラス変換では $f(x)$ に制限が付く。

すなわち，関数 $f(x)$ のラプラス変換が可能であるためには，s の実数部 s_{r}（記号では $\mathrm{Re}(s)$ とも書かれる）の値に条件が付く。例えば，いま，関数 $f(x)$ が $0 \leqq x \leqq \infty$ の範囲で，$|f(x)| \leqq Me^{\alpha x}$（$M$，$\alpha$ は実数の定数）の条件を満たすとすると，次の不等式

$$|\mathfrak{L}[f(x)]| = \left|\int_0^\infty f(x)e^{-sx}\mathrm{d}x\right| \leqq \int_0^\infty |f(x)||e^{-(s_{\mathrm{r}}+is_{\mathrm{i}})x}|\mathrm{d}x$$
$$\leqq M\int_0^\infty e^{\alpha x}e^{-s_{\mathrm{r}}x}\mathrm{d}x = M\int_0^\infty e^{-(s_{\mathrm{r}}-\alpha)x}\mathrm{d}x$$
$$= M\left[\frac{-e^{-(s_{\mathrm{r}}-\alpha)x}}{s_{\mathrm{r}}-\alpha}\right]_0^\infty \quad (4.80)$$

が成立する。式を見るとわかるとおり，このラプラス変換 $L(s)$ は，$s_{\mathrm{r}} < \alpha$ なら（つまり e の指数が正なら）発散してしまうので，$s_{\mathrm{r}} > \alpha$（つまり，$\mathrm{Re}(s) > \alpha$）のときのみ，その積分値が存在する。

ちょっとだけ 数学 4-6

次の関数のラプラス変換を求めよ。

(1)　$f(x) = \sin ax$　　(2)　$f(x) = 1$　　(3)　$f(x) = x$

(4)　$f(x) = e^x$　(5)　$f(x) = \cosh x$　(6)　$f(x) = \sinh x$

[答え]　(1)　$L(s) = \int_0^\infty e^{-sx}\sin ax\,\mathrm{d}x$ なので，部分積分を使って変形すると

$$\int_0^\infty e^{-sx}\sin ax\,\mathrm{d}x = \left[-\frac{1}{a}e^{-sx}\cos ax\right]_0^\infty$$

$$-\frac{s}{a}\int_0^\infty e^{-sx}\cos ax\,\mathrm{d}x$$

$$=\frac{1}{a}-\frac{s}{a}\int_0^\infty e^{-sx}\cos ax\,\mathrm{d}x \qquad (4.81)$$

となる。式（4.81）の右辺第2項の積分に，さらに部分積分を適用すると次のようになる。

$$\int_0^\infty e^{-sx}\cos ax\,\mathrm{d}x=\left[\frac{1}{a}e^{-sx}\sin ax\right]_0^\infty+\frac{s}{a}\int_0^\infty e^{-sx}\sin ax\,\mathrm{d}x$$

$$=\frac{s}{a}\cdot L(s) \qquad (4.82)$$

ここで，式（4.82）を式（4.81）の右辺第2項に代入すると

$$L(s)=\frac{1}{a}-\frac{s^2}{a^2}L(s)\Rightarrow L(s)\left\{1+\frac{s^2}{a^2}\right\}=\frac{1}{a}$$

となるので，この式より $L(s)$ は

$$L(s)=\frac{a}{s^2+a^2}$$

と求まる。

(2) $L(s)=\int_0^\infty 1\cdot e^{-sx}\mathrm{d}x=\left[-\frac{e^{-sx}}{s}\right]_0^\infty=\frac{1}{s}$

(3) $L(s)=\int_0^\infty xe^{-sx}\mathrm{d}x=\left[-\frac{e^{-sx}}{s}x\right]_0^\infty+\frac{1}{s}\int_0^\infty e^{-sx}\mathrm{d}x$

$$=\frac{1}{s}\left[-\frac{e^{-sx}}{s}\right]_0^\infty=\frac{1}{s^2} \quad （ただし\ \mathrm{Re}(s)>0）$$

(4) $L(s)=\int_0^\infty e^x e^{-sx}\mathrm{d}x=\int_0^\infty e^{(1-s)x}\mathrm{d}x$

$$=\left[\frac{e^{(1-s)x}}{1-s}\right]_0^\infty=\frac{1}{s-1} \quad （ただし\ \mathrm{Re}(s)>1）$$

(5)　$L(s)=\int_0^{\infty} e^{-sx}\cosh x\,\mathrm{d}x=\int_0^{\infty}\frac{e^{x}+e^{-x}}{2}e^{-sx}\mathrm{d}x$

$=\frac{1}{2}\int_0^{\infty} e^{(1-s)x}\mathrm{d}x+\frac{1}{2}\int_0^{\infty} e^{-(1+s)x}\mathrm{d}x$

$=\frac{1}{2}\left(\frac{1}{s-1}+\frac{1}{s+1}\right)=\frac{s}{s^2-1}$

（ただし $\mathrm{Re}(s)>1$）

(6)　$L(s)=\int_0^{\infty} e^{-sx}\sinh x\,\mathrm{d}x=\int_0^{\infty}\frac{e^{x}-e^{-x}}{2}e^{-sx}\mathrm{d}x$

$=\frac{1}{2}\int_0^{\infty} e^{(1-s)x}\mathrm{d}x-\frac{1}{2}\int_0^{\infty} e^{-(1+s)x}\mathrm{d}x$

$=\frac{1}{2}\left(\frac{1}{s-1}-\frac{1}{s+1}\right)=\frac{1}{s^2-1}$

（ただし $\mathrm{Re}(s)>1$）

さて，e^{-sx} の s は複素数と決めたので

$$s=a+ib \tag{4.83}$$

とおくと，式（4.79）で表されるラプラス変換 $L(s)$ は

$$L(s)=\int_0^{\infty} e^{-sx}f(x)\mathrm{d}x=\int_0^{\infty} e^{-ax}e^{-ibx}f(x)\mathrm{d}x \tag{4.84}$$

となる。ラプラス変換では積分範囲が 0 から ∞ までなので，$x<0$ の領域では $f(x)$ にどんな値を仮定しても，式（4.84）には影響しない。そこで，いま，$x<0$ の範囲で $f(x)=0$ とすると，式（4.84）の右辺で積分範囲を $-\infty$ から ∞ までに拡張しても，式の結果は変わらないことになる。したがって，次の等式が成立する。

$$L(s)=\int_0^{\infty} e^{-sx} f(x)\mathrm{d}x=\int_{-\infty}^{\infty} f(x)e^{-ax}e^{-ibx}\mathrm{d}x \quad (4.85)$$

（ただし，$x<0$ において $f(x)=0$ とする）

この式（4.85）の最右辺と，フーリエ変換の式（4.61）とを見比べると，$L(s)$ は，関数 $f(x)e^{-ax}$ をフーリエ変換したものと解釈できる。そうすると，関数 $f(x)e^{-ax}$ は，$L(s)$ のフーリエ逆変換によって与えられることになる。$L(s)$ のフーリエ逆変換は式（4.62）より

$$\mathfrak{F}^{-1}[L(s)]=f(x)e^{-ax}=\frac{1}{2\pi}\int_{-\infty}^{\infty} L(s)e^{ibx}\mathrm{d}b \quad (4.86)$$

と表せる。いまこの式の両辺に e^{ax} を掛けると次の式が得られる。

$$f(x)=\frac{1}{2\pi}\int_{-\infty}^{\infty} L(s)e^{(a+ib)x}\mathrm{d}b \quad (4.87)$$

ここで，積分変数を b から $(a+ib)$ つまり s に変えると，$i\mathrm{d}b=\mathrm{d}s$ であるから，式（4.87）は

$$f(x)=\frac{1}{2\pi i}\int_{a-i\infty}^{a+i\infty} L(s)e^{sx}\mathrm{d}s \quad (4.88)$$

となる。

この式（4.88）のことを**ラプラス逆変換**という。なお，ラプラス変換とラプラス逆変換には，次の記号がしばしば使われる。

ラプラス変換：　$\mathfrak{L}[f(x)]=L(s)$

ラプラス逆変換：　$\mathfrak{L}^{-1}[L(s)]$

次に，導関数のラプラス変換について少し考察しておこう。このあとすぐわかるように，導関数のラプラス変換は，ラプラス変換を使った微分方程式の解法において大変な威力を発揮するのである。導関数 $f'(x)$ のラプラス変換を定義に従って実行すると

$$\mathfrak{L}[f'(x)]=\int_0^{\infty} f'(x)e^{-sx}\mathrm{d}x \tag{4.89}$$

となる。ここでは，またもや部分積分が大活躍だ。式 (4.89) は，部分積分すると

$$\begin{aligned}\int_0^{\infty} f'(x)e^{-sx}\mathrm{d}x&=\Big[f(x)e^{-sx}\Big]_0^{\infty}+s\int_0^{\infty} e^{-sx}f(x)\mathrm{d}s\\&=-f(0)+s\mathfrak{L}[f(x)]=-f(0)+sL(s)\end{aligned} \tag{4.90}$$

となる。つまり，$f'(x)$ のラプラス変換は

$$\mathfrak{L}[f'(x)]=sL(s)-f(0) \tag{4.91}$$

で与えられる。また，2階微分 $f''(x)$ のラプラス変換は同様にして，次の式

$$\mathfrak{L}[f''(x)]=s^2L(s)-sf(0)-f'(0) \tag{4.92}$$

で与えられる。ここまでくれば当然，n 階微分のラプラス変換も知りたくなる。それは次の式

$$\mathfrak{L}[f^{(n)}(x)] = s^n L(s) - s^{n-1} f(0) - s^{n-2} f'(0) - \cdots - f^{(n-1)}(0) \tag{4.93}$$

で与えられる。

実例で考えましょう 4-3

微分方程式はラプラス変換を使うと簡単に解くことができるといわれている。次の微分方程式を解いて，ラプラス変換の威力を示してほしい。

$$\frac{\mathrm{d}^2 f(x)}{\mathrm{d}x^2} + 2\frac{\mathrm{d}f(x)}{\mathrm{d}x} + f(x) = 3\sin x \tag{4.94}$$

ただし，$f'(0)=0$，$f(0)=0$ と仮定する。

[答え] もちろん，$f(x)$ を求めたいわけである。それにはまず，右辺にある $\sin x$ のラプラス変換をやっておく。$\sin ax$ のラプラス変換は p.325 の「ちょっとだけ数学 4-6」ですでに解いた。そのときの答えは $L(s)=a/(s^2+a^2)$ だったので，$\sin x$ のラプラス変換は $a=1$ とおいて $\mathfrak{L}[\sin x]=1/(s^2+1^2)$ と求まる。これと，式（4.94）の左辺をラプラス変換したものを等しいとおくと，次のようになる（ここで導関数のラプラス変換式を用いた）。

$$s^2 L(s) - sf(0) - f'(0) + 2sL(s) - 2f(0) + L(s) = \frac{3}{s^2+1}$$

しかし，与えられた条件によって $f(0)=f'(0)=0$ なので

$$s^2 L(s) + 2sL(s) + L(s) = \frac{3}{s^2+1}$$

$$\therefore\ L(s)=\frac{3}{(s+1)^2(s^2+1)} \tag{4.95}$$

こうして$L(s)$は求まったので，これを逆変換して$f(x)$を出したいのだが，どっこい，式（4.95）のままでは，これをラプラス逆変換するのは難しい。そこでちょっと技巧を凝（こ）らす。A，B，C，Dを未知の定数として，$L(s)$を次のようにおくのだ。

$$\therefore\ L(s)=\frac{A}{(s+1)^2}+\frac{B}{s+1}+\frac{C}{s+i}+\frac{D}{s-i} \tag{4.96}$$

そして，式（4.95）と式（4.96）が等しいとおいて，A，B，C，Dを求めればよい。計算は少々面倒であるが，根気がいるだけで難しくはない。結果は $A=3/2$, $B=3/2$, $C=-3/4$, $D=-3/4$ となる。したがって，式（4.96）は次のようになる。

$$\begin{aligned}L(s)&=\frac{3}{2}\cdot\frac{1}{(s+1)^2}+\frac{3}{2}\cdot\frac{1}{s+1}-\frac{3}{4}\cdot\frac{1}{s+i}-\frac{3}{4}\cdot\frac{1}{s-i}\\&=\frac{3}{2}\cdot\frac{1}{(s+1)^2}+\frac{3}{2}\cdot\frac{1}{s+1}-\frac{3}{2}\cdot\frac{s}{s^2+1}\end{aligned} \tag{4.97}$$

式（4.97）で表される$L(s)$を，数学公式を用いて，ラプラス逆変換すると

$$f(x)=\mathfrak{L}^{-1}[L(s)]=\frac{3}{2}xe^{-x}+\frac{3}{2}e^{-x}-\frac{3}{2}\cos x$$

というふうに微分方程式が解ける。ラプラス変換を使わないと，こうは簡単にいきませんぞ。

というちに，そろそろ紙数も尽きてきたようです。長らくの御傾聴，ありがとうございました。物理数学って，ちょっと使えそう……と思っていただければ，そして，願わくば，物理数学を楽しんでいただければ，私としてはこの上の喜びはないのですが，さて？

索 引

あ

な

は

N.D.C.421.5　336p　18cm

ブルーバックス　B-2081

今日から使える物理数学　普及版
難解な概念を便利な道具にする

2018年12月20日　第1刷発行
2021年6月9日　第5刷発行

著者　岸野正剛
発行者　鈴木章一
発行所　株式会社講談社
〒112-8001 東京都文京区音羽2-12-21
電話　出版　03-5395-3524
販売　03-5395-4415
業務　03-5395-3615
印刷所　（本文印刷）豊国印刷株式会社
（カバー表紙印刷）信毎書籍印刷株式会社
製本所　株式会社国宝社

ISBN978-4-06-514213-4

発刊のことば

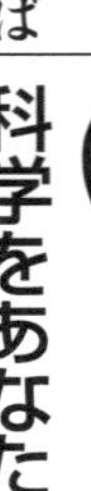

科学をあなたのポケットに

二十世紀最大の特色は、それが科学時代であるということです。科学は日に日に進歩を続け、止まるところを知りません。ひと昔前の夢物語もどんどん現実化しており、今やわれわれの生活のすべてが、科学によってゆり動かされているといっても過言ではないでしょう。

そのような背景を考えれば、学者や学生はもちろん、産業人も、セールスマンも、ジャーナリストも、家庭の主婦も、みんなが科学を知らなければ、時代の流れに逆らうことになるでしょう。

ブルーバックス発刊の意義と必然性はそこにあります。このシリーズは、読む人に科学的に物を考える習慣と、科学的に物を見る目を養っていただくことを最大の目標にしています。そのためには、単に原理や法則の解説に終始するのではなくて、政治や経済など、社会科学や人文科学にも関連させて、広い視野から問題を追究していきます。科学はむずかしいという先入観を改める表現と構成、それも類書にないブルーバックスの特色であると信じます。

一九六三年九月

野間省一

ブルーバックス　数学関係書（I）

- 116 推計学のすすめ　佐藤 信
- 120 統計でウソをつく法　ダレル・ハフ　高木秀玄＝訳
- 177 ゼロから無限へ　C・レイド　芹沢正三＝訳
- 325 現代数学小事典　寺阪英孝＝編
- 408 数学質問箱　矢野健太郎
- 722 解ければ天才！　算数100の難問・奇問　中村義作
- 833 虚数 i の不思議　堀場芳数
- 862 対数 e の不思議　堀場芳数
- 908 数学トリック＝だまされまいぞ！　仲田紀夫
- 926 原因をさぐる統計学　豊田秀樹／前田忠彦／柳井晴夫
- 1003 マンガ　微積分入門　岡部恒治　藤岡文世＝絵
- 1013 違いを見ぬく統計学　豊田秀樹
- 1037 道具としての微分方程式　斎藤恭一　吉田　剛＝絵
- 1074 フェルマーの大定理が解けた！　足立恒雄
- 1201 自然にひそむ数学　佐藤修一
- 1243 高校数学とっておき勉強法　鍵本 聡
- 1312 マンガ　おはなし数学史　仲田紀夫＝原作　佐々木ケン＝漫画
- 1332 集合とはなにか　新装版　竹内外史
- 1352 確率・統計であばくギャンブルのからくり　谷岡一郎
- 1353 算数パズル「出しっこ問題」傑作選　仲田紀夫
- 1366 数学版　これを英語で言えますか？　保江邦夫＝著　E・ネルソン＝監修
- 1383 高校数学でわかるマクスウェル方程式　竹内 淳
- 1386 素数入門　芹沢正三
- 1407 入試数学　伝説の良問100　安田 亨
- 1419 パズルでひらめく　補助線の幾何学　中村義作
- 1429 数学21世紀の7大難問　中村 亨
- 1430 Excelで遊ぶ手作り数学シミュレーション　田沼晴彦
- 1433 大人のための算数練習帳　佐藤恒雄
- 1453 大人のための算数練習帳　図形問題編　佐藤恒雄
- 1479 なるほど高校数学　三角関数の物語　原岡喜重
- 1490 暗号の数理　改訂新版　一松 信
- 1493 計算力を強くする　鍵本 聡
- 1536 計算力を強くするpart2　鍵本 聡
- 1547 広中杯　ハイレベル　中学数学に挑戦　算数オリンピック委員会＝監修　青木亮二＝解説
- 1557 やさしい統計入門　田栗正章／藤越康祝　柳井晴夫／C・R・ラオ
- 1595 数論入門　芹沢正三
- 1598 なるほど高校数学　ベクトルの物語　原岡喜重
- 1606 関数とはなんだろう　山根英司
- 1619 離散数学「数え上げ理論」　野﨑昭弘
- 1620 高校数学でわかるボルツマンの原理　竹内 淳
- 1629 計算力を強くする　完全ドリル　鍵本 聡

ブルーバックス　数学関係書（II）

1657	高校数学でわかるフーリエ変換	竹内　淳
1661	史上最強の実践数学公式123	佐藤恒雄
1677	新体系　高校数学の教科書（上）	芳沢光雄
1678	新体系　高校数学の教科書（下）	芳沢光雄
1684	ガロアの群論	中村　亨
1704	高校数学でわかる線形代数	竹内　淳
1724	ウソを見破る統計学	神永正博
1738	物理数学の直観的方法（普及版）	長沼伸一郎
1740	マンガで読む　計算力を強くする	がそんみほ＝マンガ　銀杏社＝構成
1743	大学入試問題で語る数論の世界	清水健一
1757	高校数学でわかる統計学	竹内　淳
1764	新体系　中学数学の教科書（上）	芳沢光雄
1765	新体系　中学数学の教科書（下）	芳沢光雄
1770	連分数のふしぎ	木村俊一
1782	はじめてのゲーム理論	川越敏司
1784	確率・統計でわかる「金融リスク」のからくり	吉本佳生
1786	「超」入門　微分積分	神永正博
1788	複素数とはなにか	示野信一
1795	シャノンの情報理論入門	高岡詠子
1808	算数オリンピックに挑戦　'08～'12年度版	算数オリンピック委員会＝編
1810	不完全性定理とはなにか	竹内　薫
1818	オイラーの公式がわかる	原岡喜重
1819	世界は2乗でできている	小島寛之
1822	マンガ　線形代数入門	鍵本　聡＝原作　北垣絵美＝漫画
1823	三角形の七不思議	細矢治夫
1828	リーマン予想とはなにか	中村　亨
1833	超絶難問論理パズル	小野田博一
1838	読解力を強くする算数練習帳	佐藤恒雄
1841	難関入試　算数速攻術	中川　塁　松島りつこ＝画
1851	チューリングの計算理論入門	高岡詠子
1870	知性を鍛える　大学の教養数学	佐藤恒雄
1880	非ユークリッド幾何の世界　新装版	寺阪英孝
1888	直感を裏切る数学	神永正博
1890	ようこそ「多変量解析」クラブへ	小野田博一
1893	逆問題の考え方	上村　豊
1897	算法勝負！「江戸の数学」に挑戦	山根誠司
1906	ロジックの世界	ダン・クライアン／シャロン・シュアティル　ビル・メイブリン＝絵　田中一之＝訳
1907	素数が奏でる物語	西来路文朗／清水健一
1911	超越数とはなにか	西岡久美子
1913	やじうま入試数学	金　重明
1917	群論入門	芳沢光雄

ブルーバックス　数学関係書（Ⅲ）

1921 数学ロングトレイル「大学への数学」に挑戦　山下光雄
1927 確率を攻略する　小島寛之
1933 「P≠NP」問題　野﨑昭弘
1941 数学ロングトレイル「大学への数学」に挑戦　ベクトル編　山下光雄
1942 数学ロングトレイル「大学への数学」に挑戦　関数編　山下光雄
1946 数学ミステリー X教授を殺したのはだれだ！　トドリス・アンドリオプロス＝原作　タナシス・グキオカス＝漫画　竹内 薫／竹内さなみ＝訳
1949 マンガ「代数学」超入門　ラリー・ゴニック　藪田真弓／藤原誉枝子＝訳　鍵本 聡＝監訳
1961 曲線の秘密　松下泰雄
1967 世の中の真実がわかる「確率」入門　小林道正
1968 脳・心・人工知能　甘利俊一
1969 四色問題　一松 信
1973 マンガ「解析学」超入門　ラリー・ゴニック＝著・絵　鍵本 聡／坪井美佐＝訳
1984 経済数学の直観的方法　マクロ経済学編　長沼伸一郎
1985 経済数学の直観的方法　確率・統計編　長沼伸一郎
1998 結果から原因を推理する「超」入門ベイズ統計　石村貞夫
2003 素数はめぐる　西来路文朗／清水健一
2023 曲がった空間の幾何学　宮岡礼子
2033 ひらめきを生む「算数」思考術　安藤久雄
2036 美しすぎる「数」の世界　清水健一
2043 理系のための微分・積分復習帳　竹内 淳
2046 方程式のガロア群　金重 明
2059 離散数学「ものを分ける理論」　徳田雄洋
2065 学問の発見　広中平祐
2069 今日から使える微分方程式　普及版　飽本一裕
2079 はじめての解析学　原岡喜重
2081 今日から使える物理数学　普及版　岸野正剛
2085 今日から使える統計解析　普及版　大村 平
2092 いやでも数学が面白くなる　志村史夫
2093 今日から使えるフーリエ変換　普及版　三谷政昭
2098 高校数学でわかる複素関数　竹内 淳

ブルーバックス12㎝CD-ROM付

BC06 JMP活用　統計学とっておき勉強法　新村秀一

ブルーバックス　物理学関係書（I）

79	相対性理論の世界	J・A・コールマン／中村誠太郎＝訳
563	電磁波とはなにか	後藤尚久
584	10歳からの相対性理論	都筑卓司
733	紙ヒコーキで知る飛行の原理	小林昭夫
911	電気とはなにか	室岡義広
1012	量子力学が語る世界像	和田純夫
1084	図解　わかる電子回路	加藤　肇／見城尚志／高橋　久
1128	原子爆弾	山田克哉
1150	音のなんでも小事典	日本音響学会＝編
1174	消えた反物質	小林　誠
1205	クォーク　第2版	南部陽一郎
1251	心は量子で語れるか	ロジャー・ペンローズ／A・シモニー／N・カートライト／S・ホーキング　中村和幸＝訳
1259	光と電気のからくり	山田克哉
1310	「場」とはなんだろう	竹内　薫
1324	いやでも物理が面白くなる	志村史夫
1375	実践　量子化学入門　CD-ROM付	平山令明
1380	四次元の世界（新装版）	都筑卓司
1383	高校数学でわかるマクスウェル方程式	竹内　淳
1384	マックスウェルの悪魔（新装版）	都筑卓司
1385	不確定性原理（新装版）	都筑卓司
1390	熱とはなんだろう	竹内　薫
1394	ニュートリノ天体物理学入門	小柴昌俊
1415	量子力学のからくり	山田克哉
1444	超ひも理論とはなにか	竹内　薫
1452	流れのふしぎ	石綿良三／根本光正＝著　日本機械学会＝編
1469	量子コンピュータ	竹内繁樹
1470	高校数学でわかるシュレディンガー方程式	竹内　淳
1483	新しい物性物理	伊達宗行
1487	ホーキング　虚時間の宇宙	竹内　薫
1509	新しい高校物理の教科書	山本明利／左巻健男＝編著
1569	電磁気学のABC（新装版）	福島　肇
1583	熱力学で理解する化学反応のしくみ	平山令明
1605	マンガ　物理に強くなる	関口知彦＝原作　鈴木みそ＝漫画
1620	高校数学でわかるボルツマンの原理	竹内　淳
1638	プリンキピアを読む	和田純夫
1642	新・物理学事典	大槻義彦／大場一郎＝編
1648	量子テレポーテーション	古澤　明
1657	高校数学でわかるフーリエ変換	竹内　淳
1675	量子重力理論とはなにか	竹内　薫
1697	インフレーション宇宙論	佐藤勝彦
1701	光と色彩の科学	齋藤勝裕

ブルーバックス　物理学関係書（II）

- 1715 量子もつれとは何か　古澤 明
- 1716 「余剰次元」と逆二乗則の破れ　村田次郎
- 1720 傑作！　物理パズル50　ポール・G・ヒューイット＝作　松森靖夫＝編訳
- 1728 ゼロからわかるブラックホール　大須賀 健
- 1731 宇宙は本当にひとつなのか　村山 斉
- 1738 物理数学の直観的方法（普及版）　長沼伸一郎
- 1776 現代素粒子物語　中嶋 彰／KEK（高エネルギー加速器研究機構）＝協力
- 1780 オリンピックに勝つ物理学　望月 修
- 1798 ヒッグス粒子の発見　イアン・サンプル　上原昌子＝訳
- 1799 宇宙になぜ我々が存在するのか　村山 斉
- 1803 高校数学でわかる相対性理論　竹内 淳
- 1809 物理がわかる実例計算101選　クリフォード・スワルツ　園田英徳＝訳
- 1815 大人のための高校物理復習帳　桑子 研
- 1827 大栗先生の超弦理論入門　大栗博司
- 1836 真空のからくり　山田克哉
- 1848 今さら聞けない科学の常識3　聞くなら今でしょ！　朝日新聞科学医療部＝編
- 1852 物理のアタマで考えよう！　ジョー・ヘルマンス　ウィープケ・ドレンカン＝絵　村岡克紀＝訳・解説
- 1856 量子的世界像　101の新知識　ケネス・フォード　青木 薫＝監訳　塩原通緒＝訳
- 1860 発展コラム式　中学理科の教科書　改訂版　物理・化学編　滝川洋二＝編
- 1867 高校数学でわかる流体力学　竹内 淳
- 1871 アンテナの仕組み　小暮裕明　小暮芳江
- 1894 エントロピーをめぐる冒険　鈴木 炎
- 1899 エネルギーとはなにか　ロジャー・G・ニュートン　東辻千枝子＝訳
- 1905 あっと驚く科学の数字　数から科学を読む研究会
- 1912 マンガ　おはなし物理学史　小山慶太＝原作　佐々木ケン＝漫画
- 1924 謎解き・津波と波浪の物理　保坂直紀
- 1930 光と重力　ニュートンとアインシュタインが考えたこと　小山慶太
- 1932 天野先生の「青色LEDの世界」　天野 浩／福田大展
- 1937 輪廻する宇宙　横山順一
- 1939 灯台の光はなぜ遠くまで届くのか　テレサ・レヴィット　岡田好惠
- 1940 すごいぞ！　身のまわりの表面科学　日本表面科学会
- 1960 超対称性理論とは何か　小林富雄
- 1961 曲線の秘密　松下泰雄
- 1970 高校数学でわかる光とレンズ　竹内 淳
- 1975 マンガ現代物理学を築いた巨人　ニールス・ボーアの量子論　ジム・オッタヴィアニ＝原作　リーランド・パーヴィス＝漫画　今枝麻子／園田英徳＝訳
- 1981 宇宙は「もつれ」でできている　ルイーザ・ギルダー　山田克哉＝監訳　窪田恭子＝訳

ブルーバックス　物理学関係書（Ⅲ）